多直流与高比例新能源送端电网安全协调控制技术

国网宁夏电力有限公司　编著

黄河出版传媒集团
阳　光　出　版　社

图书在版编目（CIP）数据

多直流与高比例新能源送端电网安全协调控制技术 / 国网宁夏电力有限公司编著. -- 银川 : 阳光出版社, 2021.12
ISBN 978-7-5525-6219-4

Ⅰ. ①多… Ⅱ. ①国… Ⅲ. ①新能源－发电－电力系统调度－协调控制－宁夏 Ⅳ. ①TM61

中国版本图书馆CIP数据核字(2021)第267141号

多直流与高比例新能源送端电网安全协调控制技术

国网宁夏电力有限公司　编著

责任编辑　马　晖
封面设计　赵　倩
责任印制　岳建宁

黄河出版传媒集团
阳　光　出　版　社　出版发行

出 版 人　薛文斌
地　　址　宁夏银川市北京东路139号出版大厦（750001）
网　　址　http://www.ygchbs.com
网上书店　http://shop129132959.taobao.com
电子信箱　yangguangchubanshe@163.com
邮购电话　0951-5047283
经　　销　全国新华书店
印刷装订　宁夏银报智能印刷科技有限公司
印刷委托书号　（宁）0022474

开　本　787 mm × 1092 mm　1/16
印　张　12.5
字　数　270千字
版　次　2021年12月第1版
印　次　2021年12月第1次印刷
书　号　ISBN 978-7-5525-6219-4
定　价　68.00元

前 言

推动能源生产革命，核心是加快能源结构的"清洁替代"调整步伐，远距离大容量输电、大规模消纳新能源电力和高比例新能源电力系统调峰调频为交直流混合大电网稳定运行带来了巨大挑战，研究解决高比例新能源、高电力电子化电力系统所带来的独特的安全稳定运行关键技术问题，对保障电力能源安全，保障社会稳定具有重要的意义。

送端电网网架密集、多直流送端电气距离近、交直流电网耦合特性强，极易因受端电网交流线路故障，引发多回直流换相失败或闭锁故障；同时新能源机组涉网保护门槛低，故障情况下发生大规模新能源脱网、进而引发电网发生大范围连锁故障风险增大，电网调度运行的难度越来越大。

在线安全分析应用能够基于电网实时运行方式数据进行在线滚动扫描，及时发现电网中存在的安全稳定问题或安全隐患，并针对存在的问题或隐患提供相应的辅助决策建议，提升对电网运行状态的感知、分析和处置能力。但现有在线安全稳定分析应用仍存在很多不足，如在计算所用的模型数据方面，缺少直流系统详细模型，状态估计建模范围仅支持 220 kV 及以上电压等级，处于中低压网络大量新能源和小水电模型均被等值。分析计算中暂未考虑二、三道防线控制策略，电网分析结果精细化程度不高，分析结果与实际电网运行情况偏差较大，调度运行人员无法获知策略执行后电网的安全稳定状态。因此，如何将电网中低压侧新能源，二、三道防线控制系统模型数据，大规模新能源外送控制技术应用在在线安全稳定计算分析中，是提升新能源消纳的关键因素。

本书第一章至第二章主要讲述直流系统、新能源场站在线建模；第三章至第六章主要讲述高渗透率、多直流电网安全风险评估技术、多直流送端电网严重故障下的在线评估以及新能源送出能力的在线评估；第七章讲述大规模新能源电力外送安全协调控制系统以及近电气距离的多直流近区无功电压协调控制技术。

本书是在宁夏电力有限公司的指导下编写而成的，是对宁夏省级调整在线安全稳定分析系统及多直流与高比例送端电网安全协调控制技术的总结提升以及深化应用，本书出版过程中得到了宁夏电力有限公司及国网银川、石嘴山、吴忠、宁东、中卫、固原供电公司的大力支持，并得到了宁夏电力有限公司科网部、南瑞集团等兄弟单位的鼎立支持。在此表示衷心感谢！

由于参编人员众多，加之编者水平有限，遗漏和不当之处在所难免，恳请读者批评指正。

编者

2021年4月

目 录

第 1 章　特高压直流在线精细化建模技术研究

目前，交流电网的机电暂态建模相对成熟，且在多次实际电网的大扰动试验中得到验证。本节重点是基于直流实际控保系统实现直流机电暂态建模与仿真，并在电力系统安全稳定量化分析软件 FASTEST 中实现。

直流系统机电暂态建模拟采取的技术路线如下。

第一，建立与直流实际控保系统完全一致的控制器结构与逻辑框架。

第二，基于 RTDS 与直流控保联合仿真系统以及基于 PSCAD/EMTDC 的交直流电磁暂态模型，分多种扰动场景进行仿真模拟，确定影响直流系统动态响应特性的关键环节与参数。

第三，依不同控制环节的重要性差异，对直流实际控制保护系统进行不同程度的简化，建立与其逻辑框图/控制特性基本相符的机电暂态仿真模型，对其中的关键参数保持与实际保控系统一致。

第四，利用 PSCAD/EMTDC 搭建不同规模的交直流等值电网，并将机电暂态模型与电磁暂态仿真进行对比，进一步检验直流机电暂态模型的仿真准确性。

1.1　一次系统建模

电力系统机电暂态计算采用的是基波、相量的变量表示方式。换流器的准稳态模型只需要获取交流系统的电压即可计算，能方便地应用于机电暂态仿真，因而在交直流电力系统稳定性研究中，直流换流器普遍采用准稳态模型，其建模前提条件是换流母线电压是三相对称的正弦波。一个六脉动换流桥的结构如图 1-1 所示。

目前，FASTEST 软件已完整地实现了直流一次系统电路的机电暂态仿真建模，并计及了触发角及换相过程。对于整流侧有：

$$U_{dr}=U_{di0}\cos\alpha-\frac{3X_cI_d}{\pi}=U_{d0}\cos\alpha-dx_rI_{dr} \tag{1-1}$$

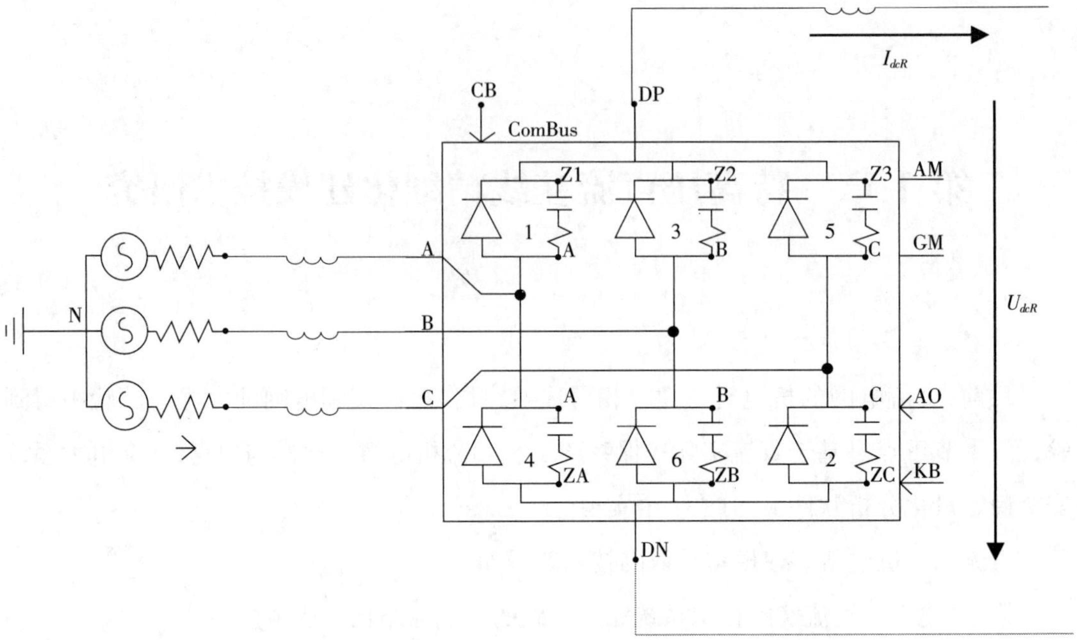

图 1-1　换流器原理接线图

式中，U_{di0} 为交流初始电压；α 为熄弧角；X_c 为整流侧换流变电抗；I_{dr} 为整流侧直流电流；dx 为直流换相电抗初值。

对于逆变侧有：

$$U_{di}=U_{di0}\cos\gamma-\frac{3\omega L_c}{\pi}I_d=U_{di0}\cos\gamma-dx_iI_{di} \tag{1-2}$$

式中，U_{di0} 为交流初始电压；γ 为熄弧角；L_c 为逆变侧换流变电感；I_{di} 为逆变侧直流电流；dx 为直流换相电抗初值。

由式(1-2)可以看出，直流电压实际上是一个与触发角相关的电压源与换相阻抗压降之差，换流器可用一个串联形式的戴维南电路表示，如图 1-2 所示。

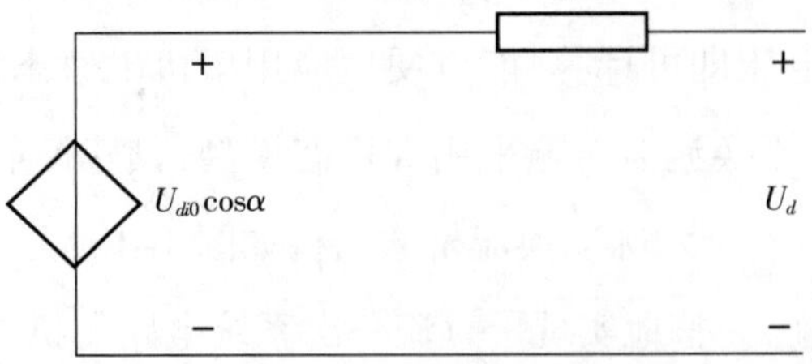

图 1-2　换流器等值电路

直流线路采用电阻与电感串联电路模型表示。将整流器和逆变器分别表示为戴维南电路，并通过直流输电线路连接，形成完整的直流一次电路模型，如图 1-3 所示。

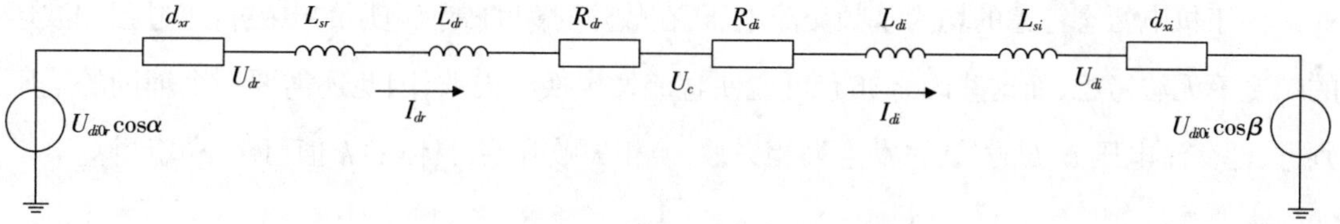

图 1-3　直流系统一次电路模型

图 1-3 中，线路电阻、电感分为两半置于两边，与平抗、换相电抗形成对称形式，电路方程如下：

$$\begin{cases} U_c=U_{d0ir}\cos\alpha-I_{dr}(dxr+Rdr)-(Lsr+Ldr)\dfrac{dI_{dr}}{dt} \\ U_c=U_{di0i}\cos\beta+I_{di}(dxi+Rdi)+(Lsi+Ldi)\dfrac{dI_{di}}{dt} \\ I_{dr}=I_{di} \end{cases} \tag{1-3}$$

式中，I_{dr}，I_{di} 为整流侧与逆变侧直流电流；U_c 为中点电压。

通过拉普拉斯变换及反变换，可求出平波电抗出口处直流电压：

$$Lsr\frac{dI_{dr}}{dt}=[U_{d0r}\cos\alpha-I_d(dxr+Rdr)-U_c]\frac{Lsr}{Lsr+Ldr} \tag{1-4}$$

$$U_{dr}=U_{d0r}\cos\alpha-I_d dxr-[U_{d0r}\cos\alpha-I_d(dxr+Rdr)-U_c]\frac{Lsr}{Lsr+Ldr} \tag{1-5}$$

同理，逆变侧：

$$U_{di}=U_{d0i}\cos\beta+I_d dxi+[U_c-U_{d0i}\cos\beta-I_d(dxi+Rdi)]\frac{Lsi}{Lsi+Ldi} \tag{1-6}$$

当发生换相失败时，相当于逆变侧直流短路，直流等效电路与正常运行时的等效电路不同，如图 1-4 所示。

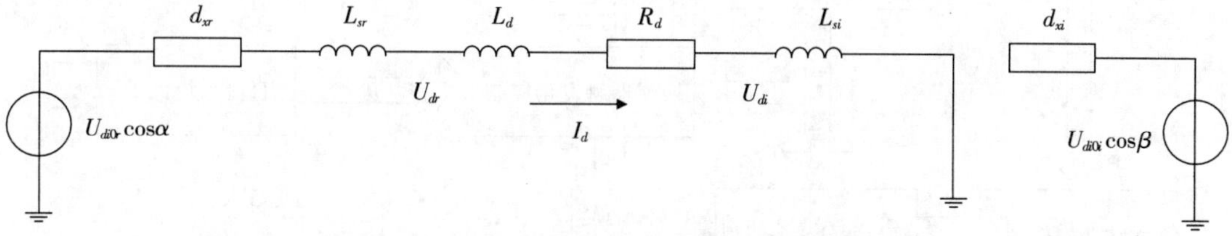

图 1-4　换相失败状态直流系统一次电路模型

因此，准确判断直流发生换相失败是直流建模的关键问题。可分为判断换相失败的开始与换相失败的结束两个方面。通常判断直流换相失败采用的判据为 γ 角判据，具体为：

计算逆变侧 γ 角，当 $\gamma<7°$时，换相失败开始；

具体来说，发生短路故障时刻，机电暂态程序所计算的交流电压突降，较正常运行时故障时刻所计算得到的 γ 角将减小。若小于 7°，则认为发生换相失败。计算 γ 角的准稳态公式如下：

$$\cos\gamma=\cos\beta+\frac{2d_x I_d}{U_{di0}} \tag{1-7}$$

由于机电暂态考虑的均为基频交流电压，在故障时刻的交流电压的电磁暂态过程如波形的畸变等无法考虑，而这些因素亦有可能使直流发生换相失败，因此还需要一个辅助的电压判据，即交流电压 $U<k$ 时，认为发生失相失败，换相失败开始，具体的 k 值可由下式计算。

$$k=\frac{1}{1+\dfrac{U_{di0}}{2d_x I_d\cdot(\cos 7°-\cos\gamma)}} \tag{1-8}$$

式中，d_x 为换相电抗初值；U_{di0} 为交流初始电压。

综合考虑 γ 角和电压因素，基于 FASTEST 的直流模型采用的换相失败判据为：当 $\gamma<7°$ 或交流电压 $U<k$ 时，换相失败开始；当 $\gamma\geqslant 7°$，换相失败结束。

1.2　二次系统建模

机电暂态仿真中，直流输电研究的基本问题是注入交流系统的功率（P、Q）的大小与变化规律对全系统机电暂态过程的影响，因此，直流系统可看作多端口的动态负荷。目前，在常用的商业化电力系统机电暂态仿真分析软件中，直流系统均采用准稳态建模。

实际直流控制保护系统的功能框图如图 1-5 所示。

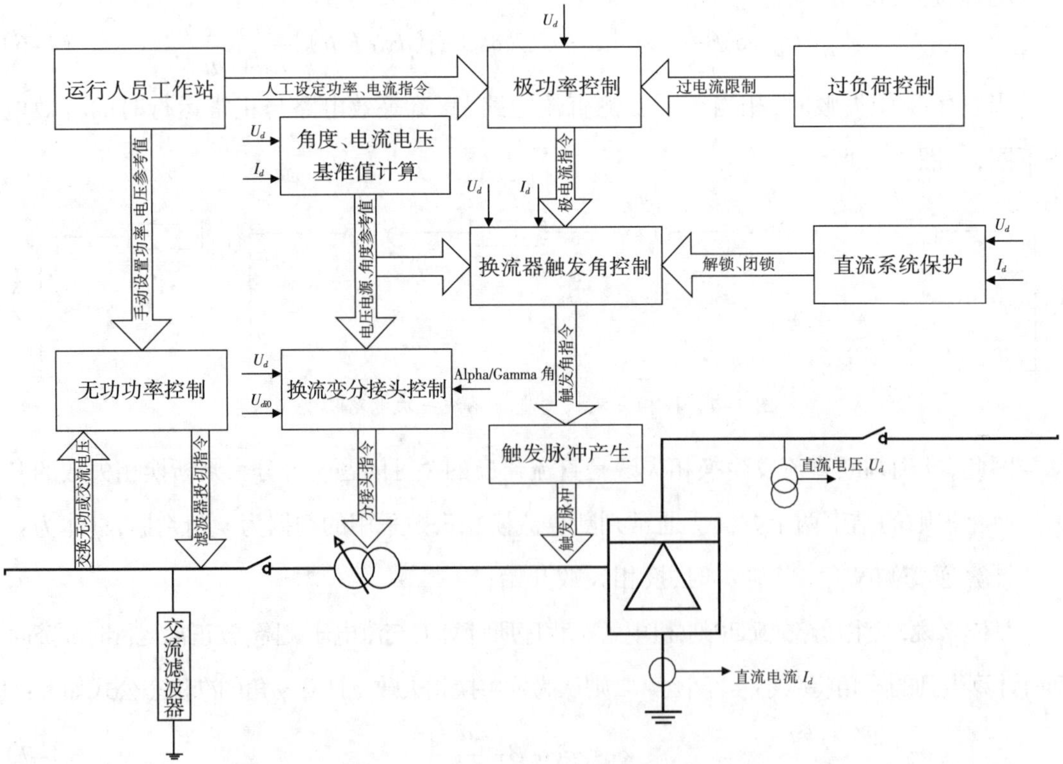

图 1-5　直流控制保护系统的功能框图

从图 1-5 可以看出，直流控制系统的主要控制流程为：主控环节，根据所设定的输送功率参考值 P_{ref} 依据当前的直流电压，计算电流指令 I_o（若选择为定电流模式则直接给出电流参考值）；低压限流控制环节根据 I_o 与当前直流电压对 I_o 进行限幅，送入电流控制环节；在电流控制环节中，电流指令与实测值作偏差，考虑逆变侧一定的电流裕度，计算返回一次系统的触发角 α。

在整流侧，绝大多数工况下均处于电流控制状态；在逆变侧，由于给出电流裕度，正常情况下处于定 γ 控制状态，降压运行时有可能处于电压控制状态，这通过对电流控制环节的输出 α 角进行限幅实现。在交流系统大扰动的暂态过程中，整流侧最小触发角控制与换相失败预测两个环节将可能动作，对 α 角进行直接控制。

本节依据实际直流工程的控制特性建立相应的直流控制系统模型。考虑到仿真与实际工程的差异，尤其是机电暂态仿真的特点，直流机电暂态控制仿真建模主要是针对换流器触发控制（CFC）进行建模，并考虑极功率和电流控制、电压角度参考值计算、过负荷控制等环节限制，忽略了直流保护、阀组触发控制以及慢过程的无功功率控制和换流变压器分接头控制。对不严重影响控制角控制输出的部分数据采集、测量环节、瞬时值处理的模型，也适当简化，机电暂态直流模型控制系统模型结构如图1-6 所示。

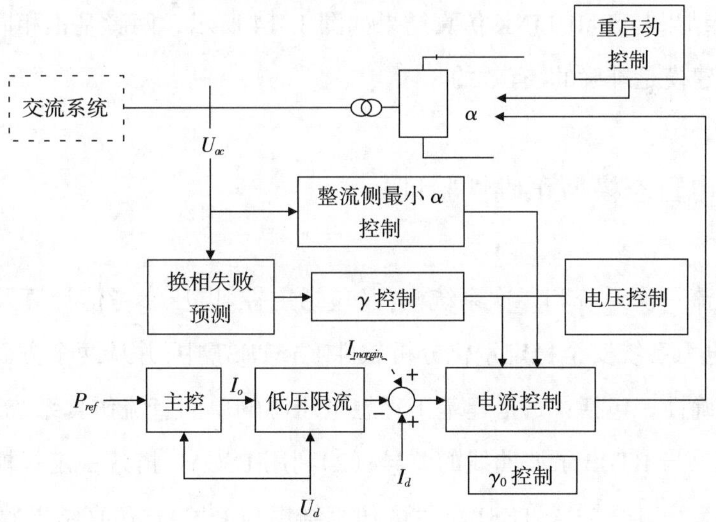

图 1-6　机电暂态直流模型控制系统模型结构

1.3　换流器触发控制各环节建模有效性验证

按照直流实际控制保护系统各控制环节框图，利用 MATLAB 软件提供的 SIMULINK

环境,搭建与之相应的仿真框图。以 VDCOL 环节和 AMAX 环节为例,搭建的 SIMULINK 仿真环境如图 1-7 和图 1-8 所示。

通过与基于实际控保的 RTDS 仿真结果对比，可验证 SIMULINK 模型搭建的准确性。VDCOL 环节和 AMAX 环节的输出对比如图 1-9 所示，曲线完全重合验证了 SIMULINK 模型搭建正确。

采用基于 FASTEST 的直流控制系统各环节的输入作为 SIMULINK 的输入，比较 FASTEST 计算结果与 SIMULINK 仿真结果如图 1-10 所示,从图 1-10 可知,两者基本相同表明了相应环节的机电暂态建模是准确的、有效的。

按照直流实际控制保护系统各控制环节框图,利用 MATLAB 软件提供的 SIMULINK 环境,搭建与之相应的仿真框图。以 VDCOL 环节和 AMAX 环节为例,搭建的 SIMULINK 仿真环境如图 1-11 和图 1-12 所示。

通过与基于实际控保的 RTDS 仿真结果对比，可验证 SIMULINK 模型搭建的准确性。VDCOL 环节和 AMAX 环节的输出对比如图 1-13 所示，曲线完全重合验证了 SIMULINK 模型搭建正确。

采用基于 FASTEST 的直流控制系统各环节的输入作为 SIMULINK 的输入，比较 FASTEST 计算结果与 SIMULINK 仿真结果如图 1-14 所示，两者基本相同表明了相应环节的机电暂态建模是准确的、有效的。

1.4 直流机电暂态模型正确性验证

将包含直流一次系统和二次系统模型(包括主控、电压参考值计算及换流器触发控制等)集成到电力系统安全稳定量化分析软件 FASTEST 中;并从两个方面验证直流机电暂态模型的正确性。包括:(1)搭建基于理想电压源的单回直流仿真系统,比较 FASTEST 软件的仿真结果与 RTDS 录波曲线的差异;(2)利用 PSCAD 搭建一定规模的多直流馈入的交直流复杂系统,比较 FASTEST 软件的仿真结果与 PSCAD 仿真结果的差异。

1.4.1 基于理想电压源的单回直流仿真系统

模拟整流侧和逆变侧交流系统金属性三永故障,从下图 1-15 至图 1-18 给出的仿真对比结果可以看出 FASTEST 机电暂态直流控制角和直流电流输出响应曲线与基于实际控保的 RTDS 仿真结果基本一致(图中 _F 表示 FASTEST 仿真结果,_B 表示 BPA 仿真结果,_R 表示 RTDS 仿真结果,下同)。

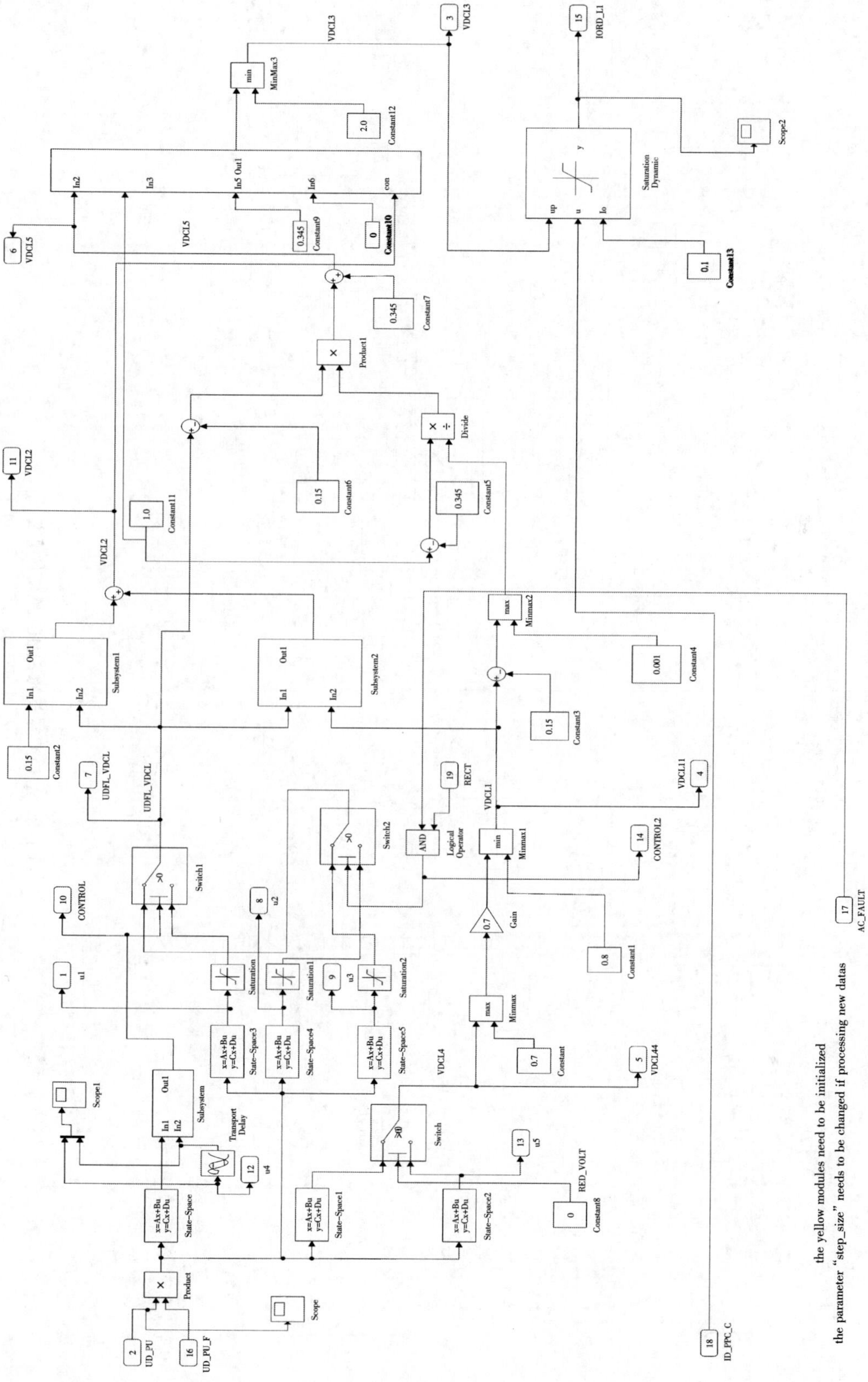

图 1-7　VDCOL 环节的 SIMULINK 仿真框图

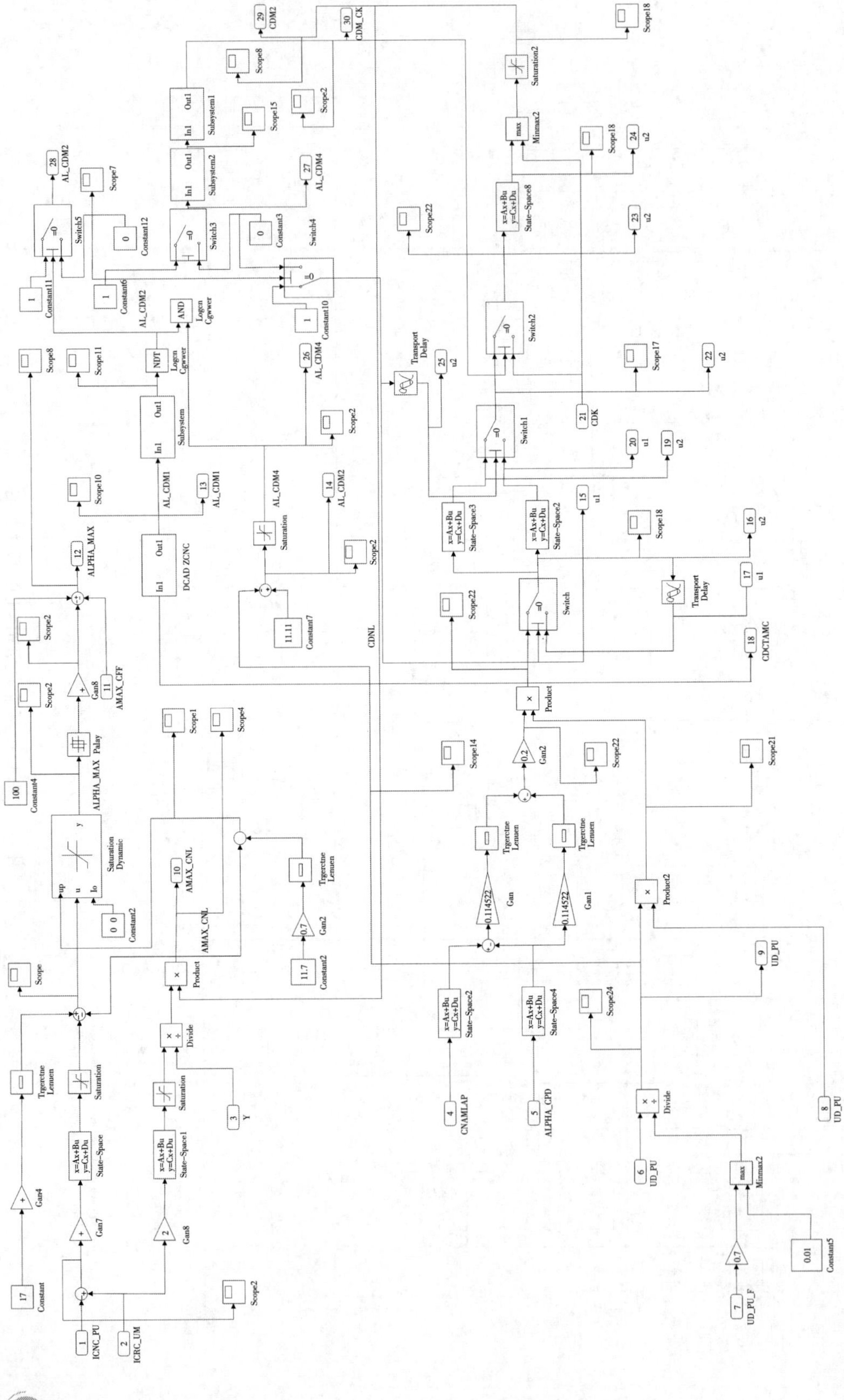

图 1-8 AMAX 环节的 SIMULINK 仿真框图

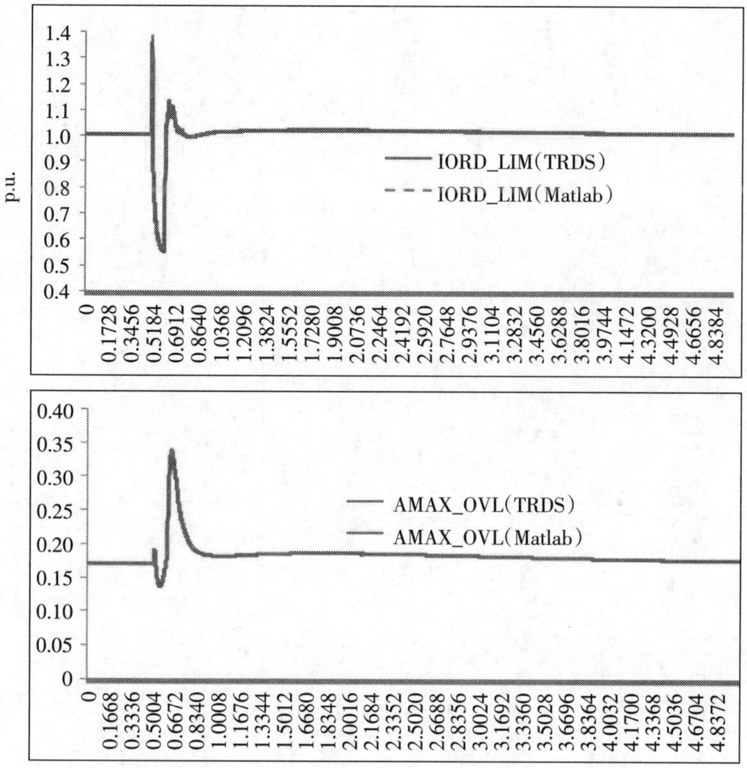

图 1-9　SIMULINK 仿真输出与 RTDS 输出比较

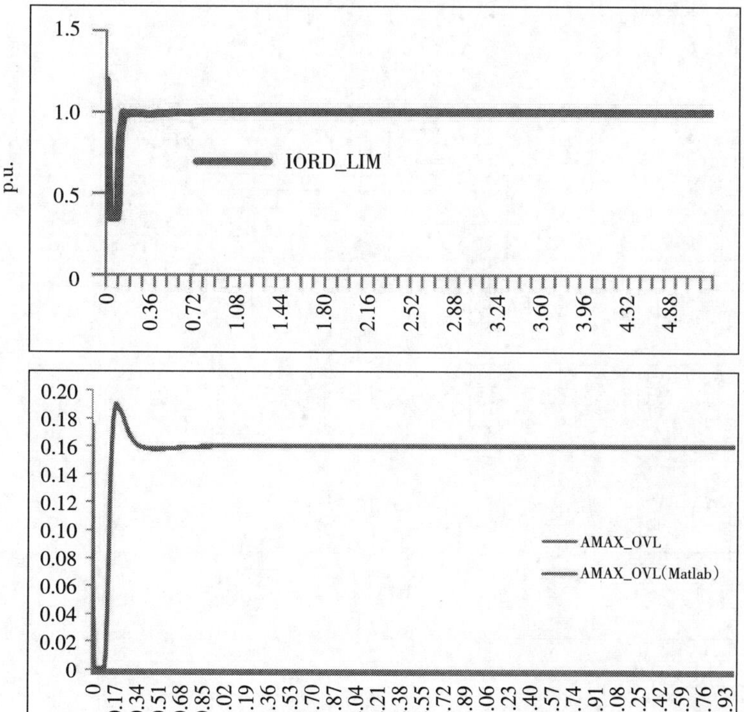

图 1-10　FASTEST 和 SIMULINK 仿真结果比较

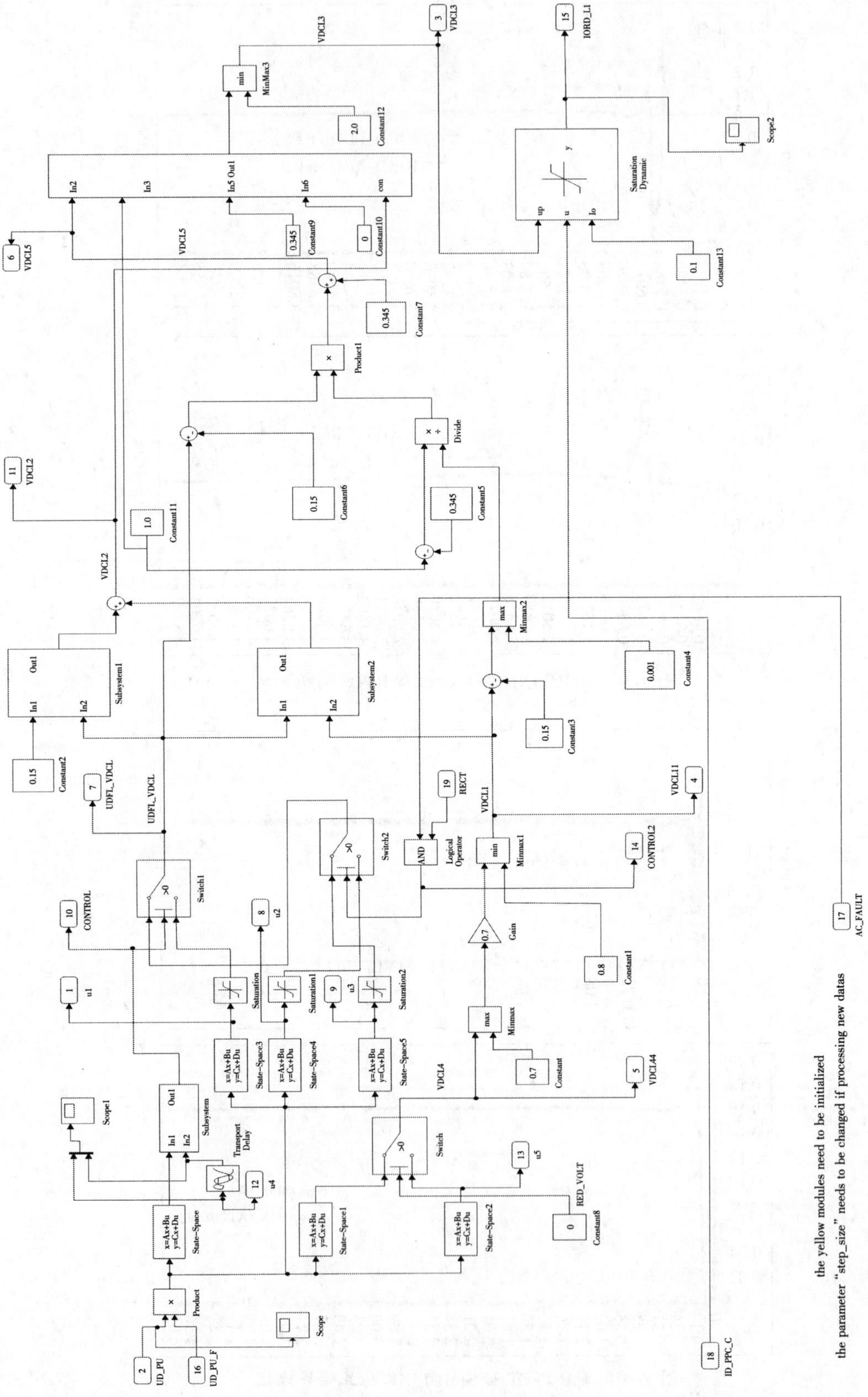

图 1-11 VDCOL 环节的 SIMULINK 仿真框图

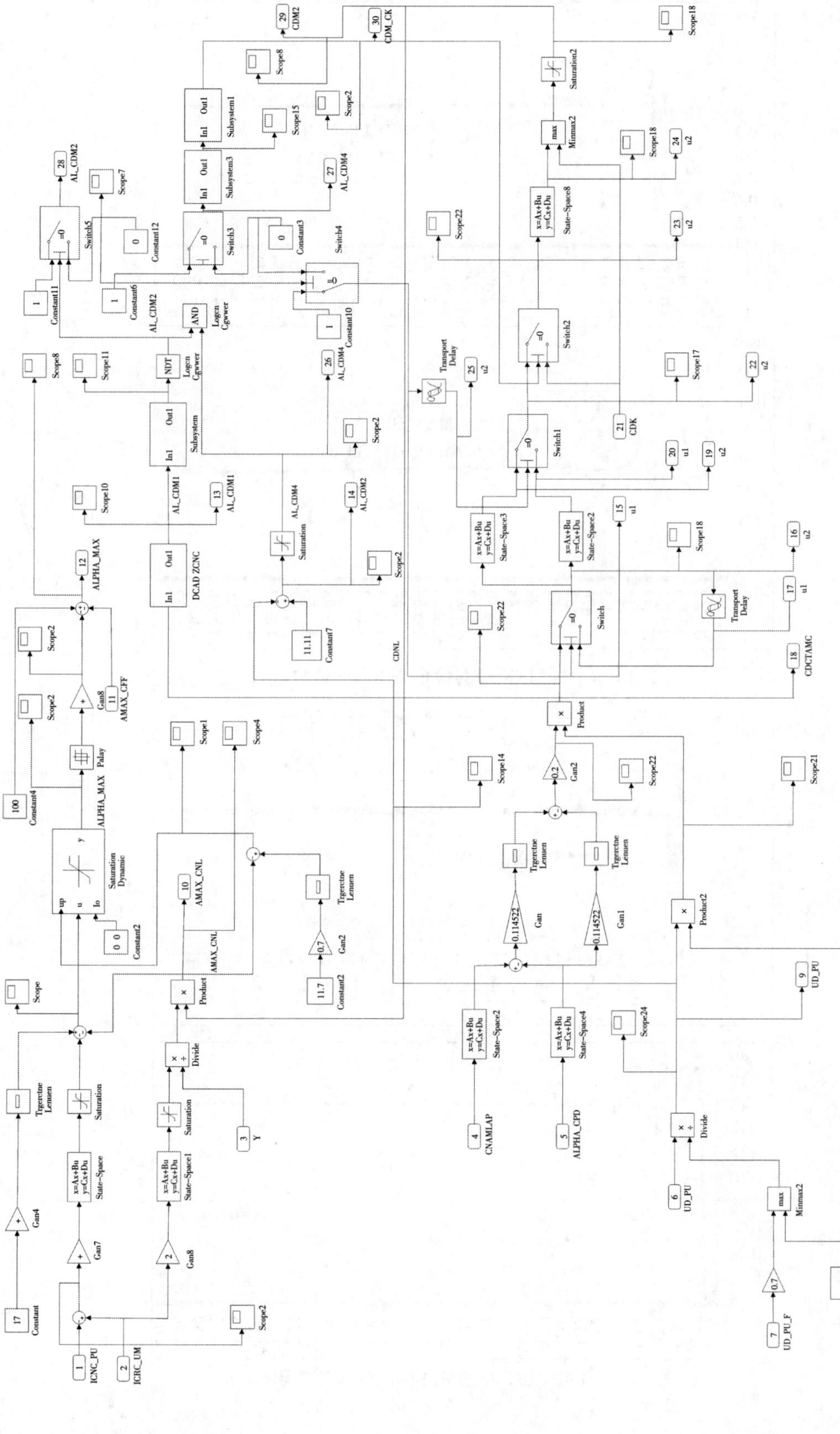

图 1-12　AMAX 环节的 SIMULINK 仿真框图

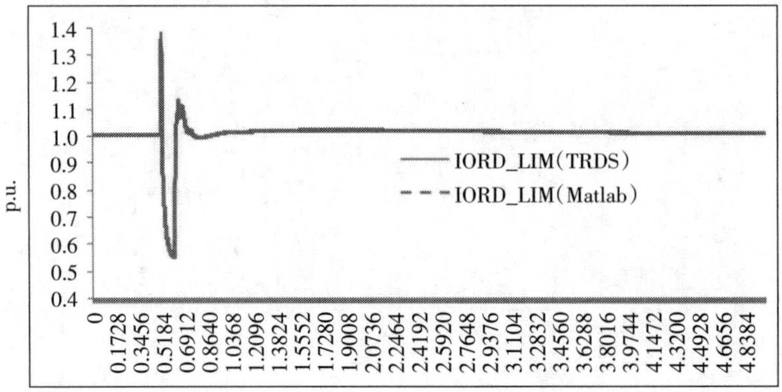

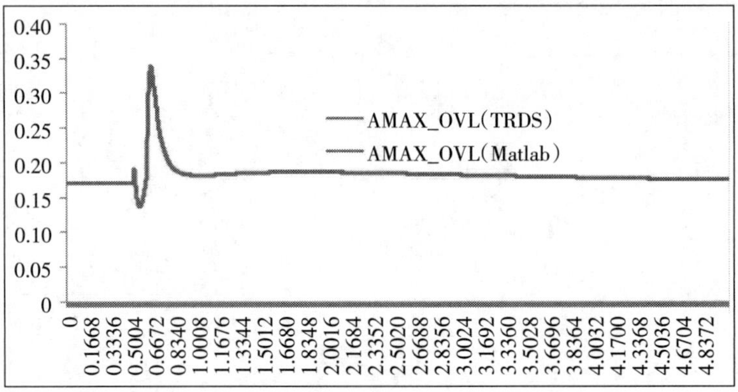

图 1-13 SIMULINK 仿真输出与 RTDS 输出比较

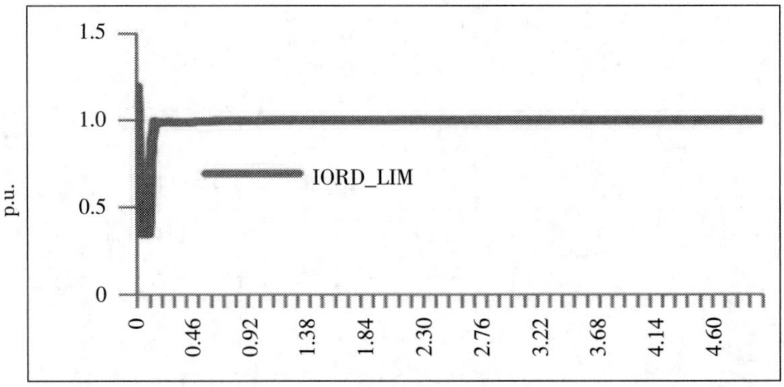

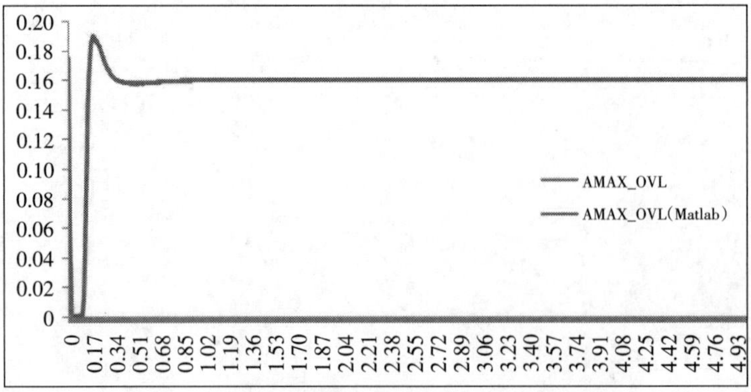

图 1-14 FASTEST 和 SIMULINK 仿真结果比较

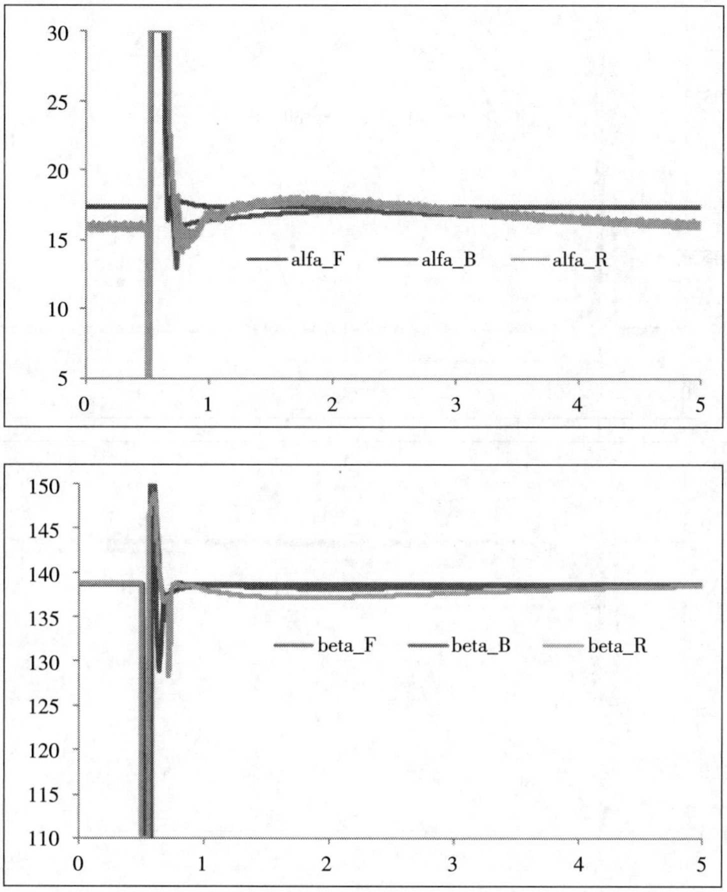

图 1-15　整流侧三永故障，不同仿真工具给出的直流控制角 alpha 曲线

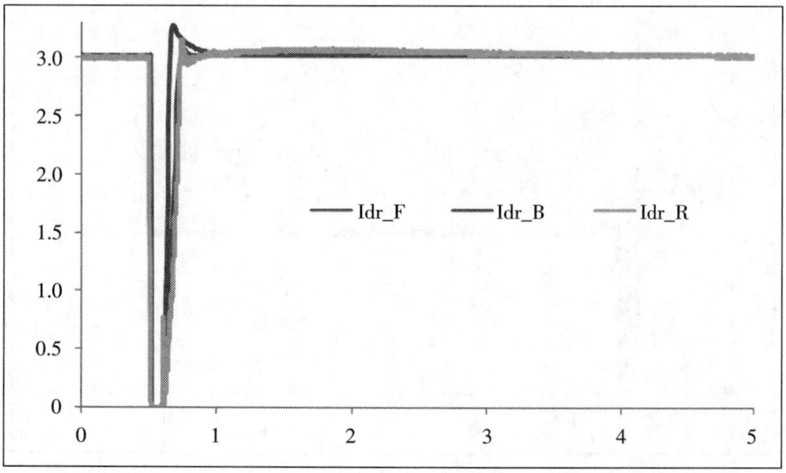

图 1-16　整流侧三永故障，不同仿真工具给出的直流电流曲线

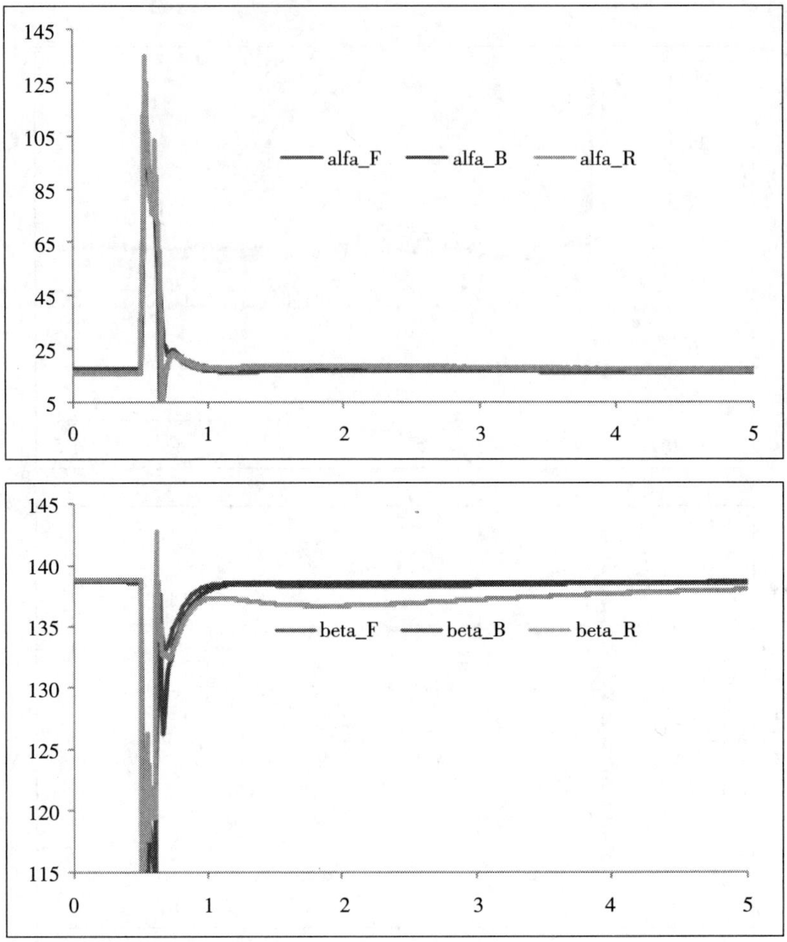

图 1-17　逆变侧三永故障，不同仿真工具给出的直流控制角 alpha 曲线

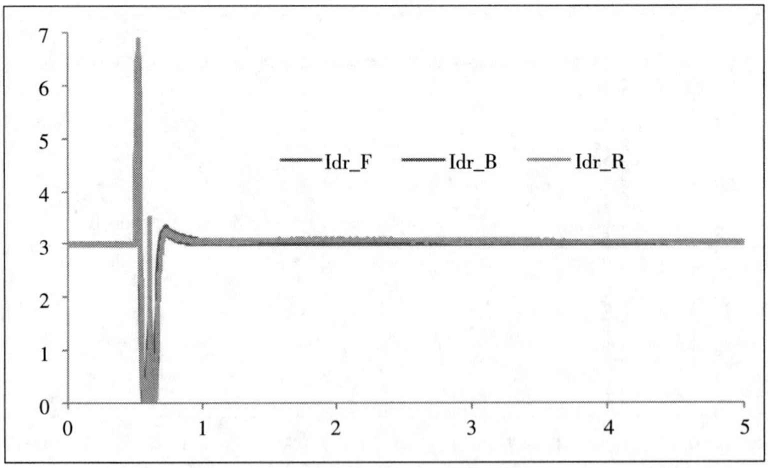

图 1-18　逆变侧三永故障，不同仿真工具给出的直流电流曲线

1.4.2　基于 PSCAD 的多直流馈入交直流仿真系统

通过在直流逆变侧附近设置交流线路扰动,来观察故障后直流整流/逆变侧直流功率、电压、电流以及控制点燃角曲线的比较,来验证机电暂态模型的正确性,如图 1–19 所示。

考察故障:0.5 s 时发生三相永久性故障，延时 0.1 s 后保护动作跳开线路两侧断路器。故障后的直流系统响应及直流近区交流系统响应如图 1–20、图 1–21 所示。

对比 PSCAD、FASTEST 和 BPA 的仿真结果可知，基于 FASTEST 软件的直流机电暂态模型能够较为准确地反映直流系统控制响应特性,满足大规模交直流电网机电暂态仿真需要。

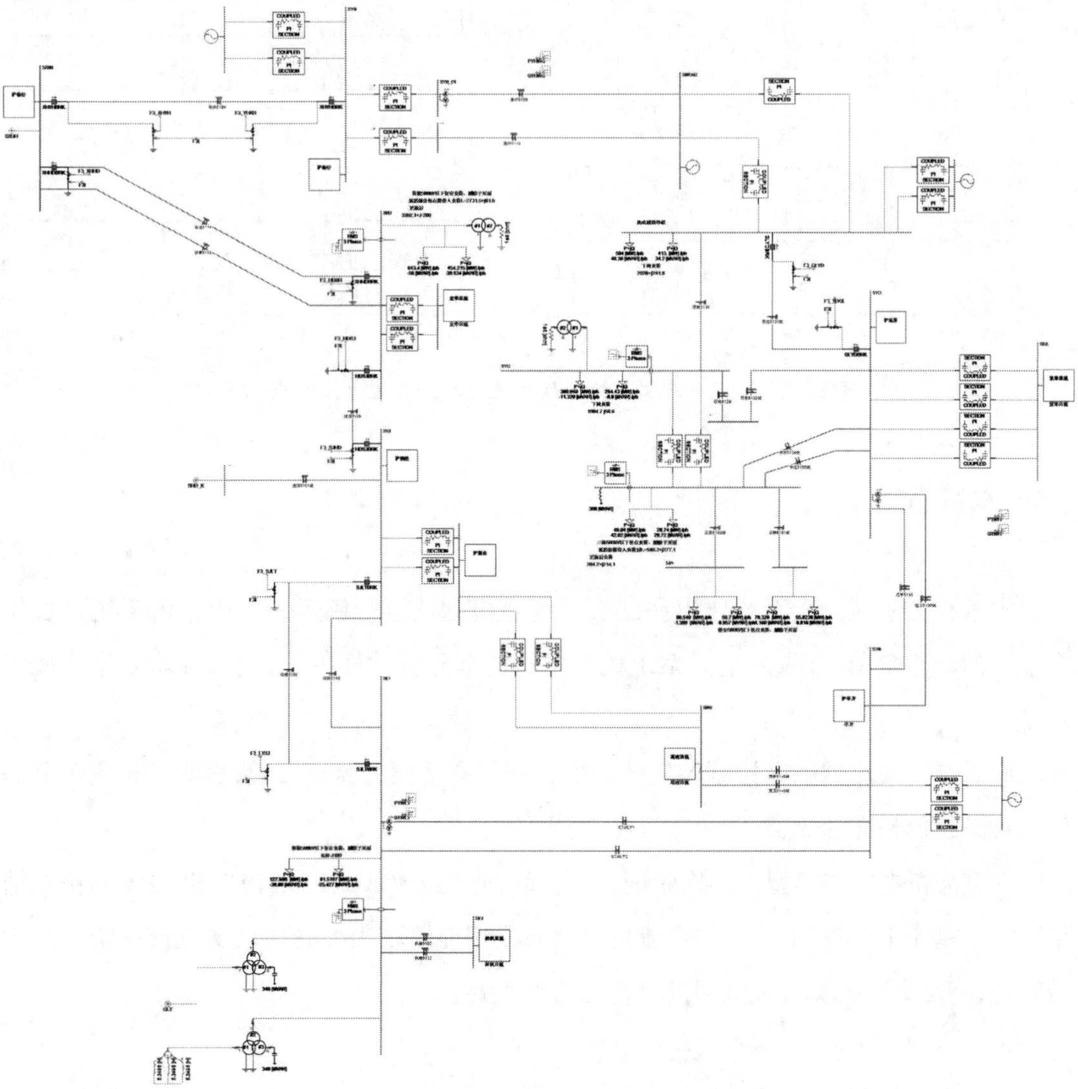

图 1–19　交直流电网电磁暂态平台拓扑结构

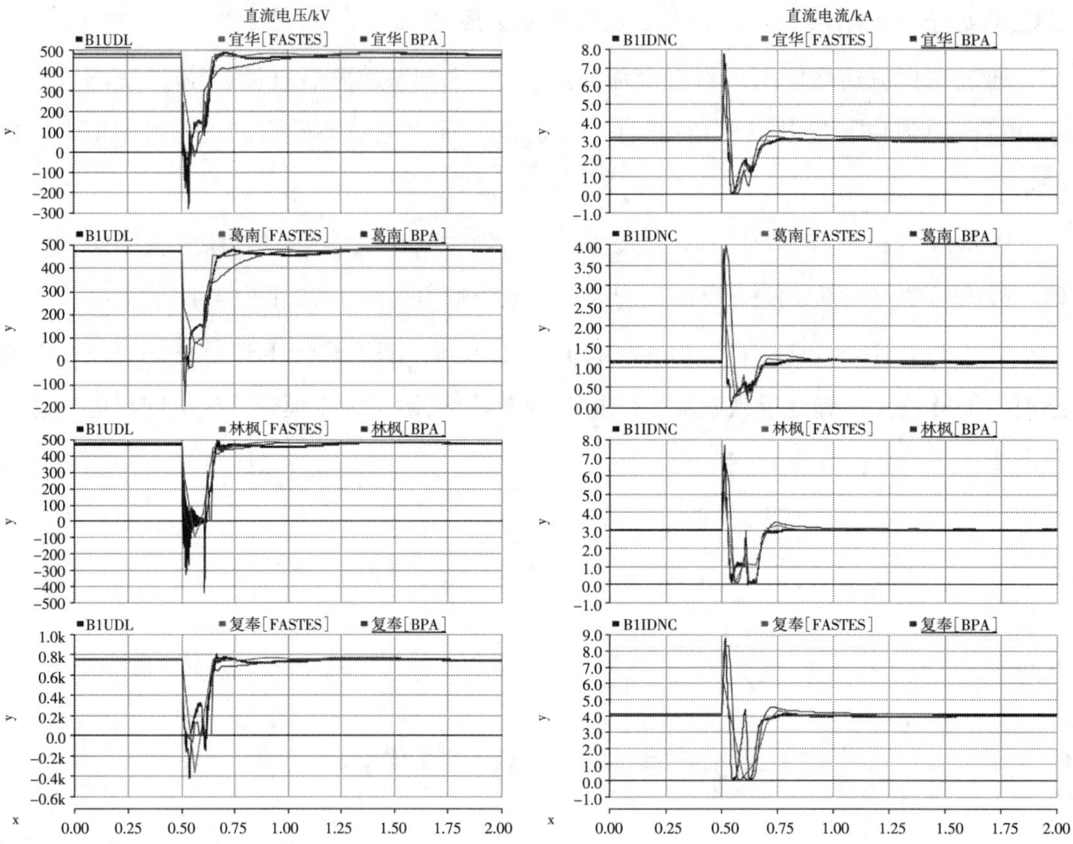

图 1-20　不同仿真工具给出的直流电压和直流电流响应比较

1.5　本章小结

本章在分别对一次系统建模和二次系统建模方法进行阐述，其中直流系统可看作多端口的动态负荷，在常用电力系统机电暂态仿真分析软件中，直流系统均采用准稳态建模。

同时针对换流器触发控制各环节建模进行了有效性的验证实验，表明了相应环节的机电暂态建模是准确的、有效的。

在直流机电暂态模型正确性验证方面，通过对比 PSCAD、FASTEST 和 BPA 的仿真结果可知，基于 FASTEST 软件的直流机电暂态模型能够较为准确地反映直流系统控制响应特性，满足大规模交直流电网机电暂态仿真需要。

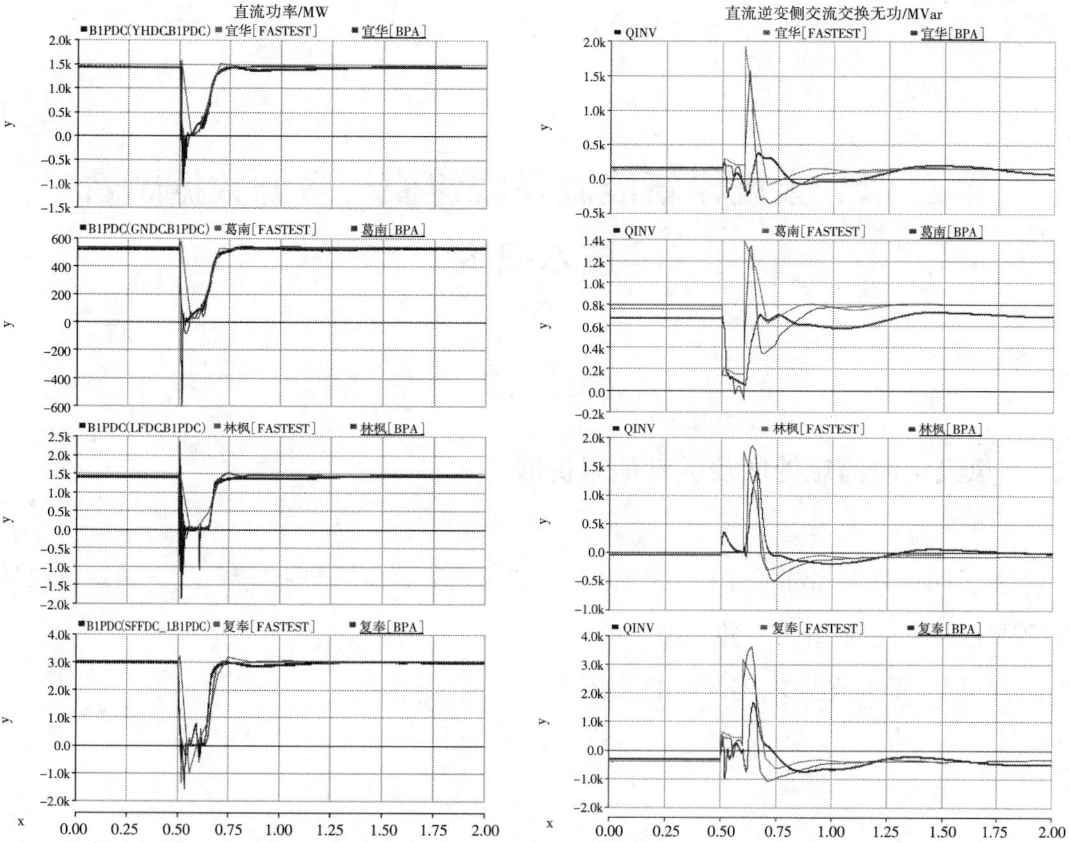

图 1-21　不同仿真工具给出的直流有功及逆变侧吸收无功功率响应比较

第 2 章　大规模新能源在线建模与多源数据融合技术研究

2.1　风光资源信息处理及关键信息提取

对于同一数据，数据集控中心根据接收到风光资源信息的采集源、上送通道以及是否需要额外的处理，分为三种方式。

（1）同一采集数据源，不同的上送通道。

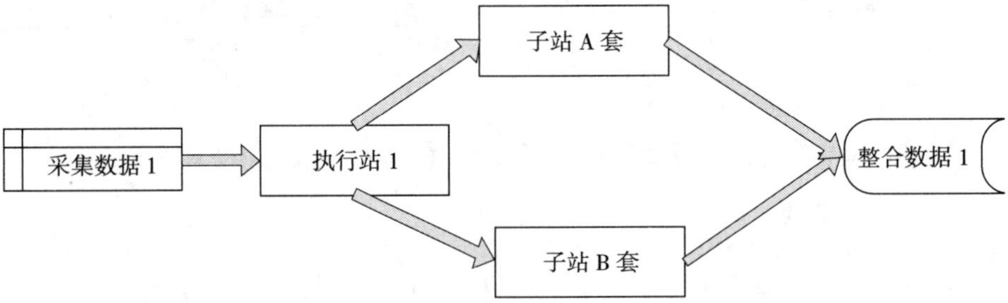

图 2–1　同一采集数据源，不同的上送通道

执行站装置采集的数据 1，在通道都正常的情况下，可同时通过子站 AB 套的不同回路上送到数据集控中心，而最终数据集控中心由于只使用其中的一套数据，并且采集源相同，因此数据有效性的判断直接根据装置上送的电气量质量码和上送的时间来判断，最终的整合数据 1 直接取任一通道上送的最新且有效的数据。装置上送新能源电站的整场出力即采用该出力方式。

（2）不同采集数据源，不同的上送通道。子站 A 套和子站 B 套采集同一数据 2，同时通过各自的上送通道上送到数据集控中心，数据集控中心在处理这 2 个来源的数据时，仍可以按照相应的处理方式，最终的整合数据 2 直接取任一通道上送的最新且有效的数据。子站装置上送的断面功率即采用该处理方式。

（3）不同采集数据源，不同的上送通道，但其中某一回路上送的信息需要处理后才能

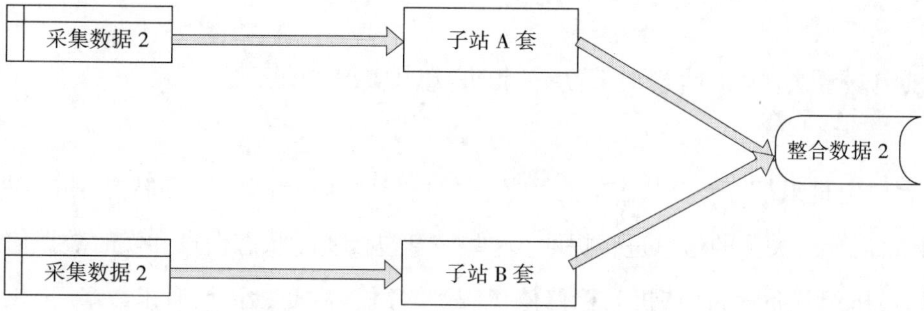

图 2-2　不同采集数据源，不同的上送通道

得到另一回路的上送信息。

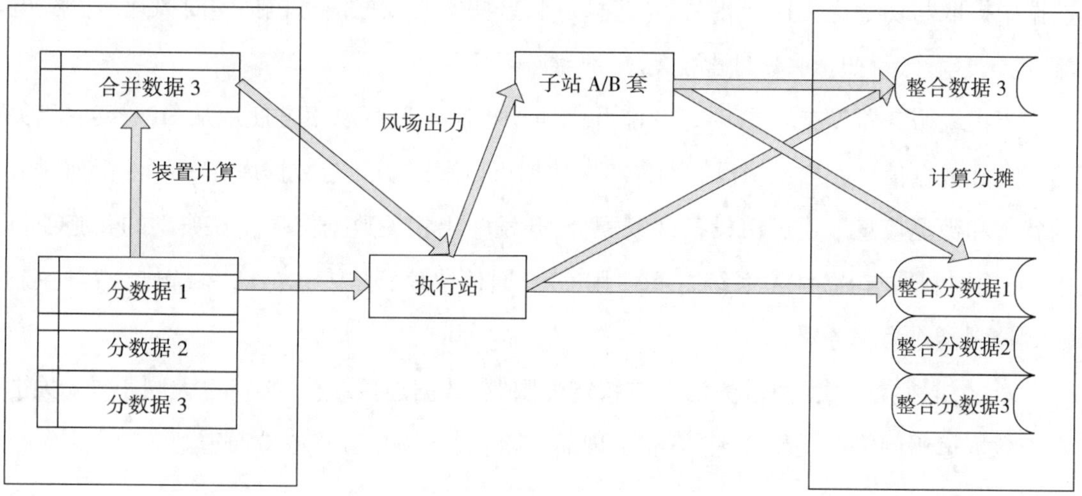

图 2-3　不同采集数据源，不同的上送通道，且需要对数据进行处理

执行站通过和数据集控中心的通道直接上送分数据 1~3 以及合并后的数据 3，其中合并数据 1 又通过子站 AB 套转发上送，数据集控中心又需要同时使用合并数据和分数据。在此情况下，整合数据 3 按照不同上送途径处理，但整合分数据 1~3 在执行站上送数据有效的情况下优先采信直接上送的数据，如上送数据无效使用子站 AB 套转发的整合数据，按照最近一次的分配比例进行分摊，从而得到整合分数据 1~3。执行站上送的风场出力和馈线功率按照此方式进行处

综上，在多源数据同时接入的情况下，优先采用能装置直接上送的数据后采用利用直送数据整合的数据，优先采用最新的上送数据以保证实时更新采集设备的电气量信息。对同一采集源，不同通道上送的数据，不进行校验；不同采集回路，不同通道上送的数据，需要检验；同一新能源电站上送的分量和总量，需要检验。

2.2 风电场机组状态信息处理及关键信息提取

每台风电机组都有许多状态信息和数据信息与调度平台交互。在智能风电场并网系统控制中,需要对关注的信息进行提取。这些信息包括实时状态信息和实时数据信息。状态信息有:机组热备停机(待机),检修停机、故障停机、启动、运行、通讯故障、电网断电,就绪、加/减速、急停、慢速停机等,其中检修停机,故障停机在系统平台人为标定的,同样,运行风机也标定为受控运行风机和不限制功率的样板风机。智能并网控制系统要从这些数据中提取与功率优化控制相关的实时数据,这些实时数据信息包括实时风速、功率、电流、电压、累计运行时间、累计电能等。

当机组服务器设有 OPC 时,智能并网协调控制装置可以很方便地从 OPC 读取相关的状态和数据信息。当系统没有 OPC 时,数据可以通过访问与数据库相关组件提前对应的状态和数据信息。也可由设备厂家配合,开发输出相关数据信息。在典型的实施项目中,协调控制器与 SCADA 系统之间使用 OPC 通信协议,其中 SCADA 系统作为客户端,协调控制器作为服务器。

总之,取得数据的途径、方法没有特定的限制,数据连接结构、接口也大同小异。关键在于数据通讯网络结构要合理,不能出现通道阻塞、不畅并留有备份通道。

表 2–1　典型风电机组模拟量

序号	参数名称	参数类型	序号	参数名称	参数类型
1	风速	模拟量	8	偏航电机 1 工作时间	模拟量
2	变流器有功功率	模拟量	9	偏航电机 2 工作时间	模拟量
3	总发电量	模拟量	10	偏航电机 3 工作时间	模拟量
4	风向角	模拟量	11	液压泵工作时间	模拟量
5	发电机转速	模拟量	12	25 秒平均风向角	模拟量
6	偏航位置	模拟量	13	叶轮转速 1(接近开关 1)	模拟量
7	偏航速度	模拟量	14	叶轮转速 2(接近开关 2)	模拟量

表 2–2　典型风电机组开关量

序号	参数名称	参数类型	序号	参数名称	参数类型
1	变流器调制反馈	开关量	8	变流启动使能	开关量
2	变流器加热请求	开关量	9	变流运行	开关量
3	变流准备运行	开关量	10	变流器总线复位	开关量
4	变流器故障	开关量	11	自启动	开关量
5	变流器急停反馈	开关量	12	解缆	开关量
6	变流器警告反馈	开关量	13	左偏航状态	开关量
7	变流器控制模式	开关量	14	右偏航状态	开关量

2.3　光伏电站发电单元状态信息处理及关键信息提取

为了能够有效实现多电站的数据融合及不同模块之间的数据交互，借鉴 IEC61400 和 IEC61850–7–420 的建模思想，建立了光伏电站有功/无功智能控制系统的数据模型。首先光伏电站有功/无功智能控制系统需存储和处理的数据信息分类，分为系统描述类信息、设备类信息、高级应用类信息；其次，建立不同信息类的数据表关系；最后根据系统的实际需要定义不同数据表的属性。

光伏电站有功/无功智能控制系统涉及调度控制信息获取、电站并网点运行信息获取、电站内各光伏逆变器运行信息获取以及无功补偿装置(SVC/SVG)运行信息获取。

2.3.1　数据信息表的关系

光伏电站有功/无功智能控制系统的数据表应包括：光伏电站信息表、光伏电站预测信息表、光伏发电单元信息表、变压器(箱变)信息表、无功补偿装置信息表等。

上述数据表的关系如图所示，主要涉及光伏电站信息表，光伏类型信息表，光伏逆变器信息表无功补偿装置信息表。

2.3.2　数据信息表的定义

(1)光伏电站信息表。对光伏电站信息的描述，如整体采集/运算/统计量，整体运行状态，整体功率/电压控制模式等。

(2)逆变器信息表。逆变器信息的描述，如逆变器型号，额定功率/防护等级等。

(3)无功补偿装置信息表(SVC 信息)。对无功补偿装置运行信息的描述，包括运行状态，无功输出功率等。

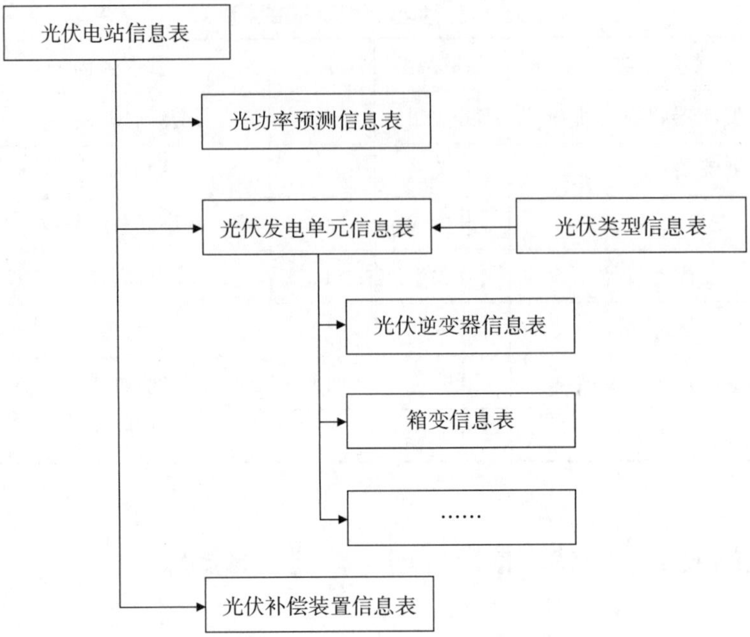

图 2-4　信息数据表关系图

(4)光伏逆变器信息表。对光伏逆变器运行信息的描述,如逆变器运行状态,有功/无功输出功率等。

2.4　控制装置状态数据处理及关键信息提取

目前提供的新能源控制装置能实现有功控制、无功控制以及安控功能,数据集控中心根据装置是否上送实现这三类功能所需要的数据,来判断控制装置的运行状态,并结合装置上送信息的有效状态来判断装置上送的信息是否可信。调控中心通过数据上送通道,以及上送数据质量码实现对新能源控制装置能有功控制、无功控制以及安控功能监视与控制。

数据集控中心通过数据上送通道,以及上送数据质量码实现对新能源控制装置能有功控制、无功控制以及安控功能监视与控制;此外还应保证控制装置本身的运行状态正常,该运行状态主要由装置的压板状态等来反映。装置的通道包括子站和执行站之间的专网通道,装置和数据集控中心的调度数据网通道;装置的运行状态异常包括总功能压板退出以及装置闭锁。

2.4.1　有功功率控制信息

有功功率控制功能主要通过数据集控中心站→控制子站→执行站或数据集控中

心→执行站的方式下发控制指令，上行信息主要来自于控制子站和执行站直接采集上送信息,执行站采集的关键信息也汇集到控制子站。

为实现有功控制功能,执行站和控制子站需要上送的关键信息如下：

(1)申请加出力幅度、编号和场站编号；

(2)申请加出力方式；

(3)新能源场站最大发电能力和当前出力；

(4)风光超发告警闭锁等异常信息。

控制子站和执行执行站需要接收的信息如下：

(1)参数信息(申请加出力上限和下限、最小时间间隔、闭锁时间、执行计划不到位闭锁时间)；

(2)申请加出力返回值和返回信息；

(3)新能源场站闭锁申请(执行计划不到位、方式变化、模式变化)；

(4)新能源场站实时有功计划和控制时限；

(5)倒计时报文和心跳报文。

在装置本身控制功能异常以及发生通道异常的情况下,系统的有功控制功能受到影响如下：

表 2-3　有功控制影响情况

	异常	上行	下行
执行站	总功能压板退出	数据无效	不执行控制命令
	装置闭锁	数据无效	不执行控制命令
	调度数据网异常(2 M 通道正常)	缺失部分非关键数据	缺失部分非关键数据
	2 M 通道异常(调度数据网正常)	无影响	无影响
控制子站	总功能压板退出	数据无效	不转发控制命令
	装置闭锁	数据无效	不转发控制命令
	调度数据网异常(2 M 通道正常)	缺失关键数据	缺失关键数据
	2 M 通道异常(调度数据网正常)	无影响	无影响

2.4.2　无功电压控制信息

无功电压控制功能主要通过数据集控中心站→协调控制主站→控制子站→执行站或数据集控中心站→控制子站→执行站的方式下发控制指令,信息直接下发到协调控制主站和控制子站,上行信息主要来自于各装置直接采集上送信息,执行站采集的关键信息汇集到控制子站，控制子站采集的关键信息汇集到协调控制主站。

为实现有功控制功能，装置需要上送关键信息，分别如下：

执行站需要上送的关键信息如下：

(1)场站内 SVC 的可调状态和可调空间。

(2)场站内变压器分接头的投退状态和可控状态。

(3)风光发电设备的可调状态和可调空间。

(4)场站内装置运行信息(压板、异常)。

(5)控制措施轮次，SVC 控制目标、容抗器投退、变压器分接头控制命令。

控制子站需要上送的关键信息如下：

(1)SVC 可控状态；控制模式(无功控制/电压控制)；当前无功；可增无功；可减无功。

(2)容抗器：可控状态；当前投退状态；设备容量。

(3)变压器：可控状态；分接口当前位置；分接头最大位置；分接头最小位置。

(4)母线：当前电压；值班状态。

(5)命令：控制措施轮次 SVC(无功或电压)控制目标值；容抗器投退；变压器分接头控制位置；关联执行站高压侧母线的电压控制目标值。

(6)主变高中低压侧无功。

数据集控中心站下发到协调控制主站和控制子站的关键信息，分别如下：

(1)各子站 330 kV 母线电压控制目标值和控制时限。

(2)控制措施的校验信息。

在装置本身控制功能异常以及发生通道异常的情况下，系统的无功功控制功能受到影响如下：

表 2-4　无功控制影响情况

	异常	上行	下行
执行站	总功能压板退出	数据无效	不执行控制命令
	装置闭锁	数据无效	不执行控制命令
	调度数据网异常(2 M 通道正常)	缺失部分非关键数据	无影响
	2 M 通道异常(调度数据网正常)	无影响	缺失关键数据
控制子站	总功能压板退出	数据无效	不转发控制命令
	装置闭锁	数据无效	不转发控制命令
	调度数据网异常(2 M 通道正常)	缺失关键数据	缺失关键数据
	2 M 通道异常(调度数据网正常)	无影响	无影响

续表

	异常	上行	下行
协调控制主站	总功能压板退出	数据无效	不转发控制命令
	装置闭锁	数据无效	不转发控制命令
	调度数据网异常(2 M 通道正常)	缺失关键数据	缺失关键数据
	2 M 通道异常(调度数据网正常)	无影响	无影响

2.4.3　安全稳定控制信息

安全稳定控制功能主要通过数据集控中心站→协调控制主站→控制子站→执行站或数据集控中心站→控制子站→执行站的方式下发控制指令,信息直接只下发到协调控制主站,上行信息主要来自于各装置直接采集上送信息,执行站采集的关键信息汇集到控制子站,控制子站采集的关键信息汇集到协调控制主站。

上行的关键信息中主要包括:协调控制主站、控制子站和执行站装置的压板等信息。

下行信息直接下发到主站,包括:在线控制策略;(包括各个控制子站和执行站的控制有功、无功目标值)。

在装置本身控制功能异常以及发生通道异常的情况下,系统的安控功能受到影响如下:

表 2–5　控功能影响情况

	异常	上行	下行
执行站	总功能压板退出	数据无效	不执行控制命令
	装置闭锁	数据无效	不执行控制命令
	调度数据网异常(2 M 通道正常)	缺失部分关键数据	无影响
	2 M 通道异常(调度数据网正常)	缺失部分关键数据	缺失关键数据
控制子站	总功能压板退出	数据无效	不转发控制命令
	装置闭锁	数据无效	不转发控制命令
	调度数据网异常(2 M 通道正常)	缺失关键数据	无影响
	2 M 通道异常(调度数据网正常)	缺失关键数据	缺失关键数据
协调控制主站	总功能压板退出	数据无效	不转发控制命令
	装置闭锁	数据无效	不转发控制命令
	调度数据网异常(2 M 通道正常)	缺失关键数据	缺失关键数据
	2 M 通道异常(调度数据网正常)	无影响	无影响

2.5　多数据源的关键信息提取

2.5.1　概述

多源数据整合功能使用了智能电网调度技术支持系统提供的电网状态估计数据、集群系统控制装置的实测数据和风电场/光伏电站机组的实时数据。状态估计实时数据信息中主要包含风光电站等值机的有功值、无功值和电压值，刷新周期为分钟级；控制装置的实测信息中主要包括风光电站内部集电线路的有功值、无功值和升压变低压侧电压值，无功补偿设备（包括并联容抗器、SVC 和 SVG）的无功量测值，刷新周期为秒级；风电场/光伏电站机组的实时数据中主要包括每台风机/光伏逆变器的有功值、无功值、风场风速、风机桨距角、光伏阵列温度和光伏电站光照强度等，数据刷新周期为分钟级。

面对如此海量的输入数据，多源数据整合功能通过建立从风电机组/光伏组件到风光电站内部集电线路再到风光电站的多层级多模型的数据库管理机制，建立多数据源的对照策略及处理方案，提取出当前时刻下风光电站的运行信息，用于安全稳定分析、紧急控制以及在线闭环调控。该模块主要由多源信息运行状态识别、风电场/光伏电站在线等值、多源数据整合模块组成。

多源数据整合功能程序关系如图 2-5 所示。图中红色标注模块为考虑风光电数据后需要修改的程序，包括数据生成管理程序、数据接口程序和数据转换程序。其中，数据生成管理程序新增风电/光伏在线等值程序调度功能，数据接口程序新能多源信息运行状态识别功能，数据转换程序新能加风电/光伏在线等值数据整合功能。

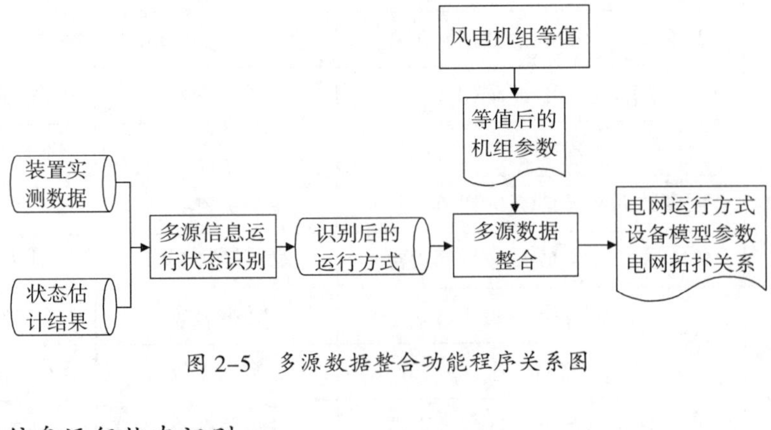

图 2-5　多源数据整合功能程序关系图

2.5.2　多源信息运行状态识别

多源信息运行状态识别模块周期性获取状态估计数据，并以状态估计数据断面时刻为中心，获取与状态估计数据断面时刻最近且时间差小于指定门槛值的控制装置实测数据，对控制装置实测数据自身进行检查和修正，最终替换状态估计对应数据。具体为：

(1)周期性检测状态估计结果断面时刻是否刷新，若检测到数据刷新，则启动一轮多源信息运行状态识别；

(2)根据状态估计结果断面时刻，获取断面时间误差不超过指定门槛值的最新稳控数据，若断面时间误差超过指定门槛值则弃用并告警提示；

(3)对控制装置上送的数据量测质量码和发电机出力合理性进行检查，对于检查结果为告警的数据，采用边界值进行修正，对于检查结果为错误的数据，则直接弃用；

(4)基于控制装置实测数据可信度高于状态估计数据的原则，利用实测数据修正状态估计数据，修正内容包括 EMS 系统风机/逆变器 35 kV 等值机组的有功值、无功值、机端电压和汇集母线侧无功补偿设备的无功值。

2.5.3　风电机组的在线等值

风电场的运行特性决定了其对电力系统的影响程度，潮流计算和机电暂态仿真是研究风电场对电力系统影响的重要手段。一方面，目前 SCADA 系统只覆盖至风场升压变低压侧母线，无法提供风电场的详细模型；另一方面，风电场是由多台单机容量较小的风电机组组成，若在潮流计算和机电暂态仿真中采用详细模型，不仅模型复杂、规模庞大，而且计算时间长，不适合工程应用。因此开发风电机组在线等值功能，结合风电实时数据及风机稳定参数、保护配置等模型信息，将风电场内机组及其对应机端变压器分群等值，以满足在线计算的需求。

风电场在线等值模块又细分为风机实时数据接入、数据检查、风机分群、等值机生成、结果输出 5 个子模块。各模块的关键点如下：

(1)通过建立风电机组基础模型库，实时数据接入子模块将后者提供的风电机数据与本系统的控制装置采集的风电场馈线模型进行关联，从而实现风机实测数据的接入。

(2)数据检查子模块负责检查风电实时数据及离线数据完整性、正确性。检查对象包括风机有功/无功出力与机组出力限值的比较、桨距角数据合理性检查、风机关联的集电线路及电站是否正确等。若风电机组数据不完整或不正确时，若能修正，则输出告警信息，该风电机组继续等值；若不能修正，则该风电机组不参与等值(置停运标志为 1，非正常运行)，并输出告警信息。

(3)风机分群子模块首先根据风电机组的升压变模型、机组涉网保护配置、风机类型及稳定控制参数、与风电场内部集电线路的连接关系等基础模进行初分，形成一级分群，将基础配置显著不同、性能显著不同的风电机组加以区别;然后结合风机实测信息中的风机开停机信息、实时有功功率及桨距角等信息,形成二级分群。

(4)等值机生成子模块在二级分群的基础上,将同一群内的风电机组进行等值、风机箱变的等值,求取等值风机的实际出力、额定功率、有功及无功出力上下限、等值箱变等实时信息及参数。

(5)结果输出模块用等值机模块更新系统中原风电场模型、同时更新控制措施空间中的模型,保证后续的在线评估、辅助决策、实时控制功能基于此模型开展。

风电机组在线等值的流程如图 2-6 所示。

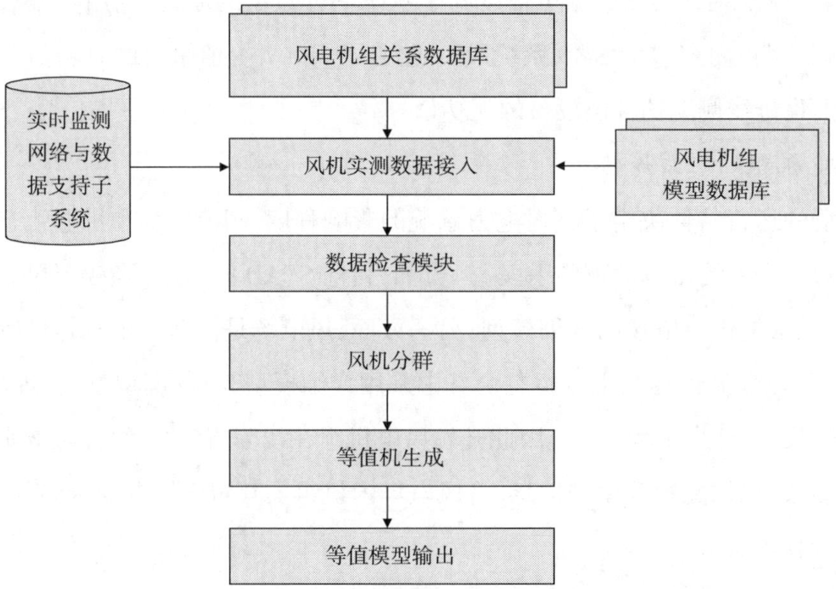

图 2-6　风电场等值程序关系图

2.5.4　多源数据整合

根据多源信息运行状态识别和风电/光伏在线等值结果,整合出用于应用功能的基础断面数据。

进程的 IPO 图如图 2-7 所示:

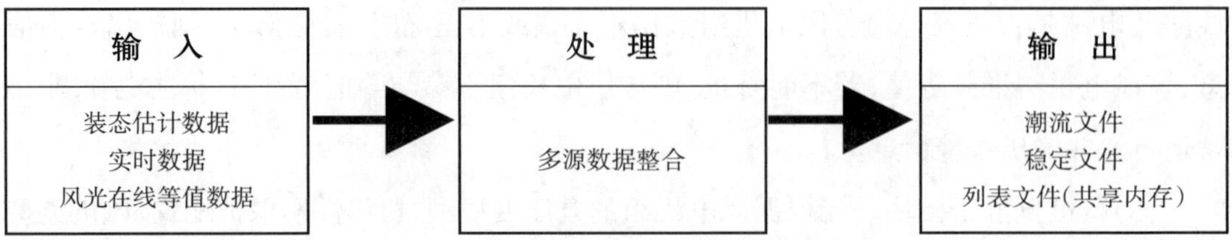

图 2-7　多源数据整合功能 IPO 图

数据整合模块负责获取多源信息运行状态识别后的运行方式数据和风电/光伏在线等值模块生成的等值数据，生成应用功能计算所需的潮流/稳定文件和列表文件。

数据整合模块应实现如下功能：

（1）根据运行状态识别后的方式数据断面时刻，获取最新的风电/光伏在线等值数据，若获取失败则采用 EMS 系统状态估计的等值数据或直接终止计算并告警提示（可配置）；

（2）根据风电/光伏在线等值模块生成的等值数据，生成等值机组的运行数据（包括有功值、无功值和机端电压值）：假设多源信息运行状态识别后馈线 i 有功值、无功值和电压值分别为 P_i、Q_i 和 V_i，风电/光伏在线等值模块生成的馈线 i 对应等值机组分别为 $G_{i.1}$，$G_{i.2}$，…，$G_{i.n}$，则第 k 台等值机组的有功值、无功值和机端电压值分别为：

$$P_{i,k}^{'}=P_i\times P_{i,k}\Big/\sum_{k=1}^{n}P_{i,k} \tag{2-1}$$

$$Q_{i,k}^{'}=Q_i\times Q_{i,k}\Big/\sum_{k=1}^{n}Q_{i,k} \tag{2-2}$$

$$V_{i,k}^{'}=V_{i,k} \tag{2-3}$$

式中，$P_{i.k}$、$Q_{i.k}$ 为等值机 $i.k$ 根据风电/光伏实测数据折算到机端变压器高压侧（即馈线侧）的有功值和无功值。

（3）根据风电/光伏在线等值机组的静态/动态参数和运行数据生成潮流文件对应 B 卡/BQ 卡和稳定文件对应稳定参数。

（4）根据风电/光伏在线等值机组和馈线的关联关系，生成极限开机功能待投运机组对应 B 卡/BQ 卡（备注：不考虑风电/光伏等值机组极限开机功能）。

2.6　低压网络建模技术

2.6.1　概述

部分新能源厂站和网络在电网智能调度控制系统（以下简称 D5000 系统）中未建模，导致在线评估电网安全稳定情况时无法计及未建模厂站和网络对安全稳定性的影响，也无法设置相应的故障、监视元件、断面和调整措施。因此，需要支持对 D5000 系统未建模的厂站和网络进行补充建模，并通过低压网络拼接技术与状态估计模型进行拼接。

需要特别注意的是，现有电网智能调度控制系统接入了新能源厂站的安控实测数据和风电/光伏实时监测数据，低压网络拼接技术需要同时考虑联络线功率和新能源控制厂站出力的约束。

低压网络拼接程序负责将离线配置的设备模型数据与状态估计的设备模型数据拼接在一起，接入低压网络的安控实测数据和风光实时数据，并对拼接后的低压网络进行潮流调整，最终生成完整的方式数据。IPO 图如图 2–8 所示：

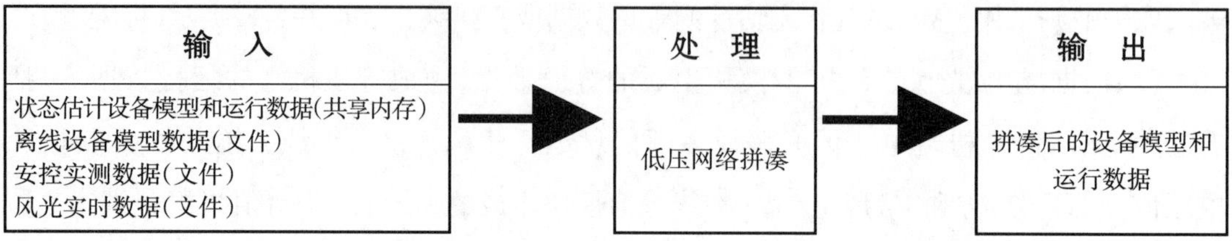

图 2–8 低压网络拼接程序IPO 图

低压网络拼接应实现如下功能：

(1)支持将离线配置设备模型数据与状态估计设备模型拼在一起，并修改拼接后低压网络的拓扑信息和设备投停状态(假设拼接后的低压网络全部投运)；

(2)支持对安控实测数据和风光实时数据进行检查和修正，并输出数据检查结果；

(3)支持将安控实测数据和风光实时数据加载到对应拼接后的设备模型；

(4)支持对拼接后低压网络进行潮流调整，保证拼接前后拼接点潮流基本一致。

2.6.2 低压网络模型拼接

低压网络拼接程序内部模块关系如下所示，包括模型拼接模块、风光数据接入模块、安控数据接入模块、实时数据更新模块和潮流调整模块。

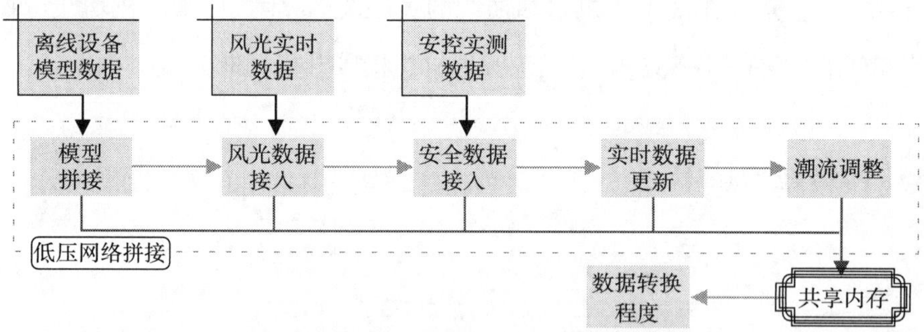

图 2–9 低压网络拼接程序内部模块关系图

表 2–6 低压网络拼接程序模块功能

序号	模块	功能
1	初始化模块	负责程序初始化工作，包括解析配置文件、变量初始化等
2	模型拼接模块	读取实时库设备表低压网络设备模型，合并到共享内存，并修改物理节点、拓扑节点和拓扑着色等信息

续表

序号	模块	功能
3	风光实时数据接入模块	接入风光实时数据并进行数据检查
4	安控实测数据接入模块	接入安控实测数据并进行数据检查
5	实时数据更新模块	根据接入风光实测数据和安控实测数据优先级更新共享内存对应设备潮流
6	潮流调整模块	调整低压网络的发电机、负荷和容抗器潮流，保证拼接点拼接低压网络前后潮流基本一致
7	拼接结果输出模块	将低压网络拼接结果写入共享内存及文本文件

2.6.2.1　模型拼接

模型拼接模块负责读取实时库设备表中的低压网络离线设备模型数据，将离线设备模型（包括发电机、负荷、容抗器、交流线段、变压器和电压等级、厂站、分区）追加到共享内存，并修改拼接后低压网络设备的拓扑节点和拓扑着色。

模型拼接模块应实现如下功能：

（1）应支持读取实时库设备表中离线配置的低压网络设备模型数据；

（2）应支持获取状态估计数据的物理节点号最大值（maxnd）、拓扑节点号最大值（maxbs）、主电气岛拓扑着色（qcolor）；

（3）应支持将离线设备模型（包括电压类型、分区、厂站、发电机、负荷、容抗器、交流线段、变压器绕组）追加到共享内存，并修改拼接后低压网络设备的物理节点、拓扑节点和拓扑着色，分为拼接点和非拼接点 2 种情况。

拼接点分为物理节点、拓扑节点、拓扑着色三种类型，其中物理节点是状态估计模型数据中拼接点对应设备的物理节点；拼接点拓扑节点是状态估计模型数据中拼接点对应设备的拓扑节点；拼接点拓扑着色是状态估计模型数据中拼接点对应设备的拓扑着色。

非拼接点也分为物理节点、拓扑节点、拓扑着色三种类型，其中物理节点是物理节点号最大值（maxnd）+离线配置的物理节点；拓扑节点是拓扑节点号最大值（maxbs）+离线配置的拓扑节点；拓扑着色是主电气岛拓扑着色（qcolor）。

（4）应支持停运状态估计模型数据中低压网络拼接点的等值负荷或者等值机组。

2.6.2.2　风光实时数据接入

风光实时数据接入模块负责解析风电实时数据文件，将风光机组实时数据加载到离线拼接低压电压网络中的风电/光伏机组。

风光实时数据接入模块应实现如下功能：

(1)应支持根据状态估计断面时间,获取与状态估计断面时间误差不超过指定门槛值的最新风光实时数据,若断面时间误差超过指定门槛值则弃用并告警提示;

(2)应支持对风光实时数据进行检查(参考风电等值程序),并输出数据检查结果;对于检查结果为错误的数据,则直接弃用;

(3)应支持将数据检查后的风光机组实时数据(包括有功值和无功值)加载到离线拼接低压电压网络中的风电/光伏机组。

2.6.2.3 安控实测数据接入

安控实测数据接入模块负责读取安控实测数据,将安控实时数据加载到离线拼接低压电压网络中的风电/光伏机组和容抗器。

安控实测数据接入模块应实现如下功能:

(1)应支持根据状态估计断面时间,获取与状态估计断面时间误差不超过指定门槛值的最新安控实测数据,若断面时间误差超过指定门槛值则弃用并告警提示;

(2)应支持对安控数据量测质量码和发电机出力合理性进行检查,对于检查结果为告警的数据,采用边界值进行修正,对于检查结果为错误的数据,则直接弃用;

(3)应支持将数据检查后的安控实测数据(包括发电机的有功值/无功值/机端电压和容抗器的无功值)加载到离线拼接低压电压网络中的风电/光伏机组和容抗器;

(4)应支持将安控实测数据接入的风电场总有功出力按额定容量比例分摊到风电场内的机组,并按默认功率因数(可配置)计算出机组无功出力。

2.6.2.4 实时数据更新模块

实时数据更新模块根据接入风光实测数据和安控实测数据优先级更新共享内存对应设备潮流。其流程如下图 2–10 所示。

2.6.2.5 潮流调整模块

潮流调整模块负责调整低压网络的发电机、负荷和容抗器潮流,保证拼接点拼接低压网络前后潮流基本一致。其流程如 2–11 所示。

潮流调整模块应实现如下功能:

(1)应支持根据实时数据质量优先级顺序(安控实测数据>风光实时数据)选取安控数据和风光实时数据,具体原则如下:第一步,如果仅有风光实时数据或者安控实测数据,则直接采用风光实时数据或者安控实测数据;第二步,如果安控厂站仅接入安控厂站总有功,则直接采用按机组额定容量比例分摊之后的机组出力(无功按默认功率因素计算);第三步如果安控厂站同时接入风光机组实时数据和安控厂站总有功,则将安控厂站

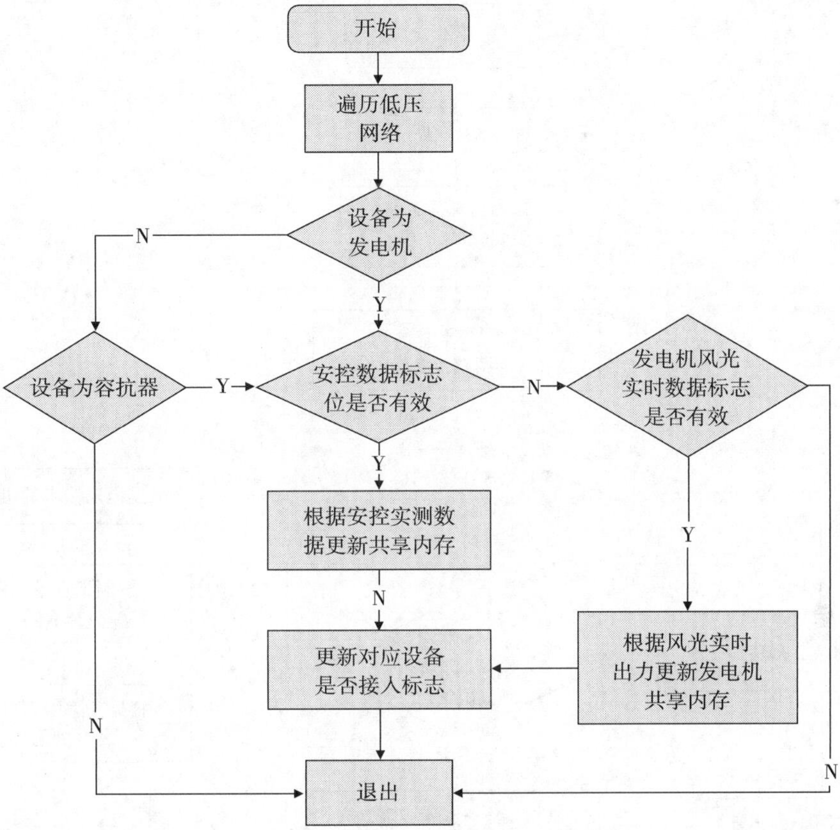

图 2–10　实时数据更新流程示意图

总有功按风光机组出力比例分摊。

(2)应支持将拼接点状态估计潮流与低压网络接入风光实测数据和安控实测数据的潮流偏差值分摊到低压网络的负荷或者发电机设备,功率分摊原则如下:一是不考虑潮流调整时低压网络的网损;二是已接入风光实时数据或者安控实测数据的机组不参与调整;三是优先调整负荷,无负荷可调整再调整未接入风光实时数据或者安控实测数据的机组;四是若低压网络无可调整的负荷和机组,则在拼接点直接挂虚拟负荷设备保证拼接节点功率平衡;五是负荷潮流调整按比例平均分摊,机组潮流调整按额定容量比例分摊;六是潮流调整过程中发电机和负荷无功功率根据有功功率及等功率因数计算获得。

(3)变压器绕组分接头采用额定变比。

(4)发电机机端电压采用默认机端电压(1.0)。

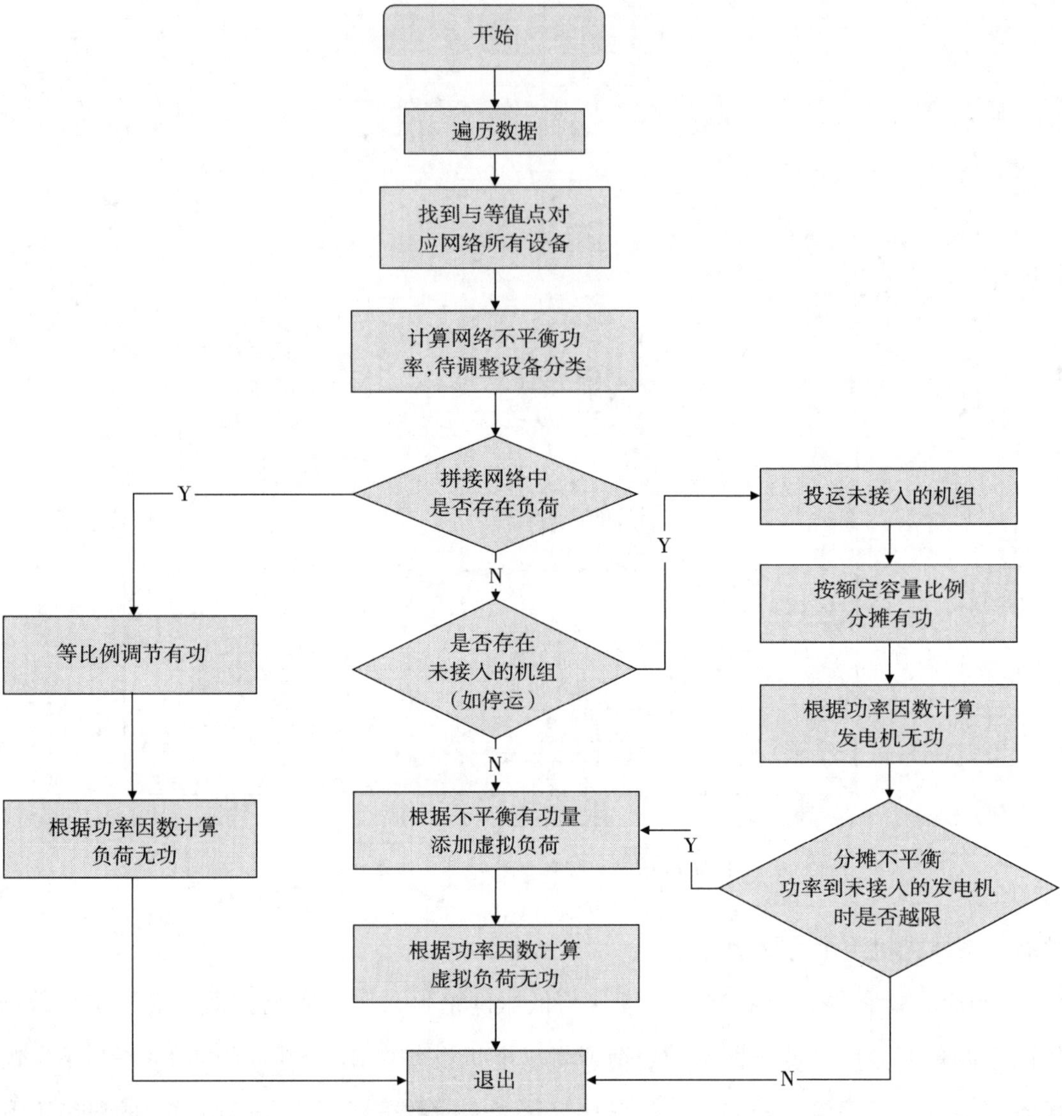

图 2-11　潮流调整流程示意图

2.6.2.6　输入数据

(1)离线配置的设备模型数据(实时库设备表);

(2)状态估计的设备模型数据;

(3)新能源控制厂站安控实测数据(DSA_SCMS,9457 表);

(4)风电实时数据文件;

(5)稳控设备名与低压网络离线设备名对照表;

(6)风光设备名与低压网络离线设备名对照表;

(7)状态估计设备名与低压网络拼接点离线设备名对照表。

2.6.2.7　输出数据

(1)拼接后完整的方式数据;

(2)安控实测数据检查结果;

(3)风电实时数据检查结果;

(4)进程结束标志文件(*.fin)。

2.6.2.8　数据库结构

在商用库中新增一份与在线安全稳定分析(以后简称 DSA)应用设备表结构一致的设备表,包括电压类型表、区域表、厂站表、母线表、发电机表、负荷表、交流线段表、交流线段端点表、变压器表、变压器绕组表、并联电容/电抗器表和串联补偿器表。

2.7　本章小结

本章在分别对风电场机组状态信息、光伏电站发电单元状态信息、控制装置状态信息进行关键信息处理的基础上,研究了多源数据整合及关键信息提取技术,提出了低压网络建模技术。

研究提出了涉及电网状态估计数据、新能源监测数据和安控监测数据的多源数据整合技术。多源信息运行状态识别模块周期性获取状态估计数据,并以状态估计数据断面时刻为中心,获取与状态估计数据断面时刻最近且时间差小于指定门槛值的控制装置实测数据,对控制装置实测数据自身进行检查和修正,最终替换状态估计对应数据。通过海量数据的统一处理与补缺等数据质量控制,为协调控制系统提供了数据支撑,提升了控制性能。

研究提出了计及新能源监测和安控监测的在线安全稳定分析与控制的建模技术。通过对电网状态估计数据、新能源监测数据和安控监测数据的多源数据整合,并结合低压网络典型离线配置参数,实现包含低压网络的风电场、光伏电站的在线动态等值,在弥补状态估计模型缺失的同时,提升了模型等值精度和适应性,拓展实时控制空间。

第3章　适应高渗透率、同送同受端电网的安全风险评估技术

3.1　关键通道重点结构常见故障的识别方法

3.1.1　架空线路部件缺陷分类

输电设备层次分为设备类型、部件、部件种类、部位。输电设备类型分为架空线路和电缆线路两类。部件是设备中具有相对独立功能或作用的部分，其中架空线路分为基础、杆塔、导地线、绝缘子、金具、接地装置、通道环境、附属设施八大部件。

部件种类可作为部件的补充说明，根据部件的不同类型、功能、材质进行细分：杆塔可根据种类细分为角钢塔、钢管塔、钢管杆、砼杆、大跨越塔；导地线分为线、普通地线和OPGW；绝缘子分为瓷质、玻璃、复合、瓷长棒、地线悬式绝缘子；金具分为悬垂线夹、耐张线夹、联结金具、保护金具和接续金具；通道环境分为线路与地面距离、线路与山坡距离、线路与弱电线路交叉距离、导线与防火防爆间距离、线路与交通设施和线路及管道间距离、线路与建筑物距离、线路与林区间距离、线路与树木间距离；附属设施分为标志牌、航空标志、在线监测装置、防雷设施、防鸟设施和ADSS。

部位是对部件结构的细分，根据各部件的结构组成或具体零部件进行划分。如基础分为杆塔基础，拉线基础和保护帽；角钢塔分为塔身、横担、塔材、脚钉、爬梯、拉线等部件；钢管塔分为塔身、横担、脚钉、塔材和爬梯；钢管杆分为杆身、横担、横担护栏、爬梯、拉线；砼杆分为杆身、横担、叉梁、拉线、爬梯；和其他一些部件部位细分。

输电设备缺陷描述分为机械类、电气类和通道类三类。机械类输电设备缺陷描述包括：变形、锈蚀、弯曲、位移、歪斜、自爆、沉降、掉串、掉线、断股、断开、断裂等；电气类输电设备缺陷描述包括：零值、发热、灼伤、电气故障、均压环灼伤、招弧角灼伤、釉表面灼伤、外绝缘爬距不满足要求、外绝缘放电、憎水性丧失、未隔磁、外护层接地电流测试不满足要求、主接地不良、接地不良、电气性能不满足、测量值不合格、绝缘电阻不合格、测温系

统故障、接地电阻不合格等;通道类输电设备缺陷描述包括:导线与树木间垂直距离不足、导线与树木间水平距离不足、导线在最大风偏时与树木间安全距离不足、导线在最大弧垂时与树木间安全距离不足、导线与防火防爆垂直间距离不足、导线与弱电线路最小垂直距离不足、线路与铁路、公路、电车道交叉或接近的基本要求垂直距离不足、线路与铁路、公路、电车道交叉或接近的基本要求水平距离不足、导线与果树、经济作物、城市绿化灌木及街道树之间的最小垂直距离不足、线路与河流、弱电线路、电力线路、管道、索道交叉或接近的基本要求垂直距离不足、电缆桥架倾斜等。

输电设备缺陷原因分为外力破坏、自然灾害、环境污染、设计考虑不周、制造质量问题、施工质量问题、检修不良、部件损伤、连接不良、长期运行、缺少维护、检修超周期、负荷过大等。架空线路重点结构缺陷分类如下表所示。

表 3-1　架空线路重点结构缺陷分类

部件	部件种类	部位	缺陷描述	分类依据	缺陷分类	特征量	监测手段
导地线	导线	本体/引流线	断股	导线损伤截面不超过铝股或合金股总面积 7%	一般	电晕及沿面放电	紫外
				导线损伤截面占铝股或合金股总面积 7%~25%	严重		
				导线钢芯断股、损伤截面超过铝股或合金股总面积 25%	危急		
	导线	本体/引流线	损伤	铝、铝合金单股损伤深度小于股直径的 1/2,导线损伤截面不超过铝股或合金股总面积 5%,单金属绞线损伤截面积为 4%及以下	一般	电晕及沿面放电	紫外
				导线损伤截面占铝股或合金股总面积 7%~25%	严重		
				导线钢芯断股、损伤截面超过铝股或合金股总面积 25%	危急		
	普通地线	—	断股	铝包钢、钢芯铝绞线、铝合金绞线断股截面不超过铝股或合金股总面积 7%,钢绞线 19 股断 1 股	一般	电晕及沿面放电	紫外
				铝包钢、钢芯铝绞线、铝合金绞线断股截面占铝股或合金股总面积 7%~25%,钢绞线 7 股断 1 股、19 股断 2 股	严重		
				铝包钢、钢芯铝绞线、铝合金绞线钢芯断股或断股截面超过铝股或合金股总面积 25%,钢绞线 7 股断 2 股及以上、19 股断 3 股及以上	危急		
	导线	本体	导线弧垂	弧垂偏差最大值 110 kV 为+6%~10%、−2.5%~−5%,220 kV 及以上为+3%~6%、−2.5%~−5%;相间弧垂偏差最大值 110 kV 为 200~400 mm,220 kV 及以上线路为 300~500 mm;同相子导线弧垂偏差最大值:垂直排列双分裂导线为+100~150 mm、−0~50 mm,其他排列形式分裂导线 220 kV 为 80~130 mm,330 kV 及以上为 50~100 mm	一般	图像	视频图像 激光雷达

续表

部件	部件种类	部位	缺陷描述	分类依据	缺陷分类	特征量	监测手段
导地线	导线	本体	导线弧垂	弧垂偏差最大值 110 kV 为+10%以上、-5%以上，220 kV 及以上为+6%以上、-5%以上；相间弧垂偏差最大值 110 kV 为 400 mm 以上，220 kV 及以上线路为 500 mm 以上；同相子导线弧垂偏差最大值垂直排列双分裂导线为+150 mm 以上、-50 mm 以上，其他排列形式分裂导线 220 kV 为 130 mm 以上，330 kV 及以上为 100 mm 以上	严重	图像	视频图像 激光雷达
	导线/普通地线/OPGW	本体	异物	异物悬挂，但不影响安全运行	一般	图像	视频图像
				异物悬挂，影响安全运行	严重		
				异物悬挂，危及安全运行	危急		
杆塔	角钢塔/钢管塔/钢管杆/砼杆	塔身	倾斜	全高 50 m 以下			
				倾斜度 10‰~15‰	一般	图像	视频图像
				倾斜度 15‰~20‰	严重		
				倾斜度≥20‰	危急		
				全高 50 m 以上			
				倾斜度 10‰~15‰	一般	图像	视频图像
				倾斜度 15‰~20‰	严重		
				倾斜度≥20‰	危急		
	大跨越塔	塔身	倾斜	倾斜度 5‰~10‰	一般	图像	视频图像
				倾斜度 10‰~15‰	严重		
				倾斜度≥15‰	危急		
金具	耐张线夹	引流板	发热	相对温差 35%~80%	一般	温度	红外
				相对温差 80%~95%	严重		
				相对温差≥95%	危急		
	接续金具	接续管	发热	相对温差 35%~80%	一般	温度	红外
				相对温差 80%~95%	严重		
				相对温差≥95%	危急		
瓷外套	—	—	表面放电	影响设备正常运行	严重	放电	超声波

续表

部件	部件种类	部位	缺陷描述	分类依据	缺陷分类	特征量	监测手段
绝缘子	瓷质/玻璃/复合	—	污秽	绝缘子表面污秽程度严重,测量值超过绝缘配置要求值	一般	温度	红外/紫外
		—	零值/自爆	一串绝缘子中含有单片零值瓷绝缘子/自爆玻璃绝缘子	一般	温度	红外/紫外
		—		串绝缘子中含有多片玻璃绝缘子零值/自爆,但良好绝缘子片数大于或等于带电作业规定的最少片数（66 kV 3 片,110 kV 5 片,220 kV 9 片,330 kV 16 片,500 kV 23 片,500 kV 为单片绝缘子高度 155 mm，其他根据具体绝缘子高度片数相应调整,750 kV 见 DL/T1060 中表 4 之规定）	严重	温度	红外/紫外
		—		一串绝缘子中含有多片零值/自爆绝缘子,且良好绝缘子片数少于带电作业规定的最少片数(66 kV 3 片,110 kV 5 片,220 kV 9 片,330 kV 16 片,500 kV 23 片,500 kV 为单片绝缘子高度 155 mm，其他根据具体绝缘子高度片数相应调整,750 kV 见 DL/T1060 中表 4 之规定）	危急	温度	红外/紫外
		—	表面灼伤	表面有明显灼伤痕迹	一般	图像	视频图像
		—	串倾斜	悬垂绝缘子串顺线路方向的偏斜角(除设计要求的预偏外)7.5°~10°，且其最大偏移值 300~350 mm,绝缘横担端部偏移 100~130 mm	一般	图像	视频图像/激光雷达
		—		悬垂绝缘子串顺线路方向的偏斜角(除设计要求的预偏外）大于 10°，且其最大偏移值大于 350 mm,绝缘横担端部偏移大于 13 0mm	严重	图像	视频图像/激光雷达
通道环境	线路与林区间距离	—	导线在最大弧垂时与树木间安全距离不足	交跨距离为 90%~100%规定值	一般	放电	超声波
				交跨距离为 80%~90%规定值	严重		
				交跨距离小于 80%规定值	危急		
	线路与树木间距离		导线与树木间水平距离不足	交跨距离为 90%~100%规定值	一般	放电	超声波
				交跨距离为 80%~90%规定值	严重		
				交跨距离小于 80%规定值	危急		

3.1.2　关键通道的自动识别

随着跨区交直流混联电网的建设,且受限于土地资源紧张和输电走廊的地形,送受端电网的集中送出和受入输电走廊中输电线路越来越密集，特高压交流、直流和超高压交流输电通道交叉跨越、共用一个输电走廊的问题愈加突出，局部区域甚至不得不采用多线同杆的架设方式。在自然灾害下容易出现多回线路同时跳闸、多个设备由于耦合作用快速相继跳闸的多重严重故障，给交直流混联大电网的安全运行带来极大的威胁。自然灾害下密集输电通道的辨识是识别多重严重故障的基础。

密集输电通道的识别既与线路走向及线路间距离有关，也与自然灾害引发架空输电线路故障的机理及影响范围有关。例如，雷暴的持续时间一般较短（单个雷暴的生命史一般不超过 2 h）、雷暴半径较小（一般约 10 km 里以内），覆冰的持续时间一般较长（数日甚至数周）、覆冰影响范围较大（一般约数 10 km 甚至上百公里）。因此，不同灾害下根据其影响范围的不同，密集输电通道的定义也会不同。但是目前自动化系统中关于输电通道的模型，仅对同杆并架线路、交叉跨越点进行了标识，仍然缺少关于密集输电通道的模型，尤其是能够根据不同灾害影响范围自动识别密集输电通道的模型及方法。

针对现有技术中的不足，提供一种基于地理网格划分及灾害影响范围的密集输电通道自动识别方法，不仅能够生成地理距离足够近的密集输电通道，而且能够根据自然灾害影响范围筛选自然灾害下有效的密集输电通道，提高自然灾害下多重严重故障场景生成的合理性。在对目标电网进行地理网格划分的基础上先搜索每个地理网格内包含的输电通道单元，再根据输电通道单元之间的距离进行合并生成连通输电通道区段，最后根据自然灾害类型影响范围校核连通输电通道区段的有效性，生成自适应自然灾害影响范围的密集输电通道模型。

技术方案如下：

（1）通过以下方法列出电网所在地区的各地理网格内的所有输电通道单元，进入步骤（2）；

所述地理网格是指根据电网所在地区的最大最小经纬度划分成的地理网格集合；

所述输电通道单元是指不同架空输电线路处在同一个地理网格内的杆塔及导线组成的集合，如果某线路连接的厂站在该地理网格内则该线路不参与该地理网格的输电通道单元组合。如果该集合包含 k 回线路，则称为 k 元输电通道单元，第 i 个 k 元输电通道单元记录如下：

$$c_{ki}=\{l_{i1},l_{i2},\cdots,l_{ik},t_{li1\_s},t_{li1\_e},t_{li2\_s},t_{li2\_e},\cdots,t_{lik\_s},t_{lik\_e},d_{i\_\max},d_{i\_\min}\}k=2,3,\cdots,K$$

式中，$l_{i1},l_{i2},\cdots,l_{ik}$ 是分别构成第 i 个 k 元输电通道单元 c_{ki} 的 k 回架空输电线路标识（线路 ID 或线路名称）；t_{lik_s}，t_{lik_e} 分别是第 k 回架空输电线路在该地理网格内的首端杆塔标识(杆塔ID或杆塔序号)、末端杆塔标识；d_{i_max},d_{i_min}分别是c_{ki}中任意两回架空输电线路间首端距离、末端距离和中间距离中的最大值和最小值；K是预先设置的输电通道单元的最大组成线路回数。

所述首端杆塔、末端杆塔是将某一架空输电线路在地理网格内的杆塔沿经纬度增加的方向排列，经纬度较小的为首端，经纬度较大的为末端；所述任意两回架空输电线路间首端距离是指该地理网格内两回线路的首端杆塔之间的距离；所述任意两回架空输电线路间末端距离是指该地理网格内两回线路的末端杆塔之间的距离；所述任意两回架空输电线路间中间距离是指该地理网格内两回线路中按照塔序号处于首末端杆塔中间位置的杆塔之间的距离。

(2)对所有的输电通道单元按照如下方法进行分组和排序，生成关于线路集合x的有序输电通道单元集合C_{x0}，进入步骤(3)；

将输电通道单元中架空输电线路集合$x=\{l_{i1},l_{i2},\cdots,l_{ik}\}$相同的所有$k$元输电通道单元$c_{ki}$组成的集合定义为关于线路集合$x$的初始输电通道单元集合$C_{x0}'$。

$$C_{x0}'=\{c_{ki}\} \tag{3-1}$$

对C_{x0}'中的元素按照杆塔序号增加的方向进行排序生成关于线路集合x的有序输电通道单元集合C_{x0}。

$$C_{x0}=\{c_{kj}\}\quad j=1,2,\cdots,J \tag{3-2}$$

式中，J是C_{x0}中的元素个数；j是C_{x0}中元素c_{ki}重新排序后的编号。

(3)对关于线路集合x的有序输电通道单元集合C_{x0}按照如下方法进行输电通道单元合并，生成关于线路集合x的连通输电通道区段集合C_x，进入步骤(4)；

① 如果有序输电通道单元集合C_{x0}中的前$j-1$个元素已经并入C_x的前$m-1$个元素，则将有序输电通道单元集合C_{x0}中的第j个元素c_{kj}赋作连通输电通道区段集合C_x中第m个元素c_{x_m}的初值，同时删除C_{x0}中的前j个元素生成消元后的有序输电通道单元集合C_{x0}''。

$$c_{x\_m}=c_{kj}=\{x,t_{x\_m},d_{m\_max},d_{m\_min}\} \tag{3-3}$$

$$C_{x0}''=\{c_{k(j+1)},\ \cdots,\ c_{kJ}\} \tag{3-4}$$

式中，关联的架空输电线路集合$x=\{l_{j1},l_{j2},\cdots,l_{jk}\}$，关联的首末端杆塔集合$t_{x_m}=\{t_{lj1_s}$，$tlj1\_e$，$t_{lj2\_s}$，$t_{lj2\_e}$，$\cdots$，$t_{ljk\_s}$，$t_{ljk\_e}\}$，$d_{m\_max}=d_{j\_max}$，$d_{m\_min}=d_{j\_min}$。

② 按如下公式求c_{x_m}关联的首末端杆塔集合t_{x_m}的末端杆塔与消元后的有序输电通道单元集合C_{x0}''第1个元素关联的首末端杆塔集合$t_{cx0''_1}$的首端杆塔之间距离d。

$$d=\|t_{x\_m\_e}-t_{cx0''\_1\_s}\|_2 \tag{3-5}$$

式中，$\|.\|_2$ 表示向量的 2 范数，$t_{x\_m\_e}$ 是 t_{x_m} 的末端杆塔经纬度组成的向量；$t_{cx0''\_1\_s}$ 是 $t_{cx0''\_1}$ 的首端杆塔经纬度组成的向量。

③ 如果 d 大于预先设定的连通性距离门槛值 D，则将当前的 c_{x_m} 作为 C_x 的第 m 个元素，并置 $m=m+1$，返回①；否则，按如下方法更新 c_{x_m} 的元素，进入④；

将 t_{x_m} 的末端杆塔置为 $t_{cx0''\_1}$ 的末端杆塔，即 $t_{x\_m\_e}'=t_{cx0''\_1\_e}$；

将 c_{x_m} 中任意两回架空输电线路间最大距离 d_{m_max}' 取 c_{x_m} 和 $c_{x0''\_1}$ 中的最大值，即 $d_{m\_max}'=\max(d_{cx0''\_1\_max},d_{m\_max})$；

将 c_{x_m} 中任意两回架空输电线路间最小距离 d_{m_min}' 取 c_{x_m} 和 $c_{x0''\_1}$ 中的最小值，即 $d_{m\_min}'=\min(d_{cx0''\_1\_min},d_{m\_min})$；

将 $t_{x\_m\_e}'$、d_{m_max}'、d_{m_min}' 更新 c_{x_m} 的对应元素。

④ 删除 C_{x0}'' 第 1 个元素更新有序输电通道集合，如果更新后 C_{x0}'' 为空集则进入步骤(4)；否则，返回②；

(4)根据自然灾害类型 z 预先设定的密集通道有效线间距离门槛值 d_z，对连通输电通道区段集合 C_x 中的连通输电通道单元 c_{x_m} 如果满足 $d_{m\_min}<d_z(d_{m\_min}\in c_{x\_m})$，则认为该连通输电通道区段 c_{x_m} 对自然灾害类型 z 有效，从而为自然灾害类型 z 下有效密集输电通道模型 C_{x_z} 赋值，即 $c_{x\_m}\in C_{x\_z}$；否则 $cx\_m\notin C_{x\_z}$；进入步骤(5)；

(5)输出关于自然灾害类型 z 有效的所有 k 元密集输电通道集合 $C_z=\{C_{x\_z}\}$，其中，C_{x_z} 是关于架空输电线路集合 $x=\{l_{j1},l_{j2},\cdots,l_{jk}\}$ 的 k 元密集输电通道模型，记为 $C_{x\_z}=\{c_{x\_1},c_{x\_2},\cdots,c_{x\_m},\cdots,c_{x\_M}\}$，其中的连通输电通道区段 $c_{x\_m}=\{x,t_{x\_m},d_{m\_max},d_{m\_min}\}$，$M$ 是密集输电通道模型中包含的连通输电通道区段数。

上述技术方案的进一步特征在于，所述步骤(2)中的预先设置的输电通道单元的最大组成线路回数 K 值不大于 6。

上述技术方案的进一步特征在于，所述步骤(2)中的地理网格按 9 km × 9 km 划分。

上述技术方案的进一步特征在于，所述步骤(3)中的连通性距离门槛值 D 取地理网格边长的 2 倍，即 18 km。

上述技术方案的进一步特征在于，所述步骤(4)中的密集通道有效距离门槛值 d_z 与自然灾害类型有关且不大于地理网格边长，对于雷电、山火、暴雨、覆冰、台风灾害分别取 1 km、3 km、6 km、9 km、9 km。

本方法提供了一种自适应灾害影响范围的密集输电通道自动识别方法，不仅能够根据架空输电线路的地理距离自动辨识密集输电通道模型，而且能够根据自然灾害影响范围筛选自然灾害下有效的密集输电通道，提高自然灾害下多重严重故障场景生成的合理性，在减少仿真规模提升仿真效率的同时，使得自然灾害下的复杂电网运行风险评估更加贴近实际。

3.1.3　关键通道重点结构的自动辨识

3.1.3.1　层次分析法

层次分析法（AHP）是美国运筹学家萨蒂于 20 世纪 70 年代初，为美国国防部研究“根据各个工业部门对国家福利的贡献大小而进行电力分配”课题时，应用网络系统理论和多目标综合评价方法，提出的一种层次权重决策分析方法。

层次分析法是一种解决多目标的复杂问题的定性与定量相结合的决策分析方法。该方法将定量分析与定性分析结合起来，用决策者的经验判断各衡量目标之间能否实现的标准之间的相对重要程度，并合理地给出每个决策方案的每个标准的权数，利用权数求出各方案的优劣次序，比较有效地应用于那些难以用定量方法解决的课题。

层次分析法的基本思路是将所要分析的问题层次化；根据问题的性质和所要达成的总目标，将问题分解为不同的组成因素，并按照这些因素的关联影响及其隶属关系，将因素按不同层次凝聚组合，形成一个多层次分析结构模型；最后，对问题进行优劣比较并排列。

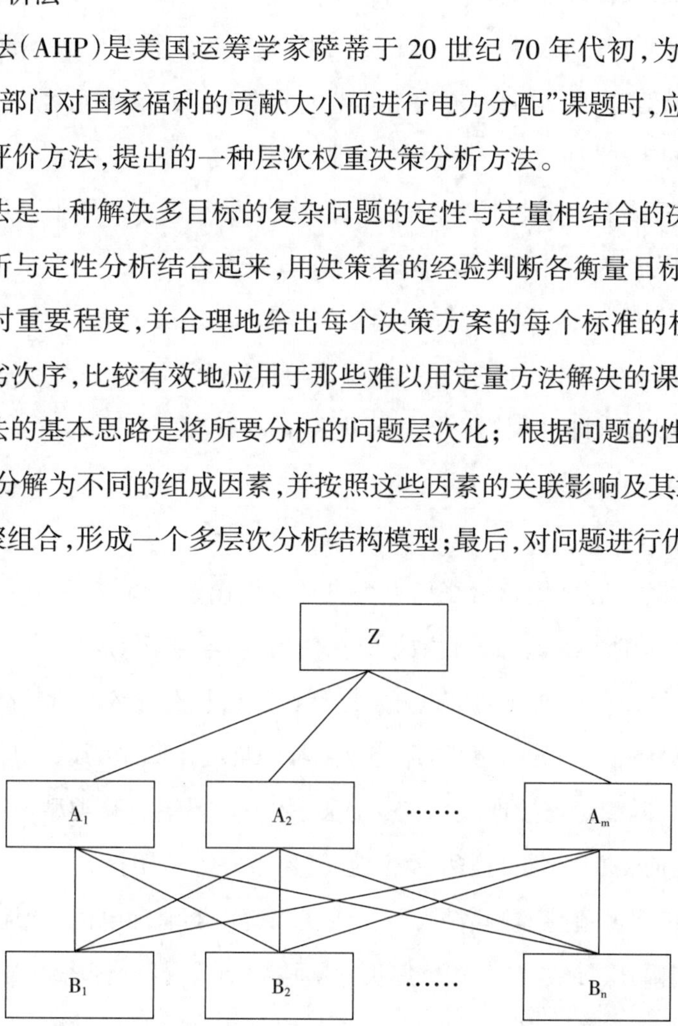

图 3–1　层次结构模型

层次分析法的步骤如下：

（1）建立层次结构模型。将决策的目标、考虑的因素（决策准则）和决策对象按照他们之间的相互关系分为最高层、中间层和最低层，绘出层次结构图。

最高层：决策的目的、要解决的问题。

最低层:决策时的备选方案。

中间层:考虑的因素、决策的准则。

对相邻的两层,称高层为目标层,低层为因素层。

(2)构造判断矩阵。层次分析法中构造判断矩阵的方法是一致矩阵法,即:不把所有因素放在一起比较,而是两两相互比较;对此时采用相对尺度,以尽可能减少性质不同因素相互比较的困难,以提高准确度。

(3)层次单排序及其一致性检验。对应于判断矩阵最大特征根 λ_{max} 的特征向量,经归一化(使向量中各元素之和为 1)后记为 W。W 的元素为同一层次元素对于上一层因素某因素相对重要性的排序权值,这一过程称为层次单排序。

(4)层次总排序及其一致性检验。计算某一层次所有因素对于最高层(总目标)相对重要性的权值,称为层次总排序,取最优解。

A 层 m 个因素 $A_1,A_2,\cdots,A_m$,对总目标 Z 的排序为 $a_1,a_2,\cdots,a_m$。

B 层 n 个因素对上层 A 中因素为 A_j 的层次单排序为 $b_{1j},b_{2j},\cdots,b_{nj}(j=1,2,3,\cdots,m)$。

B 层的层次总排序(即 B 层第 i 个因素对总目标的权值为:$\sum a_j b_{ij}$ 为:

$B_n=a_1b_{n1}+a_2b_{n2}+\cdots+a_mb_{nm}$

3.1.3.2　重点结构识别

根据杆塔经纬度信息、线路台账信息可自动识别出输电线路关键通道;结合多源遥感监测数据,对上送的多源遥感监测数据结果进行分类、辨识、定位,结合历史数据统计信息,即可自动识别出关键通道的重点杆塔结构因运行状态导致的常见故障类型。

因输电线路设备缺陷元件导致的系统故障类型最终可归结为以下几种:单相接地故障,相间短路故障,两相短路接地故障,三相短路故障。系统故障类型与输电杆塔的塔型结构、输电通道特征、缺陷元件的类型及位置、气象条件等密切相关。

根据电力系统多源遥感监测数据,可在线获取避雷器泄漏电流、导地线舞动幅度、微风振动幅度、风偏幅度、导线温度、覆冰厚度、弧垂、导地线异物、杆塔倾斜等信息。缺陷元件导致的潜在风险对应关系如下表所示。此外,系统实际发生的故障类型还与塔型结构密切相关。

实际电网运行过程中,外部气象与输电线路设备的运行状态存在耦合关系。根据其致灾机理,结合缺陷元件、通道特征、塔形结构信息,可得到潜在缺陷的权重 $\beta=f(u,t,x,y,z)$。

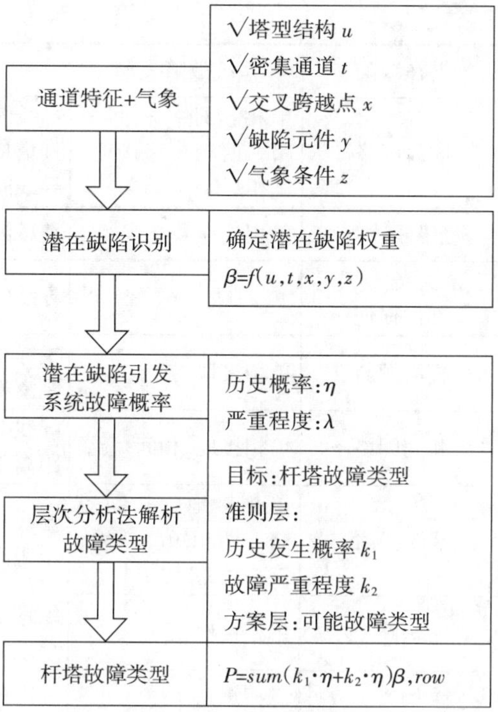

图 3-2　重点结构识别流程图

表 3-2　缺陷元件导致的系统故障类型

缺陷元件	缺陷状态	潜在缺陷	系统故障类型	补充说明
避雷器	泄漏电流大	避雷器损坏、爆炸	单相接地	避雷器损坏后雷击跳闸
导地线	舞动幅度过大	闪络	单相接地，相间短路	电气安全距离不够
		断股	单相接地	叠加覆冰会更容易引起断线
		金具及部件损伤	单相接地，相间短路	耐张金具断裂；跳线悬挂线夹断裂；铁塔螺栓脱落；间隔棒损坏
	微风振动	断股	—	
		金具及部件损伤	—	防震器脱落；压接管、垂悬线夹、压接耐张线夹损坏
	风偏	风偏闪络	单相接地，相间短路	导线对杆塔、导线对导线电气安全距离不够。直线塔风偏跳闸居多，耐张塔较少
		金具及部件损伤	单相接地，相间短路，两相短路接地，三相短路	横担损坏；杆塔连接螺栓脱落；绝缘子串磨损折断至导线断脱；金具断裂；间隔棒防震锤损坏
	导线温度过高	弧垂增大	相间短路	电气安全距离不够
	覆冰	断线	单相接地，两相短路接地，三相短路	包括覆冰过重断线及舞动断线

续表

缺陷元件	缺陷状态	潜在缺陷	系统故障类型	补充说明
导地线	覆冰	脱冰闪络	单相接地，相间短路，两相短路接地，三相短路	导线缩颈断裂;绝缘子损伤破裂;杆塔横担变形；导线和绝缘子及导线间电气距离减小
		绝缘子冰闪	单相接地	覆冰闪络
	弧垂过小	导线、金具及部件损伤	—	导线应力增大,振动概率增大
		杆塔倾斜	单相接地	绝缘子串和地线线夹迈步，电气距离不够
	弧垂过大	相间闪络	单相接地,相间短路	导线对导线、导线对地电气安全距离不够
	导地线异物	短路、闪络	单相接地，相间短路，两相短路接地，三相短路	导线对杆塔、导线对导线电气安全距离不够
杆塔	倾斜	短路	单相接地	绝缘子串和地线线夹迈步，引起导地线碰线
		倒塔	三相短路	
	覆冰	扭转变形	单相接地，相间短路，两相短路接地，三相短路	金具断裂脱落、导地线断裂
		倒塔	三相短路	

$$\beta=\begin{bmatrix}\beta_{11} & \beta_{12} & K & \beta_{1n}\\ \beta_{21} & \beta_{22} & K & \beta_{2n}\\ M & M & O & M\\ \beta_{m1} & \beta_{m2} & K & \beta_{mn}\end{bmatrix} \tag{3-6}$$

其中,m 表示潜在缺陷类别数;n 表示已知缺陷类别数。

根据层次分析法,将潜在缺陷导致的系统故障类型定义为决策层,将可能导致的系统故障类型定义为备选方案,准则层的主要因素可定义为历史概率及故障严重程度。

因潜在缺陷引发系统故障概率定义为 η,此信息可通过历史数据统计得到。

$$\eta=\begin{bmatrix}\eta_{11} & \eta_{12} & K & \eta_{1m}\\ \eta_{21} & \eta_{22} & K & \eta_{2n}\\ M & M & O & M\\ \eta_{i1} & \eta_{i2} & K & \eta_{im}\end{bmatrix} \tag{3-7}$$

其中，i 表示系统故障类别数。

系统故障的严重程度定义为 λ，该数值可通过层次分析法构造成对比较矩阵并结合系统运行经验得到。

$$\lambda=\begin{bmatrix}\lambda_{11} & \lambda_{12} & K & \lambda_{1m}\\ \lambda_{21} & \lambda_{22} & K & \lambda_{2m}\\ M & M & O & M\\ \lambda_{i1} & \lambda_{i2} & K & \lambda_{im}\end{bmatrix} \tag{3-8}$$

取

$$P'=(k_1\eta+k_2\lambda)\beta=\left(k_1\begin{bmatrix}\eta_{11} & \eta_{12} & K & \eta_{1m}\\ \eta_{21} & \eta_{22} & K & \eta_{2n}\\ M & M & O & M\\ \eta_{i1} & \eta_{i2} & K & \eta_{im}\end{bmatrix}+k_2\begin{bmatrix}\lambda_{11} & \lambda_{12} & K & \lambda_{1m}\\ \lambda_{21} & \lambda_{22} & K & \lambda_{2m}\\ M & M & O & M\\ \lambda_{i1} & \lambda_{i2} & K & \lambda_{im}\end{bmatrix}\right)\cdot\begin{bmatrix}\beta_{11} & \beta_{12} & K & \beta_{1n}\\ \beta_{21} & \beta_{22} & K & \beta_{2n}\\ M & M & O & M\\ \beta_{m1} & \beta_{m2} & K & \beta_{mn}\end{bmatrix} \tag{3-9}$$

令，

$$P'=\begin{bmatrix}P_{11} & P_{12} & K & P_{1m}\\ P_{21} & P_{22} & K & P_{2m}\\ M & M & O & M\\ P_{i1} & P_{i2} & K & P_{im}\end{bmatrix},P=sum(P',row)=\begin{bmatrix}P_{11}+P_{12}+K+P_{1n}\\ P_{21}+P_{22}+K+P_{2n}\\ P_{i1}+P_{i2}+K+P_{in}\end{bmatrix} \tag{3-10}$$

最终杆塔的故障类型即为max(P_i)。

3.2　不同风险间的耦合特征分析

3.2.1　密集输电通道致灾机理

关键通道风险是指输电通道的“同廊多回”区段、交叉跨越区段在输电线路本身部件的运行状态及地质灾害、雷电、大风、覆冰等外部灾害的共同耦合作用下，引发的区段内多重严重故障。

3.2.1.1　雷击引发的关键通道风险

高压架空输电线路在运行过程中由于遭受雷击过电压引起的绝缘闪络已成为输电线路故障的主要原因。其中，雷击引起的跳闸事故约占线路跳闸次数的 50%左右。雷击过电压有感应雷过电压和直击雷过电压两种。对高压架空输电线路运行防雷来讲，雷击线路故障的性质一般又分为反击雷和绕击雷两种。当雷击在杆塔顶部或避雷线上，由此造成雷击的线路跳闸故障，称为反击雷。当雷绕过避雷线，即避雷线保护失效，直接击在导线上，由此造成的雷击线路跳闸故障，称为绕击雷。

绕击雷一般只会导致单相跳闸。雷电绕击导线引起绝缘闪络对应的雷电流幅值较小，如 500 kV 线路绕击耐雷水平为 22~24 kA。理论分析和国内外实践经验表明超高压线路尤其是山区线路存在明显的绕击现象。雷电绕击故障一般有下列特征：①雷电绕击一般只引起单相故障；②导线上非线夹部位有烧融痕迹（有斑点或结瘤现象或导线雷击断股）的，一般是雷电绕击引起；③水平排列的中相或上三角排列的上相导线一般不可能雷电绕击跳闸；④水平或上三角排列的边相或鼓形排列的中相有可能雷电绕击；⑤雷电绕击电流与导线保护角和塔高度有关，当雷电流幅值较大时，绕击的可能性较小。

反击雷可能导致同塔多回输电线路跳闸。雷电直击、反击跳闸一般雷电流较大，如 500 kV 典型铁塔反击耐雷水平可达 125~175 kA。高压输电线路杆塔以及杆塔附近避雷线上落雷后，由于杆塔或接地引下线的电感和杆塔接地电阻上的压降，塔顶的电位可能达到使线路绝缘发生闪络的数值，造成杆塔雷击反击。反击雷的幅值可以高达 200 kA 以上，当雷电反击杆塔或击中杆塔附近的避雷线时，巨大雷电流足够引起多回线路的多相导线发生相继闪络，从而引起多回线路同跳事故。

3.2.1.2　台风引发的关键通道风险

台风对高压输电线路的危害，主要体现在大风引起倒杆、歪杆、断线等造成架空电力线路停电事故，还有因风在较低风速或中等风速情况下引起导线和避雷线振动，发生跳跃，造成碰线、混线闪络事故，严重时会因导线振动造成断线、倒杆、断杆事故。上述几种事故类型一旦发生在“同廊多回”区段、交叉跨越区段，就会大概率引起多回线路跳闸事故。

3.2.1.3　覆冰引发的关键通道风险

覆冰引发的输电线路故障主要是由于绝缘子串被冰凌桥接闪络、导地线覆冰过载引起倒塔或断线、导地线脱冰跳跃舞动导致电气距离不够、导地线覆冰滑移导致电气距离不够等原因造成的线路障碍。

对于“同廊多回”及于交叉跨越区段，导地线覆冰过载引起倒塔或断线、导地线脱冰跳跃导致电气距离不够、导地线覆冰滑移导致电气距离不够均可能引起多回线路断线、两相相间永久短路事故。

3.2.1.4　暴雨引发的关键通道风险

暴雨影响输电线路的途径主要有两种，一是雨闪破坏绝缘发生短路故障；二是暴雨引发山洪、泥石流、滑坡等次生地质灾害引起线路倒塔等机械故障。

雨闪破坏绝缘发生短路故障通常为单相故障，因此暴雨引发的关键通道风险仅考虑暴雨引发的山洪、泥石流、滑坡等次生地质灾害引起的通道风险。

3.2.1.5　山火引发的关键通道风险

山火造成架空输电线路跳闸，通常是因为导线空气间隙被击穿或绝缘子损坏。

根据南方电网2010年第一季度线路山火跳闸情况统计分析得知，2010年第一季度山火引起的线路跳闸中，单相故障90次，占山火引发线路故障次数的70.31%；多相故障37次，占山火引发线路故障次数的28.91%；发展性故障1次，占山火引发线路故障次数的0.78%。除山火外其他原因引发的单相故障123次，占其他原因引发线路故障的91.79%；多相故障9次，占其他原因引发线路故障的6.27%；发展性故障2次，占其他原因引发线路故障的1.49%。从发生多相故障的概率来看，山火引发的多相故障的比例是其他原因引发多相故障比例的4倍多。

山火引发的单相故障中，各相发生故障的概率相差不大，L1相、L2相、L3相故障所占比例分别为29.67%、34.07%和36.26%；两相故障中，L2–L3相故障的概率最高为56.76%，L1–L2相、L1–L3相故障的概率均为21.62%。除山火外其他原因引发的单相故障中，L2相故障的概率最高为45.53%，L1相、L3相的概率分别为24.39%和30.08%；相间故障中，L1–L3相故障次数最少，占12.5%，L2–L3相故障次数最多，占50%。故障相别的统计结果显示，山火造成相间故障占全部相间故障的80.4%，山火较宜引发线路多相故障。

3.2.2　灾害之间的耦合特征

3.2.2.1　复合自然灾害

(1)自然灾害群。自然灾害群指多种自然灾害在同一时段内的群发，其后果比单种灾害更严重。灾害性天气往往是在大范围环流场的背景下，加上局部的地形、地貌和小尺度天气系统相互结合而发展。多地区可能在同一时段出现多种天气现象，造成复合气象灾害。例如，台风加雷电，高温加干旱，持续低温加冰灾等，而地质灾害也有群发性。复合灾害使电网设备的故障率显著增加。

(2)自然灾害链。许多灾害之间有因果关系，一种灾害可能引发一系列次生灾害，形成灾害的时间序列，包括串发性灾害链和共发性灾害链。例如，台风在海洋形成巨浪和风暴潮,登陆后带来狂风和暴雨;暴雨继而造成洪水、滑坡或泥石流,形成图 3-3 所示的灾害链。又如地震可能导致海啸、泥石流和滑坡,如图 3-4 所示。

寒潮伴随着霜冻、低温和大风;大范围的低温空气南下,会带来雨雪,甚至冻雨,造成线路断线倒塔、导线舞动、绝缘子及线路闪络等故障;低温会影响一次能源供应和电力需求;沙尘暴引发线路空气间隙击穿,发生闪络。长期的水源短缺和干旱会同时造成负荷增加及发电量下降,危及电力充裕性,或引发山火及闪络,烧毁设备。太阳磁暴在地球上产生地磁暴、电离层暴、热层暴等,影响通信系统及变压器的正常工作。

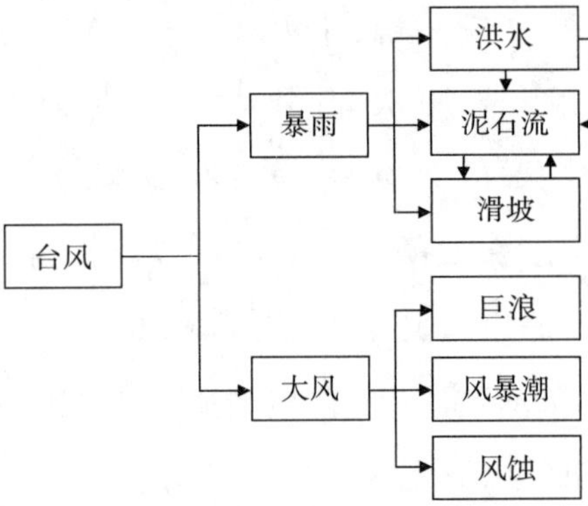

图 3-3　台风可能引起的灾害链

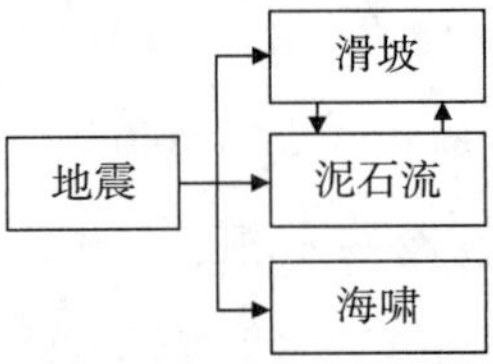

图 3-4　地震可能引起的灾害链

(3)复合灾害。自然灾害链与自然灾害群之间往往交叉耦合,推波助澜,形成小概率高风险的复合灾害。要精细分析电力设备故障率,就要计及不同类型灾害间的相互作用,及不同故障类型间的关联性。虽然其关系非常复杂,但不同灾种都是通过改变自然环境(如气象及地质)的相关参数来影响电网设备的故障率。只要保证各种灾害下的设备故障率模型,都确定计入了这些环境参数的影响,并保证所采用的参数预报值具有足够的精度,那么不同灾种间的关联性就通过这些环境参数反映在模型中,且可以将各种类型的自然灾害分别处理,并按照独立事件原则加以整合。

3.2.2.2　复合自然灾害下的线路故障率

针对单种灾害建立故障率评估模型后,需要整合为复合自然灾害下的总故障率。目前有基于灰色模糊理论来组合多气象因素下的输电线路风险。有将总故障率取为各灾种下的故障率的加权和，其权值则从历史统计数据中求取。

有文献提出如果在评估每种自然灾害下电网设备故障率时能确定计及相关外部因素，以及线路间的物理连接关系，则在复合灾害作用下线路故障率的整合时可将各种灾害类型、故障线路段之间视为相互独立事件。故 m 种灾害共同作用下，线路 l 的故障概率 P_l 为：

$$P_l=1-\prod_{i=1}^{m}(1-P_{l,i}) \tag{3-11}$$

式中，$P_{l,i}$ 为自然灾害 i 下的线路故障率。

3.2.2.3　不同灾害致灾途径的耦合关系

覆冰引起的过重、舞动、闪络和倒塔等故障之间不但具有物理耦合关系，而且受到同样气象因素的影响。因此，只有在计入了故障间相互影响等全部重要因素后，其故障率方可视为相互独立。在各线路段状态相互独立的假设下，求取整条线路的停运时间；将各线路段的故障率按段长加权得到整条线路的故障率。

3.2.3　设备状态与灾害的耦合特征

外部灾害与设备状态叠加效应，是指外部灾害会进一步加剧缺陷演化的严重度和速度，存在故障概率进一步或快速放大的风险。输电设备缺陷等级越高抵御灾害扰动能力越差，其故障概率的权重应该相应提高。因此在设备故障概率评估时，需要考虑在独立事件基础上，在状态缺陷的概率上叠加权重因子。对于灾害主因对缺陷部件无加剧作用的

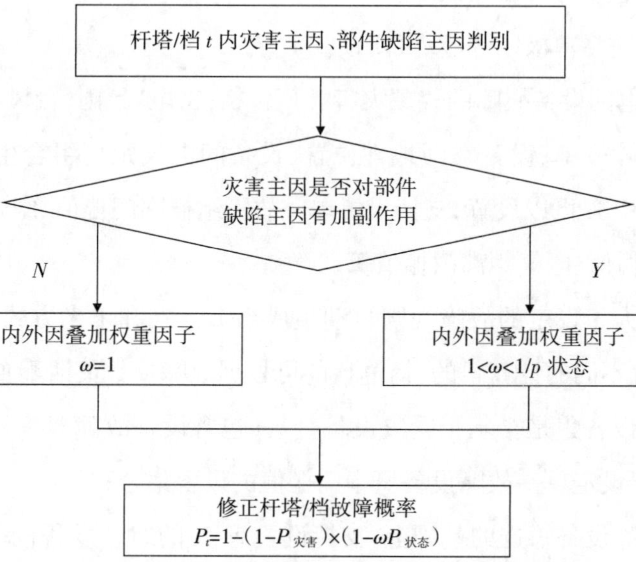

图 3–5　计及外部灾害与设备状态叠加效应的杆塔故障概率修正方法

情况，权重因子取为基准值1；对于存在叠加放大效应的情况权重因子取大于1的数，但不会使得加权后的状态缺陷概率大于1。

即修正后的杆塔故障概率为：

$$p_{修正}=1-(1-p_{灾害})\times(1-wp_{状态}) \tag{3-12}$$

式中，w为权重因子。

3.3 计及耦合特征的多重故障集生成方法

3.3.1 计及电气及地理距离的回溯法生成预想故障集

计及电气及地理距离的回溯法生成预想故障集功能根据外部气象灾害导致设备的故障概率、设备发生灾害的地理信息、设备间的电气距离等信息，结合电力系统知识或专家经验，自动生成实时或未来一段时间内各时段上外部灾害所引发的预想故障集，纳入安全稳定分析、预警、以及辅助决策故障集。

3.3.1.1 总体原则

功能设计满足以下原则或要求：

（1）支持不同类型设备之间的群发故障组合，支持组合的设备故障类型如下。

① 交流线路故障；

② 变压器故障；

③ 母线故障：包括母线短路故障；

④ 直流故障：包括单极闭锁、双极闭锁。

（2）支持引发电网设备故障的气象灾害类型包括：雷电、暴雨、台风、覆冰、山火等。

（3）支持按故障概率、设备空间地理位置、设备间电气距离组合生成N–1，N–2，…，N–K设备故障，其中K可以设置；支持设置单一故障组概率门槛值、组合故障概率门槛值系数、地理距离门槛值、电气距离门槛值等。

（4）支持根据人工设定的故障规则自动生成当前方式和未来方式下的预想故障集；预想故障支持设置不同的计算目的，计算目的可根据故障重数灵活配置。

（5）首发故障设备集是指基于受灾设备全集（包含设备故障概率评估、故障地点）中设备故障概率大于设定单一故障设备概率门槛值的设备集合；

（6）在首发故障设备筛选的基础上，支持设置N–K的组合设备概率门槛值进行组合故障设备筛选（配置N–K组合设备概率门槛值），支持通过与首发故障设备间的地理距

图 3–6　计及电气及地理距离的回溯法生成预想故障集流程图

离、电气距离进一步进行故障设备筛选(配置组合设备地理距离门槛值、组合设备电气距离门槛值),取设备间首末端地理距离、电气距离的最小值分别作为设备间的地理距离、电气距离;

(7)在 N–K 组合设备生成、基于设备间地理距离和电气距离的组合设备筛选采用高效的算法,整个功能的耗时限制在 10 s 以内(生成 1 000 个组合故障)。

3.3.1.2　首发设备筛选及 N–K 组合设备生成

基于"单一设备故障概率门槛值"在受灾设备全集中筛选首发故障设备子集,在此基础上,基于设定的最大组合故障重数,进行首发故障设备与受灾设备全集的设备组合,生成N–1 至 N–K 设备组合,基于"组合设备故障概率门槛值"筛选概率门槛值大于设定值的设备组合,约定各设备组合中第一个设备即为首发故障设备。

3.3.1.3　根据地理距离筛选保留的组合设备

在首发故障设备筛选及 N–K 组合设备生成的基础上,根据获取的设备厂站地理信息,计算各 N–K 设备组合中所有设备两两之间的地理距离,基于设定的设备间地理距离

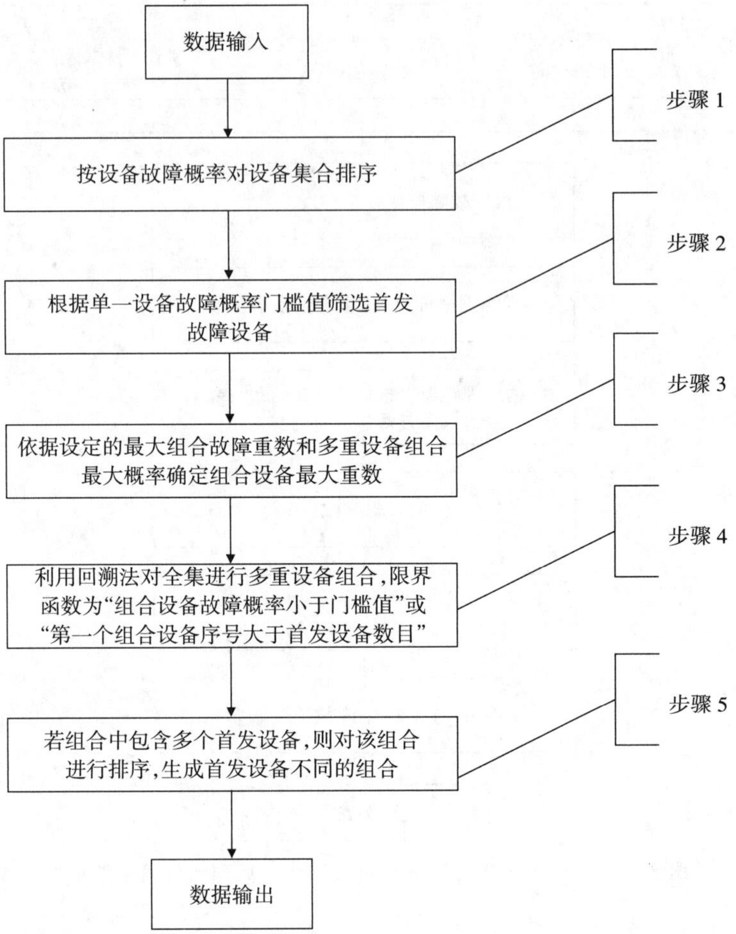

图 3-7　首发设备筛选及 N-K 组合设备生成技术路线

的门槛值，筛选出各组合设备中两两设备间地理距离均小于设定门槛值的组合设备集，作为需要保留的 N-K 组合设备集，其余的 N-K 组合故障作为不需要保留的组合设备集。

针对待筛选的 N-K 设备组合集(设为 M),建立各组合 K 中两两设备所在厂站的二元组合集(设为 P,厂站 A-B 与厂站 B-A 属于一个厂站对),建立合集 P 和设备集 M 之间的映射关系;若设备组合集 M 中某一组合包含交流线段或直流线段,则该设备组合对应多个厂站组合。

调用地理距离计算函数,获取厂站集 P 中的所有组合厂站对的地理距离,根据集合 P 和 M 的映射关系,获取集合 M 中任一组合中所有设备两两之间的地理距离,若该组合中的地理距离最大值小于设定门槛值,则保留该设备组合。

地理距离计算:

(1)对于交流线路,如果给出灾害发生具体位置(即杆塔经纬度),则分别计算故障位

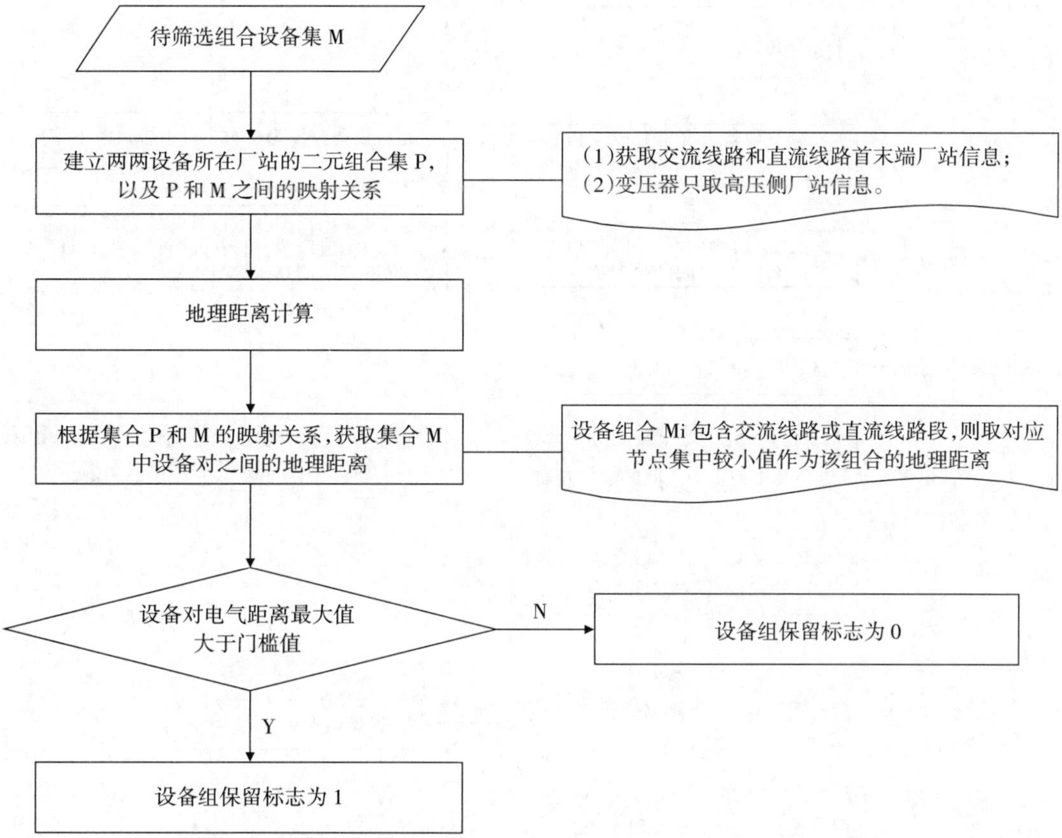

图 3–8　根据地理距离筛选保留组合设备集技术路线

置与交流线路首末端所在厂站的距离，距离首端近则，故障侧取为首端；距离末端近则，故障侧取为末端；如果未给出灾害发生具体位置，则取两端。故障。

（2）对于交流线路，根据故障侧选择厂站对。

3.3.1.4　根据电气距离筛选保留的组合设备

基于根据地理距离筛选后的不需要保留的组合设备集，计算各 N–K 设备组合中两两设备间的电气距离，筛选出所有两两设备间的电气距离均小于设定门槛值的组合设备集，作为进一步需要保留的组合设备集。

根据待筛选的设备组合集 M 中的设备组合关系，建立设备组合中两两设备间的二元设备集 K，设备集 K 中组合设备关系为一对一且组合关系不重复（设备 A 与 B 组合与设备 B 与设备 A 是同一组合），建立 K 与 M 之间的映射关系；获取 K 中的所有设备计算节点信息，建立节点组合集 P（节点对）与设备集 K 之间的映射关系，若 K 中某一组合包含交流线段或者直流线路，建立 P 时需考虑首末端 2 个节点。调用电气距离计算模块，获取 P 中的所有节点对的电气距离，根据集合 P、K 和 M 之间的映射关系，获取组合集 M 的

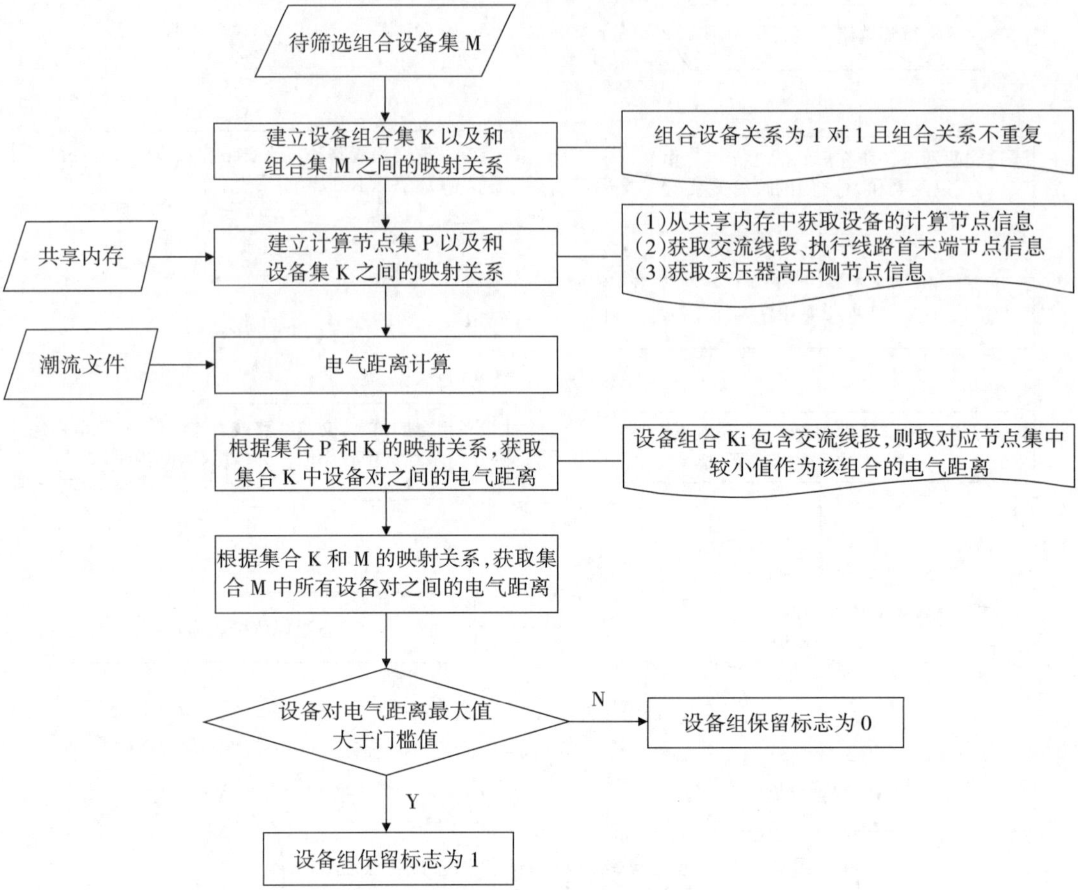

图 3-9　根据地理距离筛选保留组合设备集技术路线

任一组合中所有两两设设备组合的电气距离，若该组合中电气距离最大值小于设定门槛值，则保留该设备组。

3.3.1.5　预想故障集自动生成

基于地理距离和电气距离筛选的需要保留的组合设备集并集，结合指定的首发故障的故障侧和故障类型、后续故障的故障类型及与首发故障的时差等故障生成规则，生成 N-K 预想故障集，对算例表、算例事件关系表、直流线故障表(发电机故障表、母线及支路事件表保留)进行记录管理，并入库。

(1)基于保留的组合设备集中对应的首发故障元件，建立组合设备集和首发故障元件的映射关系，根据首发故障的故障类型形成首发设备的故障信息(故障类型、故障侧、首末端切除时间)；

(2)基于保留的组合设备集包含的后续故障元件，建立组合设备集和后续故障元件的映射关系，根据后续故障的故障类型、与首发故障的时差形成后续设备的故障信息；

(3)筛选出与人工维护故障一致的新生成故障：

① 对人工维护故障按故障元件数进行分组，分别对应 N-1 故障，N-2 故障，…，N-K 故障；

② 针对每个人工维护故障组分别建立故障和故障元件的映射关系；

③ 针对新生成故障的故障元件个数确定对应的人工维护故障组，根据首发故障元件查找对应的人工维护故障，依次比较各故障元件及故障侧、故障类型、故障时序是否一致；

④ 筛选出与人工维护故障一致的新生成故障。

(4)针对与人工维护故障重复的新生成故障，修改人工维护故障概率、故障起止时间等属性；

(5)对余下的新生成故障集，更新算例表、算例事件关系表、母线及支路事件、直流线故障表等。

3.3.2　多重故障集规模控制方法

场景筛选的实质是排序并选择截止门槛。根据多重故障场景的风险评估结果排序是准确但不可行的。本文采取依据多级指标优先级的综合排序方法，基本逻辑如下(优先级可灵活设置)：基于故障重数越多往往更严重的认知，以“故障重数”为第 1 级指标，故障重数越大，排序越靠前；在故障重数相同时，以“严重度预估系数”为第 2 级指标，系数越小排序越靠前；最后以“故障概率”为第 3 级指标，概率越大排序越靠前。其关键点是“严重度预估系数”的设计及计算。

基于安全稳定量化分析算法可在线获得上一轮 N-1 预想故障下安稳裕度、模式和输电断面极限等信息。针对任一线路 La 故障场景分别定义关键发电机、母线、断面的安稳裕度影响因子 Ga、Ba、Fa。

发电机 i 对线路 La 故障的安稳裕度影响因子 G_{ia} 如下式：

$$G_{ia}=k_{ia}(1-\eta_a) \tag{3-13}$$

式中，k_{ia} 是线路 La 故障的功角稳定模式中发电机 i 的参与因子；η_a 是线路 La 故障后的功角稳定裕度。

母线 i 对线路 La 故障的安稳裕度影响因子 B_{ia} 如下式：

$$B_{ia}=k_{ia}(1-\eta_a) \tag{3-14}$$

式中，k_{ia} 是线路 La 故障的暂态电压和/或频率安全稳定模式中母线 i 的参与因子；η_a 是线路 La 故障后的母线 i 的暂态电压和/或频率安稳裕度。

输电断面 i 对线路 La 故障的安稳裕度影响因子 F_{ia} 如下式：

$$F_{ia}=\frac{P_{ia}}{P_{i\_\lim}} \tag{3-15}$$

式中，P_{ia} 是线路 La 故障后断面 i 的输送功率；$P_{i\_\lim}$ 是线路 La 故障后断面 i 的极限功率。

定义线路 La 故障时安稳裕度影响因子向量 β_a=(Ga，Ba，Fa)，则可用任意两条线路 La、Lb 对应影响因子向量 β_a 与 β_b 之间的欧式距离 β_{ab} 表示两者组合故障的严重度，距离越近表示受影响的关键元件越相似，则组合故障越严重。其中 β_{ab} 如下式：

$$\beta_{ab}=\|\beta_a-\beta_b\|_2 \tag{3-16}$$

多重故障 i 的严重度预估系数 λ_i 如下式：

$$\lambda_i=\sum_{\forall a,b\in L,a\neq b}\beta_{ab} \tag{3-17}$$

式中，L 表示多重故障场景 i 的线路集合；β_{ab} 是 L 中任意两条线路影响因子向量的相似性度量。

可见，λ_i 越小故障场景 i 排序越靠前。

最后结合截止门槛的过滤判据，如截至故障重数、截至故障概率、截至故障总数等，形成自然灾害下用于详细风险评估的多重故障场景。

该技术已经在西北电网实际应用，实际测试表明，对于 100 条关键线路，组合 N-10 以内多重故障集，计算耗时不大于 10 s，满足在线应用需求。

3.4 多重故障搜索与风险评估

电力系统风险评估的方法主要有模拟法和解析法。两种方法都是根据系统状态空间的概率分布进行可靠性评估，解析法是通过枚举的形式，穷举出系统所有的故障状态，进而分析系统的可靠性。模拟法又称为蒙特卡洛模拟法，该方法根据系统元件的状态空间的概率分布，对系统所有元件进行随机抽样，统计可靠性指标，从而进行可靠性评估。

解析法和模拟法在不同的应用条件下各有优劣。故障重数截至法是最常用的解析法。如果系统非常可靠，例如元件故障概率较小或者系统负荷水平较低，那么枚举法更加有效，但其计算量却随着故障重数的增加和系统规模的增大而急剧增加。尽管一些故障筛选技术进一步提高了计算效率，但枚举选择的系统状态集合只是全状态空间的一部分。由于未选择的高重故障可能对可靠性指标具有不可忽略的贡献，因此计算出的可靠性指标始终小于待求的实际期望值，是实际值的下界。

状态抽样法是最常用的模拟法，如未特别指出，本书模拟法均指状态抽样法。如果系统可靠性较低，例如严重故障的概率相对较大，那么模拟法收敛速度较快，优势也更明显。与枚举法不同的是，模拟法在全状态空间抽样，计算出的指标是实际期望值的估计值而并非下界值。在一定的精度要求下，模拟法的抽样次数与系统的规模和复杂度无关，因此特别适用于大型电力系统的快速评估计算。然而，模拟法的计算时间随着指标误差精度要求的提高而急剧增加，对于可靠性较高的系统尤其显著。

从上面的分析可以看到，枚举法在处理低重大概率状态时非常有效，而模拟法在处理高重小概率故障和大规模系统时更有优势。而小概率事件存在概率低，后果严重的特点。据此，本节采用了基于状态空间分割法的系统状态选择算法以快速、精确地实现运行可靠性评估。

3.4.1　状态空间分割法

状态空间分割法将全状态空间分割为两个子空间，对其分别采用枚举法和模拟法进行状态选择，即低重大概率状态采用枚举法进行筛选，而高重小概率严重状态以及小概率故障则采用模拟法进行随机抽样。因此，与枚举法相比较，状态空间分割法并未忽略高重故障的影响；与模拟法相比较，状态空间分割法避免了对低重故障的重复抽样。可见状态空间分割法集成了枚举法和模拟法的优点。

状态空间分割法将状态空间划分为两个区域，按如下步骤分别采用枚举法和模拟法对两个子空间的系统状态进行选择：

（1）使用快速排序算法按状态概率降序依次选择系统状态，直到所有被选择状态的累积概率达到指定值。通过枚举所选择的系统状态的集合记为 S_F；枚举状态的累积概率定义为上限概率 α。

（2）使用模拟法采样剩余的状态空间直到计算精度（例如方差系数）达到指定值。集合中所有系统状态的累积概率为 $1-\alpha$。

其中，快速排序算法可在不搜索整个状态空间的情况下，依次、快速地选出概率较大的系统状态，直至上限概率 α 达到指定值，即

$$\alpha=\sum_{x_i \in S_F} P(x_i) \tag{3-18}$$

式中，x_i 代表第 i 各系统状态；$P(x_i)$为系统状态 x_i 的发生概率。

系统风险指标的期望值可用条件概率的形式表示如下：

$$E(F)=\alpha E[F(x)|x \in S_F]+(1-\alpha)E[F(x)|x \in S_M] \tag{3-19}$$

式中，$F(x)$为系统在x状态下的负荷损失总量，$E[F(x)|x \in S_F]$为快速排序法计算的系统风险指标期望值，;$E[F(x)|x \in S_M]$ 为非贯序蒙特卡洛法计算的系统风险期望值

$$E[F(x)|x \in S_F]=\frac{1}{\alpha}\sum_{x_i \in S_F} F(x_i)P(x_i) \tag{3-20}$$

$$E[F(x)|x \in S_F]=\frac{1}{N}\sum_{x_i \in S_M} F(x_i) \tag{3-21}$$

式中，N为蒙特卡洛法抽样总次数。

3.4.2 考虑小概率事件的电网多重故障风险评估模型

基于快速排序法与小概率事件的多重故障搜索方法，建立考虑小概率事件的电网多重故障风险评估模型，如图 3-10 所示。

考虑小概率事件的电网多重故障风险评估包括如下步骤：

① 初始化电网结构，元件故障率，设定概率上限；

② 使用快速排序法在未选择的系统状态中选取概率最大的系统状态；

③ 采用直流潮流最优切负荷算法计算当前兄状态下的最小切负荷代价；

④ 根据切负荷结果更新快速排序法风险指标，更新快速排序法状态空间与累计概率；

⑤ 若累计概率未达到上限概率则返回②，否则快速排序法完成，进入⑥；

⑥ 根据系统元件故障率抽样系统状态；

⑦ 判断抽样状态是否存在于快速排序法状态空间内，若是进入步骤⑧，否则进入⑩；

⑧ 根据当前状态搜索后续小概率故障，并对小概率故障状态进行一次抽样；

⑨ 若有小概率故障发生，则返回⑧，否则返回⑥；

⑩ 根据当前状态搜索后续小概率故障，并对小概率故障状态进行一次抽样；

⑪ 若有小概率故障发生，则返回步骤⑩，否则进入步骤⑫；

⑫ 根据系统状态执行直流潮流最优切负荷算法，确定负荷切除节点与负荷切除量；

⑬ 对负荷切除节点安控进行抽样，若安控拒动则切除该节点所有负荷，更新负荷切除量；

⑭ 更细风险指标期望并计算收敛指标；

⑮ 若收敛则输出系统风险指标，否则返回步骤⑥进行重新抽样。

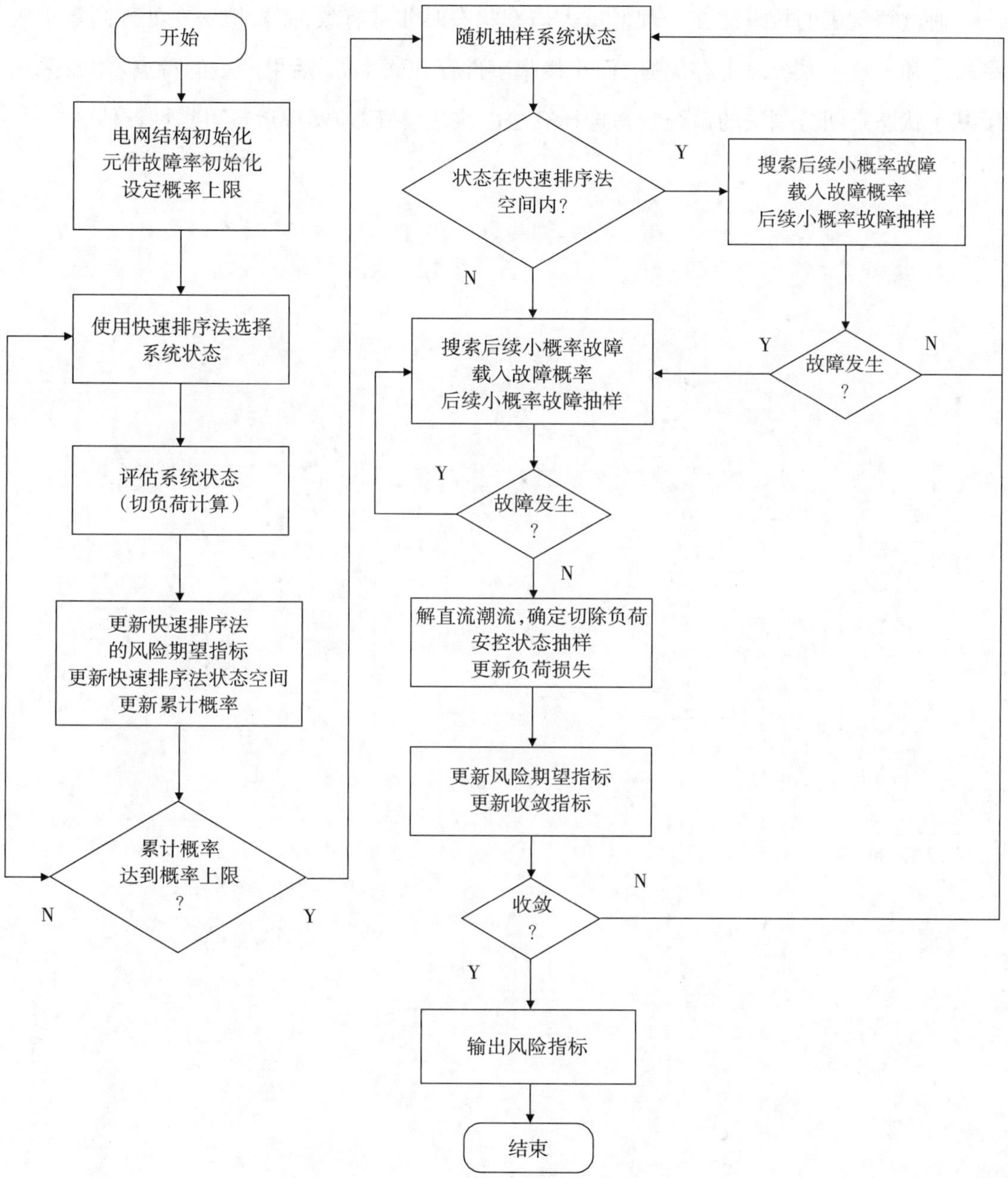

图 3-10　考虑小概率事件的电网多重故障风险评估流程图

3.5　本章小结

本章提出了关键通道重点结构常见故障的识别方法、不同风险间的耦合特征分析、计及耦合特性的多重故障集生成方法，实现多重故障故障搜索与风险。

通过算例表明枚举法在处理低重大概率状态时非常有效，而模拟法在处理高重小概率故障和大规模系统时更有优势。而小概率事件存在概率低、后果严重的特点。本章采用了基于状态空间分割法的系统状态选择算法以快速、精确地实现运行可靠性评估。

第4章 交直流互动耦合特性及对新能源接纳和送出影响

4.1 特高压直流输电的单极/双极闭锁故障对新能源基地的连锁脱网影响

4.1.1 直流闭锁故障过电压问题与风电连锁脱网机理分析

直流换流过程需要消耗有功输送水平约40%~60%的无功，因此换流站安装有大容量交流滤波器组,就地集中对换流器进行固定补偿。以某特高压直流为例,直流额定容量8 000 MW,整流侧和逆变侧交流滤波器总容量分别达3 880、4 940 Mvar。直流发生单极或者双极闭锁后,有功瞬时中断,无功损耗大幅变化,打破了原有无功平衡,导致局部无功大量过剩,迅速抬升换流站近区交流电压,电压上升幅度与盈余无功、系统短路容量密切相关。

$$\Delta U \approx \Delta Q/S_c \tag{4-1}$$

式中,ΔU为换流站交流压升;ΔQ为换流站与系统交换的无功变化;S_c为换流站短路容量。单极或双极闭锁故障期间,直流送受端的响应特性有所不同,此处主要研究送端过电压问题。

单极闭锁故障时直流电流降低,直流整流侧消耗无功大幅减少,交流滤波器的无功大量反送,导致交流电压升高。从式(4-1)可知,暂态压升取决于盈余无功及短路容量,受到直流输送功率、交流滤波器投切策略、换流站近区开机方式等因素影响,扰动时刻交流滤波器投入越多,近区开机越少,暂态压升越高,且以换流站为最高,随电气距离衰减。而双极闭锁故障时直流电流降低为0,其有功快速归零,无功功率反送现象更为明显,电压短时上升幅度将更大。

在直流送端近区接入大量风电场，需要考虑暂态过电压对风电运行可能带来的影响。直流闭锁产生的暂态过电压会传导到近区电网,引起风电机组等周边电网设备感受到不同程度的过电压,压升的大小与电气距离、短路容量等因素相关。

线路、主变等常规交流设备通常具备1.3倍标幺值的短时耐压能力。相对于常规交流设备而言，风电的短时耐压能力较低，从风电并网标准以及实际风电场机组过电压保护配置来看，过电压超过1.1倍时，部分风机就可能脱网。风电机组因高电压脱网后，因线路潮流变轻、无功补偿过剩的因素，将进一步拉高周边电压，可能引发风电机组的连锁脱网。

直流闭锁过程中的暂态过电压问题、风电机组较低的耐高压能力以及风电机群高电压连锁脱网特性相结合，使得直流近区大规模风电汇集的结构下，存在直流扰动后风电连锁脱网的风险。

4.1.2 抑制闭锁故障过电压对策研究

直流近区大量风电接入的情况下，存在暂态过电压引起风电脱网风险，但可以通过一系列措施予以综合解决。针对此问题，提出的解决对策如下：

（1）加强网架和机组建设，提高直流近区电网短路容量。在相同的无功过剩下，短路容量越大，电压升幅越小，因此提高短路容量是抑制暂态过电压最有效的措施。提高短路容量的主要方法是增加直流换流站附近的常规机组数量，加装调相机以及加强换流站以及风电场与主网架的电气联系等。

（2）合理规划风电接入方式。由于直流扰动过程中的暂态过电压主要是由于交流滤波器倒送系统无功引起，离交流滤波器母线电气距离越近，暂态压升越高。合理规划风电接入方式，应尽量避免风电汇集线直接接入换流站，并在风电汇集地区配置一定容量的常规机组或动态无功补偿设备，提高风电汇集地区电压钳制能力，可有效降低暂态过电压对风电运行的影响。

（3）提高直流近区风电机组耐压能力。国标规定的风电耐压能力是具有普适性的最低耐压标准，直流近区风电机组面临更大的高电压风险，因此对其耐高压能力也提出了更高要求。计算表明，如果风电场具备工频电压1.15 pu或更高的电压下运行较长时间的能力，在1.15~1.30 pu时能够反时限运行，可大幅降低直流扰动期间风机高电压脱网风险。

（4）优化直流自身控制性能。优化直流成套设计，通过降低直流闭锁概率，提高直流闭锁恢复速度，以达到减少暂态过电压发生概率和持续时间的目的。

（5）合理控制直流输送功率。分析表明暂态过电压水平主要和直流输送功率及短路容量相关，在短路容量不满足要求时，为控制风电机端暂态电压在耐压能力范围内，需要合理控制直流输送功率水平，预防直流扰动引发风电连锁脱网事故。

4.2　新能源连锁脱网的在线识别

4.2.1　新能源连锁脱网影响因素分析

4.2.1.1　新能源故障穿越能力

标准规定新能源机组应具备一定的电压、频率等故障穿越能力,但是由于不同风机厂家制造、检测和调试的标准存在差异,导致故障过程中出现了新能源脱网情况,加之部分机组脱网和穿越过程中电压抬升因素,将导致新能源机组的进一步连锁脱网。线路、主变等常规交流设备通常具备 1.3 倍标幺、1 s 以上的短时耐压能力。相对于常规交流设备而言,风电的短时耐压能力较低,从风电并网标准以及实际风电场机组过电压保护配置来看,过电压超过 1.1 倍时,部分风机就可能脱网。

4.2.1.2　新能源无功电压控制

(1)风电场无功补偿装置大多数采用固定电容器,而 SVC 等动态无功补偿装置实际投运较少,电容器的导纳固定而不具有自动电压调节能力。在风电场暂态电压升高的情况下,电容器因电压效应将瞬时发出更多的无功从而抬升电压;其次,对于故障后进入低电压穿越运行的风机,其有功出力的减少将导致无功需求的降低,进一步抬升并网母线电压,这是诱发连锁脱网的关键因素。

(2)大部分风电机组无功控制功能未开放,风电场内机组保持单位功率因数运行,无法对系统电压进行支撑,导致风电汇集系统电压无功调整主要依赖于无功补偿装置。当风电场配置的无功补偿设备动态响应时间和动态无功调节能力不满足要求时,无功补偿装置在故障清除后不能准确动作,导致系统发生无功过剩,造成风机机组高电压跳闸脱网。

(3)MCR 型 SVC 装置响应慢且调节范围受限(速率、容量不满足要求),不能进行快速、连续的动态电压无功调节,易引起暂态过压问题,不能满足大规模风电接入地区的电压无功调整要求。特别在风电系统故障清除后,SVC 装置电抗来不及跟随系统电压变化而变化,易导致系统出现短暂的无功过剩,发生电压过冲现象。MCR 型 SVC 装置响应时间在300 ms,TCR 响应时间在 10~50 ms。

(4)无功补偿装置控制策略不合理。部分风电场配置的快速无功补偿装置只有定无功功率或定功率因数控制模式,没有定电压控制模式,减弱了动态无功补偿装置的电压无功控制能力。

(5)风场内部控制缺少协调概念。与传统的电厂或变电站显著不同,风场并非单独厂站，而是一个覆盖面达数千米甚至数十千米的区域，通过35 kV长馈线连接上百台风机。其内部各节点电压并不完全相同，而是沿馈线形成电压分布，这一分布由馈线自身阻抗以及实时输送的风电功率决定。目前控制模式更多着眼于风场并网点电压和无功交换，而未能兼顾馈线电压分布。同一风场内的风机机端电压最高和最低可能相差5%，因此并网点电压处于正常范围内时，仍可能出现馈线远端某些风机率先脱网，进而引起场内连锁反应。各风电场无功电压控制策略相互独立且未考虑整个地区电压稳定性。

(6)风机有功恢复速率。很多风机不能满足10%额定功率每秒的有功恢复要求，有功和无功在较长时间内存在不平衡，存在过压脱网风险。

4.2.1.3　直流无功电压控制

(1)直流发生双极闭锁故障后，换流站消耗的无功降为零，理想情况是可以瞬时切除换流站全部滤波器达到无功平衡，但实际中需要一定延时才能切除全部滤波器，在此期间滤波器瞬时释放大量无功至交流系统，引起近区暂态电压升高，固定电容器发出的无功与母线电压的平方成正比，加剧过电压水平，这是大规模新能源基地特高压送出过压脱网的直接因素；

(2)直流发生换相失败后，前期由于直流电流和整流侧触发角同时增加，直流需要从系统吸收大量无功，导致交流母线电压降低，后期随着直流电流降为零而滤波器存在大量无功盈余，直流又将向系统释放大量无功，引起近区电压呈现“先降低后升高”的特性，这一过程将引发新能源连锁脱网。

4.2.1.4　新能源并网容量和直流输送容量

若保持风电并网容量不变，直流输送功率越大，则送端换流站投入的滤波器组数越多，直流发生闭锁故障或换相失败后的瞬时无功盈余越大，近区暂态电压升高越大，直流故障引发风机高压脱网的问题越严重。若保持直流输送功率不变，风电并网容量越大，则各风电场投入的无功补偿越多，直流发生闭锁故障或换相失败后，电容器助增暂态电压进一步升高的效应越明显，直流故障引发风机高压脱网的问题也会越严重。因此，直流输送功率和风电并网容量存在相互制约关系，为保证直流闭锁故障或换相失败后不引发风机高压脱网，在直流大功率外送情况下需要限制风电并网容量，而在风电大容量并网情况下需要限制直流输送功率。

4.2.1.5　常规机组开机数目

对于新能源基地特高压外送系统而言，直流和风电建立稳态运行工况需要系统提供一定的短路容量，同时在故障后恢复稳定运行也需要系统提供必要的电压支撑，近区火电机组可以提供系统稳定运行所需的短路容量和电压支撑。直流闭锁故障或换相失败引发风机高压脱网本质上是一个大容量无功扰动引发的过电压问题，而火电机组在动态无功备用充裕的情况下具有较强的动态无功调节能力，因此直流配套电源的开机台数对抑制直流故障后风电机端暂态电压升高有重要作用。

4.2.1.6　新能源基地网架结构

大规模集中开发的风电基地通过弱电网接入系统、长距离线路外送使得整个风电汇集系统较脆弱，任何故障都会波及整个系统。风电基地距离直流换流站电气距离越近，则越容易受直流换相失败、闭锁以及重启动的影响而造成新能源脱网；风电基地距离大型常规机组越近，则电压支撑能力越强。此外，受网架结构约束，灵绍直流双极闭锁情况下，新疆与西北联网通道潮流回退将造成稳态电压大幅升高，同样会增加新能源连锁脱网风险。

通过上述分析可以发现相较于不含大规模新能源的电网下的连锁故障，大规模新能源并网下电网连锁故障具有以下三个新特征。

特征一：连锁故障的发展主要诱因是新能源机组的连锁脱网；特征二：连锁故障发生过程中随着新能源机组不断脱网，正常工作线路上的潮流不断减轻；特征三：对于新能源外送型系统，大规模新能源需要经过远距离送出，通常采用高压直流输电线路，大规模新能源集中并网下连锁故障的发生与新能源基地附近的高压直流输电线路具有显著的耦合关系。

表 4-1　新能源连锁脱网影响因素分析

换流站近区新能源脱网		远处新能源连锁脱网	
因素	原因	因素	原因
直流输送功率	影响换相失败期间或闭锁后有功减少量，影响暂态和稳态电压升高幅度	近区新能源并网容量	影响新能源场站进入低穿或脱网的有功减少量，影响暂态和稳态电压升高幅度
直流无功补偿容量	影响换相失败期间或闭锁后盈余无功量，影响暂态电压升高幅度	近区新能源无功补偿容量	影响低穿期间或脱网后盈余无功量，影响暂态和稳态电压升高幅度
换流站近区机组开机数目	影响换流站近区新能源场站母线无功电压支撑能力	远处新能源场站电气距离	新能源场站间电气距离越远，则受到低穿或脱网的新能源场站电压波动影响越小
动态无功支撑能力	影响换流站近区新能源场站母线无功电压支撑能力	网架结构	影响换相失败期间或闭锁后系统潮流分布，间接影响故障后暂态和稳态电压波动程度
直流短路比	影响换流站近区新能源场站母线无功电压支撑能力	远处机组开机数目	影响远处新能源场站母线无功电压支撑能力

4.2.2 基于机器学习的连锁脱网在线快速识别技术

新能源基地特高压外送中，新能源故障穿越能力、新能源无功电压控制、直流无功电压控制、新能源并网容量和直流输送容量、常规机组开机数目、新能源基地网架结构等因素都有可能对新能源连锁脱网带来一定程度的影响。在线方式下，如何快速识别影响新能源连锁脱网的关键影响因素是研究的重点。近年来，机器学习算法跨领域的快速发展，为这一问题的解决提供了新的途径，利用通过机器学习算法建立系统特征量和新能源脱网结果之间的映射关系，从而提升连锁脱网在线识别的准确性和快速性。

4.2.2.1 总体方案

本文提出的基于机器学习的新能源连锁脱网在线识别方法由离线训练和在线评估两个部分组成。

(1)离线训练阶段。首先，以某时刻电网在线运行方式为基准，通过蒙特卡罗抽样构造训练样本；其次，在预想故障集下计及新能源涉网保护定值、直流无功电压控制模型进行时域仿真，确定新能源连锁脱网量，构成完整的训练样本集；再次，对训练样本集进行归一化等预处理，防止由于数量级不同导致部分重要特征量无法发挥足够作用；采用皮尔逊系数法对备选特征进行相关性分析，识别与新能源连锁脱网强相关的特征量；通过网格搜索法确定SVM参数，使用训练样本集训练评估模型，并通过测试集检验评估模型的准确性和可靠性。

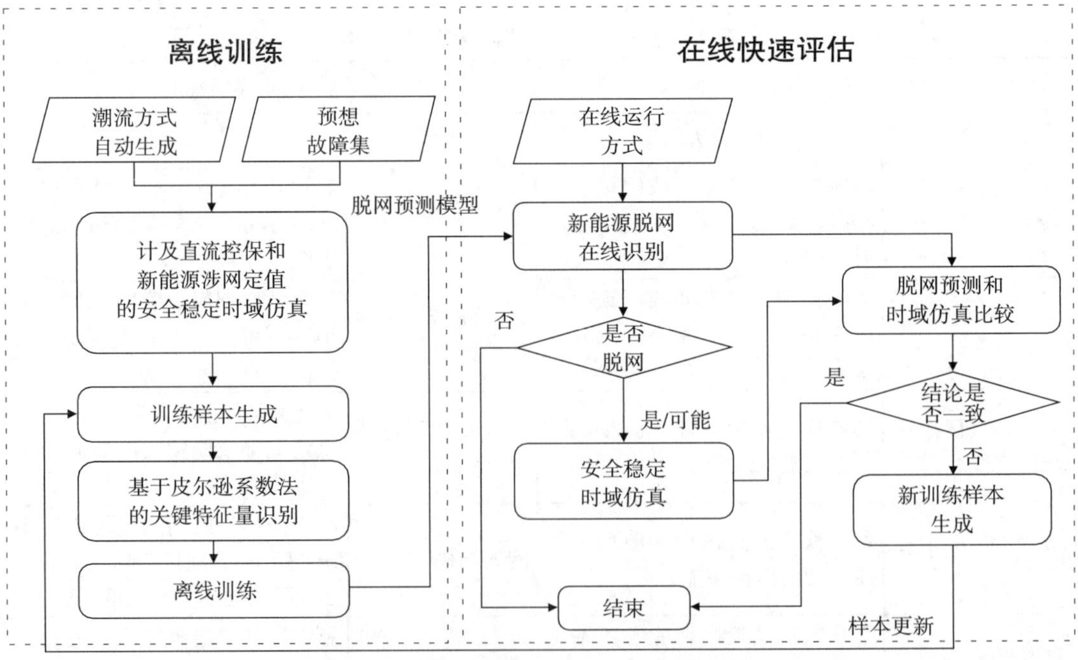

图4-1 基于机器学习的新能源脱网评估方法

（2）在线评估阶段。在新的运行方式下，取出其特征量输入到评估模型，即可得出该运行方式在预想故障下的新能源连锁脱网评估结果，确定该故障是否会发生新能源连锁脱网，若会脱网或处于模糊范围内，则需要进行安全稳定时域仿真，若脱网预测和时域仿真结论不一致，则需要将此样本加入样本集中进行训练，更新脱网预测模型。

4.2.2.2　训练样本构造

为满足离线新能源连锁脱网评估的要求，须选取电网某一典型运行方式作为基准方式，同时利用蒙特卡洛法对该基准方式进行随机样本抽样，针对每一随机运行方式进行预想故障的暂态电压安全稳定量化评估，生成该基准方式附近的随机电网仿真样本。每个训练样本包括电网运行状态、故障发生前潮流量及该方式下预想故障的暂态安全稳定裕度等信息，指定数量的训练样本构成了样本空间。

训练样本构造的具体过程如下：

（1）选取电网某一典型运行方式作为基准方式；

（2）利用蒙特卡洛抽样，生成新的随机样本。机组机端电压在额定电压的[0.95 1.05]范围内随机抽样；考虑机组实际出力约束，各机组出力在基准方式的上下 20%范围内随机抽样（无功出力与有功出力保持变化一致）；各负荷在基准方式各负荷的上下 20%范围内随机抽样（无功负荷与有功负荷保持变化一致）；直流功率在基准方式直流功率的上下 20%范围内随机抽样；新能源涉网保护定值在标准范围的 10%范围内随机抽样；新能源无功电压控制模式在定电压、定功率因数、定无功功率三种模式间随机抽样；直流无功电压控制滤波器容量在基准值上下 20%随机抽样；

（3）为保证功率平衡，按照基准方式下各负荷大小，按比例调整各负荷使得 $\Delta P_L=\Delta P_G$，生成新的随机潮流样本；

（4）对新的随机潮流样本进行计及新能源涉网保护定值和直流无功电压控制的暂态安全稳定量化评估，记录机组出力、母线电压、新能源脱网量等，构成一个训练样本；

（5）重复步骤（2）和（4），直至样本数目满足要求。

4.2.2.3　特征量识别

由前述分析可知，造成新能源基地特高压外送系统新能源连锁脱网的原因有很多，包括：新能源故障穿越能力、新能源无功电压控制、直流无功电压控制、新能源并网容量和直流输送容量、常规机组开机数目、新能源基地网架结构等，因此确定如下特征量。进一步，采用皮尔逊系数法对备选特征进行相关性分析，识别与新能源连锁脱网强相关的特征量。

(1)新能源故障穿越能力:风电、光伏高/低压、高/低频保护定值。

(2)新能源无功电压控制:无功控制模式、电容器运行状态、SVC/SVG 运行状态和控制模式。

(3)直流无功电压控制:直流闭锁滤波器切除时间、直流滤波器运行状态。

(4)新能源并网容量和直流输送容量:风电和光伏有功出力、无功出力、机端电压、投停状态;直流输送有功、交换无功、直流运行状态。

(5)常规机组开机数目:机组投停状态、有功出力、无功出力、机端电压。

(6)新能源基地网架结构:新能源厂站距离换流站的电气距离;新能源厂站距离常规机组的电气距离。

4.2.2.4　训练方法

(1)算法简介。支持向量机(SVM)是建立在统计学习理论和结构风险最小化原理基础上的机器学习算法,在应对高维、非线性、有限小样本等情况具有优异的性能。支持向量机的初衷是为了解决分类问题,旨在寻找“超平面”,使得训练样本空间里不同类别的点落在“超平面”两侧。对于线性可分的样本空间而言,给定样本空间为$\{x_i,y_i\}(i=1,2,\cdots,n)$,$y_i\in\{1,-1\}$,$x_i$ 为样本向量,y_i 为分类类别值,则“超平面”可表示为 $g(x)=\omega^Tx+b=0$,b 为常数,单侧样本点到“超平面”的距离为 $1/\|\omega\|$,即分类间隔为 $2/\|\omega\|$。为了保证正确分开样本且间隔最大,该问题可转化为带约束的最值问题:

$$\begin{cases}\min\dfrac{1}{2}\|\omega\|^2\\ st\ y_i(\omega^T x_i+b)\geq 1,i=1,2,\cdots,n\end{cases}\tag{4-2}$$

对于错误分类的离群点,需要在式(4-1)中加入松弛变量 $\xi_i\geq 0$,惩罚因子 $C>0$,ξ 和 C 的取值分别决定了对样本分类错误的容忍程度和惩罚程度,得到下式。

$$\begin{cases}\min\dfrac{1}{2}\|\omega\|^2+C\sum\limits_{i=1}^{n}\zeta_i\\ st\ y_i(\omega^T x_i+b)\geq 1-\zeta_i\\ \zeta_i\geq 0,i=1,2,\cdots,n\end{cases}\tag{4-3}$$

对于线性不可分和非线性的样本空间,支持向量机引入核函数,将原始输入向量通过核函数映射到更高维的向量空间中,并在新的高维向量空间中寻找“超平面”。核函数的选择直接影响着 SVM 的性能,常用的核函数有线性核函数、多项式核函数、径向基核函数等。线性核函数多用于线性可分的样本空间;多项式核函数参数较多,计算较为复杂；径向基核函数仅有一个参数，大、小样本均可取得很好效果，最为常用。因此，本文选用的核函数为径向基核函数，其表达式如下所示。

$$k(x_i, x_j)=\exp\left(-\frac{\| x_i-x_j \|^2}{2\sigma^2}\right) \tag{4-4}$$

式中，σ 为核函数参数，通常记 $g=\frac{1}{2\sigma^2}$，确定参数即可确定核函数。

此时，求解“超平面”就转化成求解所提凸二次规划问题，为了改进凸二次规划问题的求解，选块算法（chunking algorithm）、分解算法（decomposition algorithm）、序列最小优化算法（sequential minimal optimization，SMO）等典型算法被提出，并得到广泛应用。后续具体计算推导此处不再赘述。

（2）参数优化。SVM 为解决高维、非线性及小样本等情况下的分类和回归问题提供了框架，而其泛化能力和性能主要取决于核函数和相关参数的选择。SVM 的参数有松弛变量 ξ、惩罚因子和核参数 g。具体而言，松弛变量 ξ 决定了分类模型允许的误差范围，ξ 越大分类模型越简单精度越低，反之，ξ 过小模型过于复杂，泛化能力不够；惩罚因子 C 决定了对超出分类模型允许误差样本点的惩罚程度，旨在实现误差和精度之间的折中，C 越大分类模型精度越大、训练样本拟合误差越小，也越容易陷入过拟合，导致预测精度不高，反之，C 过小分类模型学习不够，易陷入欠拟合，导致训练、预测精度不高；核参数 g 决定了支持向量之间的关联程度，g 越大支持向量关联程度越大，分类模型越简单精度越低，反之，g 过小分类模型过于复杂，泛化能力不够。因此，合理选择 SVM 参数至关重要。

参数优化的方法主要有直接搜索法和随机搜索法，直接搜索法主要是网格搜索法，其优点在于计算过程简单清晰、能求出全局最优解，缺点在于计算速度受网格间隔影响较大，间隔过大不易收敛、间隔过小速度较慢，难以解决参数过多的问题；随机搜索法主要有粒子群算法、遗传算法等智能算法，其优点在于不受参数数目影响，计算速度快，缺点在于有可能陷入局部最优解，难以保证所求解为全局最优。综合考虑，本文采用网格搜索法法，主要原因在于：对于电力系统暂态稳定评估模型离线训练而言，需要确定的参数为惩罚因子 C 和核函数参数 g，且训练时间不是最关键的指标，找出全局最优解，保证模型训练精度至关重要。

（3）决策函数。SVM 解决分类问题的本质在于通过训练样本集训练求出分类效果最佳的决策函数，测试样本集通过决策函数计算决策值，并进一步确定分类结果。以二维分类问题为例，其示意图如下图所示。

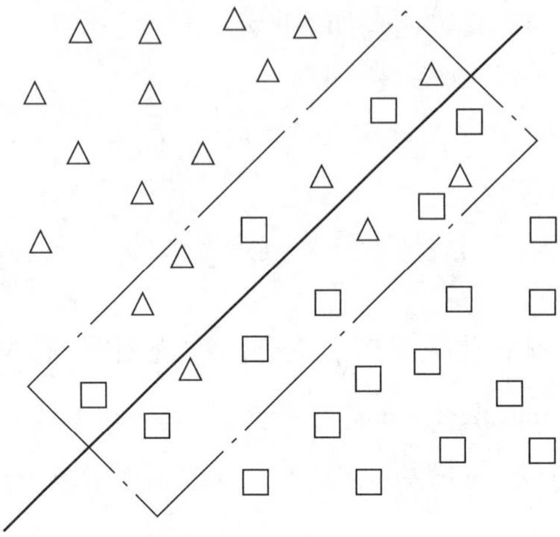

图 4-2　二维分类问题示意图

虚线框内位于分界面附近的样本点均属于支持向量，决策函数的意义在于确定样本点距分类面的距离。脱网或不脱网程度越高的样本，距离分界面越远，决策值越大。因此，依据决策值的大小划定门槛值，可以实现新能源脱网评估的保守性。本文所用的模型为 C-SVM 模型、RBF 核函数，故决策函数如式所示。

$$f(x)=\sum_{i=1}^{n} W_i e^{g\|x-x_i\|}+b \tag{4-5}$$

式中，x_i、W_i 分别表示支持向量和支持向量系数；g 为核函数参数，b 为训练产生常数项。

4.3　特高压外送连锁脱网预警方法

4.3.1　连锁脱网特征

随着多个大容量特高压直流及配套新能源基地的投运，西北电网“大直流、大新能源、弱交流”特点突出，各类问题耦合度高，电网由传统的交流同步稳定问题发展为同步稳定、电压、频率问题并存，发生新能源连锁脱网和大范围连锁故障风险增加。因此，为确保大规模新能源基地特高压外送电网安全，迫切需要开展电网连锁故障预警及防御技术研究，全面提升电网安全稳定运行水平。

近年来，大规模新能源基地连锁脱网事件时有发生，与交直流交互影响下电网电压、频率问题以及交直流连锁故障的演化过程密切相关,其特征可总结为以下几个方面。

(1)新能源机组故障穿越能力不足,这是引发新能源机组大规模脱网的重要原因。由于不同风机厂家制造、检测和调试的标准存在差异,导致故障过程中出现了新能源脱网情况,加之部分机组脱网和穿越过程中电压抬升因素,将导致新能源机组的进一步连锁脱网,需要提升全网新能源特别是直流近区风机耐频、耐压能力,提升其耐高频能力至 51.5 Hz,耐高压能力至 1.3 pu,避免直流冲击引发的瞬时性电压和频率波动导致的新能源脱网,从根本上实现新能源与直流运行的解耦。

(2)新能源场站和直流换流站近区动态无功调节能力不足,动态无功补偿装置的调节性能?容量及速率不满足电网的运行需要。对于故障后进入低电压穿越运行的风机,其有功出力的减少将导致无功需求的降低,进一步抬升并网母线电压;对于因故障穿越失败而脱网的情况,输电通道上的有功功率减小,充电功率增大导致系统电压升高,而大多数动态无功补偿仅作为固定电容运行,又进一步加剧了电压升高,造成大量新能源机组因过电压保护相继脱网,扩大了故障影响,近年 SVC、SVG 的投入有效提升了电压动态支撑能力。此外,直流换相失败引起近区电压呈现“先降低后升高”的特性,这一过程将引发新能源连锁脱网,换流站加装新型调相机,通过强大的瞬时无功支撑能力及短时过载能力也可大大减轻暂态电压骤升或跌落引起的脱网事件。

(3)新能源机组涉网保护配置及定值整定不适应电网安全运行要求,现有保护定值的设定时多考虑新能源机组本身的安全,而忽略了系统的安全稳定性,导致新能源机组涉网保护与电网频率或电压保护不协调,增加了连锁脱网事件发生的概率。而直流闭锁、新能源大规模脱网后引起的潮流转移加剧了系统频率和电压的波动,电网发生连锁故障的甚至解列的风险进一步增加。

4.3.2　连锁脱网关键因素在线建模

大规模新能源基地特高压外送连锁脱网在线预警的目标是根据电网的实时运行方式,通过计及新能源涉网保护定值,直流无功电压控制,SVC/SVG 无功补偿设备特性,二、三道防线策略的安全稳定时域仿真计算,识别故障后可能发生大规模新能源连锁脱网的情况,为事故防御奠定基础。在线建模的关键环节包括含故障穿越的风电、光伏模型、SVC/SVG 等无功补偿装置模型、同步调相机模型、包含换相失败保护、直流无功电压控制的直流控保模型等。

4.3.2.1 新能源机组在线建模

(1)风电机组模型。风电机组根据不同的运行特性种类较多,其中在新疆地区双馈风电机组的应用最为广泛,其基本结构示意图如图 4-3 所示。

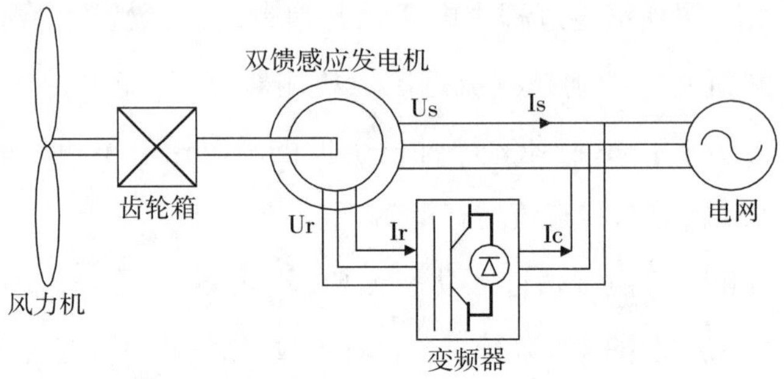

图 4-3 双馈风电机组基本结构示意图

发电机部分采用一般的鼠笼异步电机,发电机的定子绕组直接与系统相连,转子绕组通过背靠背的换流器与系统相连。转子侧与系统相连的背靠背换流器是一个双向的功率换流器,通过换流器控制可以控制转子电压的幅值和角度,进而控制有功、无功功率。

在机电暂态仿真中有效模拟双馈风电机组的特性,一方面需要比较准确模拟一次系统的物理特性,包括风能-机械能之间的转换、轴系部分、发电机等;另一方面还需要更加关注其对应的控制保护系统,控制保护部分主要集中在变频器,包括正常状态的控制以及电网故障条件下的控制和保护。

双馈类型风电机组中机侧变频器控制是整个模型的最核心部分,实际机组中,正常状态下变频器控制响应主控命令进行控制,在电网故障发生后,变频器控制主导整个控制部分,两者之间相互配合。将两者作为一个整体考虑,主要的控制功能如图 4-4 所示。

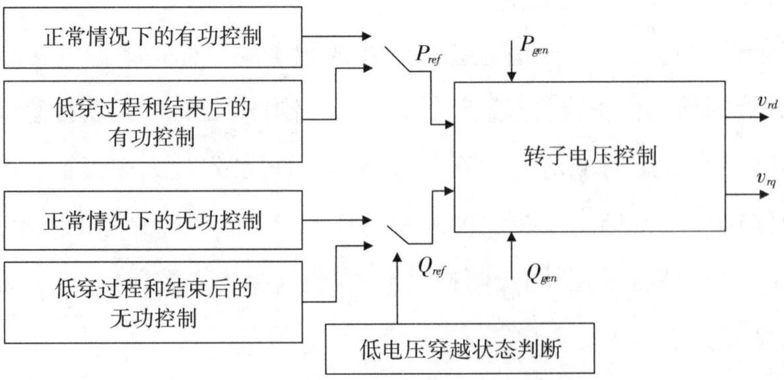

图 4-4 双馈类型风电机组控制模型

（2）光伏发电模型。光伏发电模型总体结构如下图所示，光伏发电系统的建模主要包括光伏阵列模型、VSC 并网换流器控制系统模型。

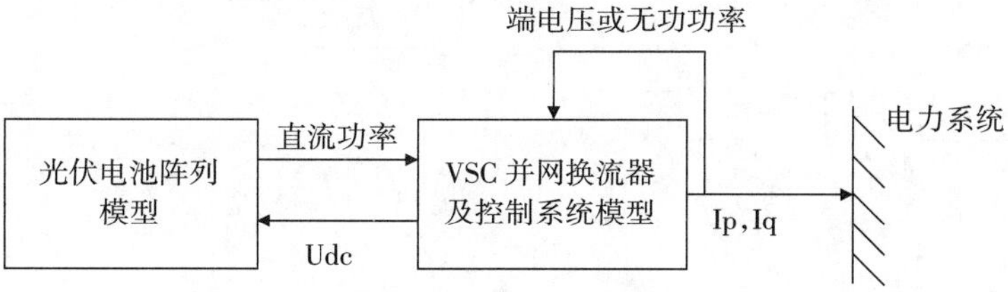

图 4-5　光伏发电模型

光伏电池阵列是由多个光伏电池串并联而成，其模型包括光伏电池模型和光伏阵列集成模型。光伏电池模型能够准确反映光伏电池的 I-V 输出外特性，并结合工程实际的可用参数进行了实用简化。光伏阵列集成模型以单体光伏电池为基础，按照单体光伏电池的串、并级联关系组合和修正而成，反映光伏阵列的输出特性。

4.3.2.2　无功补偿装置在线建模

（1）静止无功补偿器 SVC。静止无功补偿器 SVC 是用于无功补偿典型的电力电子装置，利用晶闸管作为固态开关来控制接入系统的电抗器和电容器的容量，从而改变输电系统的导纳。按控制对象和控制方式不同，分为晶闸管控制电抗器（TCR）和晶闸管投切电容器（FC）配合使用的静止无功补偿装置（FC+TCR）和 TCR 与机械投切电容器（MSC）配合使用的装置。连锁脱网预警采用模型如下：

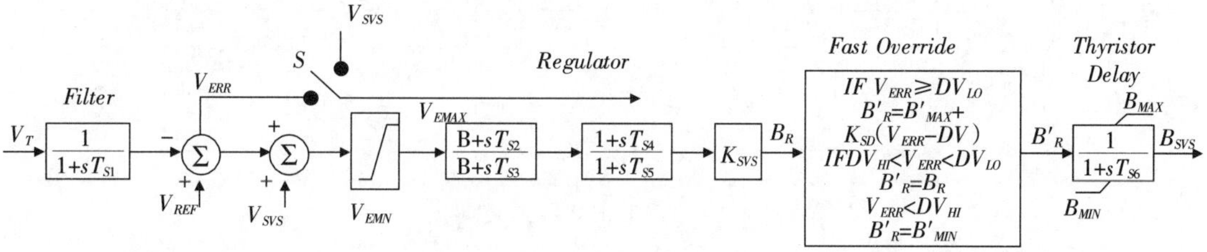

图4-6　静止无功补偿器模型

静止无功补偿器模型输入数据包括：

① 必须：V_{EMAX}，T_{S3}，$A=B=1$，K_{SVS}，B_{MAX}，$B_{MIN}=B'_{MIN}$，T_{S6}。

② 可选：T_{S1}，T_{S2}，T_{S4}，T_{S5}，K_{SD}，DV。

③ $V_{EMIN}=-V_{EMAX}$。

④ 如果 $DV=0$，那么，$DV_{LO}=\dfrac{B'_{MAX}}{K_{SVS}}$，$DV_{HI}=\dfrac{B'_{MIN}}{K_{SVS}}$ 。

⑤ 如果 $DV>0.0$，那么 $DV_{LO}=DV$，$DV_{HI}=-DV$。

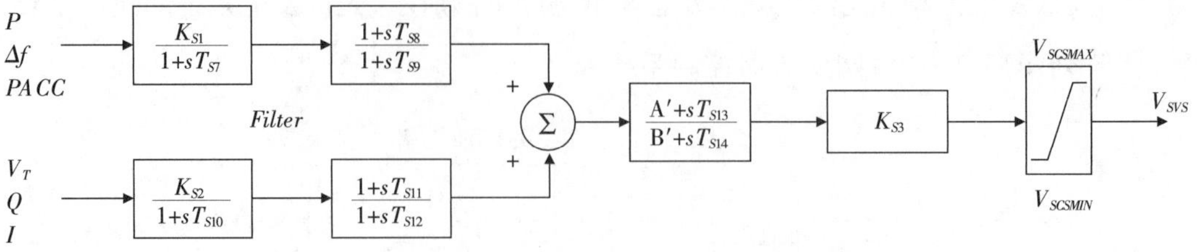

图 4-7　静止无功补偿器辅助控制模型

静止无功补偿器辅助控制模型输入数据包括：

① 必须：K_{S1}，T_{S9}，$A'=0$，$B'=1$，T_{S13}，T_{S14}，K_{S3}，V_{SCSMAX}。

② 如果第二级辅助信号要模拟，则 K_{S2}、T_{S12} 必须输入。

③ 可选：T_{S7}，T_{S8}，T_{S10}，T_{S11}。

④ $V_{SCSMIN}=-V_{SCSMAX}$。

(2)静止无功发生器 STATCOM。静止同步补偿器采用电压源变流器的电力电子装置产生无功功率。电压源变流器把直流电压变换成所需幅值、频率和相位的三相电压。根据所需输出功率和电压的不同，电压源变流器可以是两电平型或者三电平型，连锁脱网预警采用的控制逻辑如下：

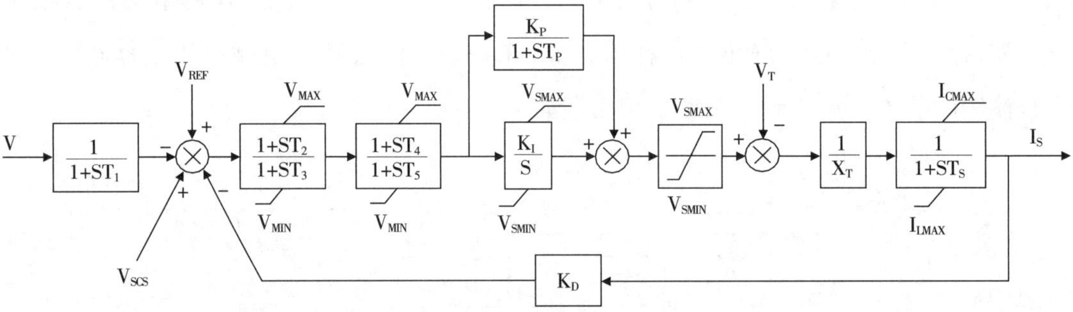

图 4-8　STATCOM 控制逻辑图

(3)调相机。调相机本体采用发电机模型，并根据调相机特点修改部分电机参数，建立调相机励磁系统和 PSS 系统的模型，包括瞬时强励限制、过励限制、发电机磁场长期允许电流、允许的过励时间、过励/欠励限制回路时间常数欠励输出上下限等控制参数。结合国调下发E 格式文件的静态参数，进行离线仿真分析并与方式处离线仿真情况进行比较，形成适用于在线系统的调相机动态参数。

(4)直流系统在线建模。

① 直流一次系统建模。电力系统机电暂计算采用的是基波、相量的变量表示方式。换流器的准稳态模型只需要获取交流系统的电压即可计算，能方便的应用于机电暂态仿

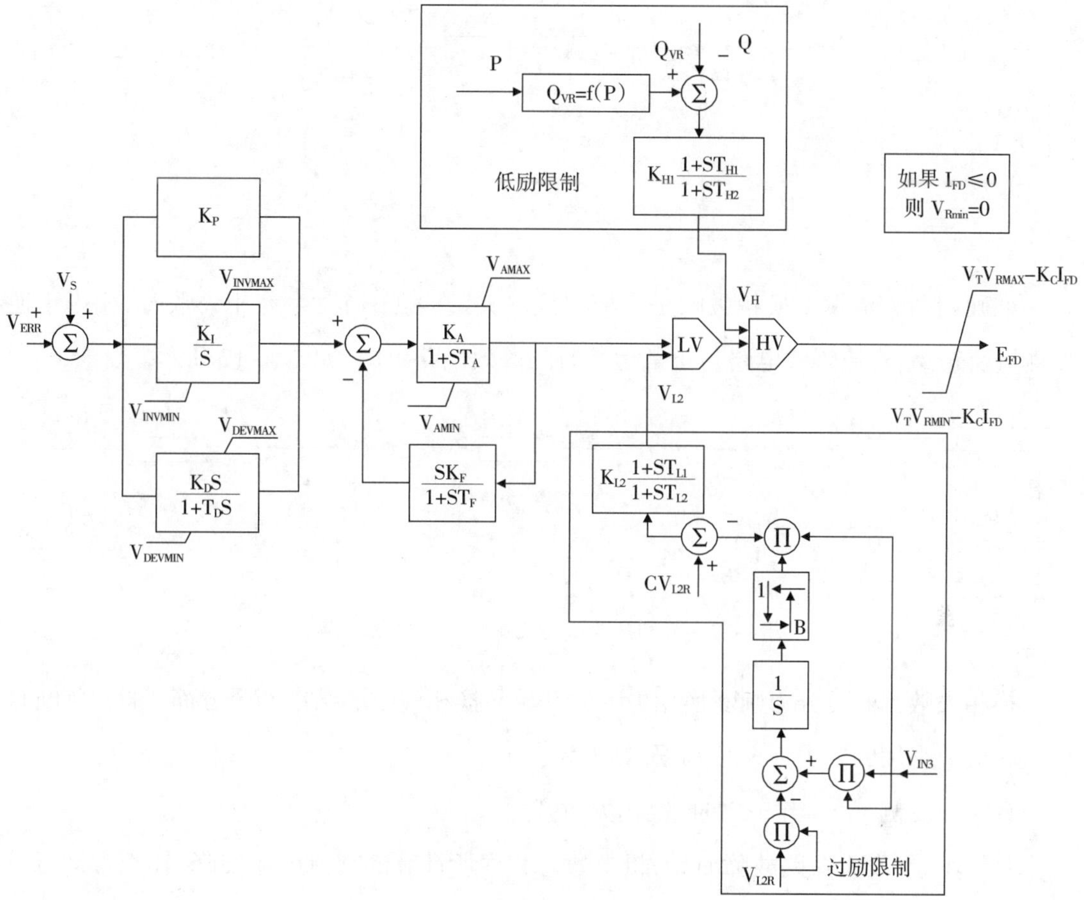

图 4-9　调相机励磁模型

真，因而在交直流电力系统稳定性研究中，直流换流器普遍采用准稳态模型，其建模前提条件是换流母线电压是三相对称的正弦波。

直流电压实际上是一个与触发角相关的电压源与换相阻抗压降之差，换流器可用一个串联形式的戴维南电路表示，如图 4-10 所示。

直流线路采用电阻与电感串联电路模型表示。将整流器和逆变器分别表示为戴维南电路，并通过直流输电线路连接，形成完整的直流一次电路模型，如图 4-11 所示。

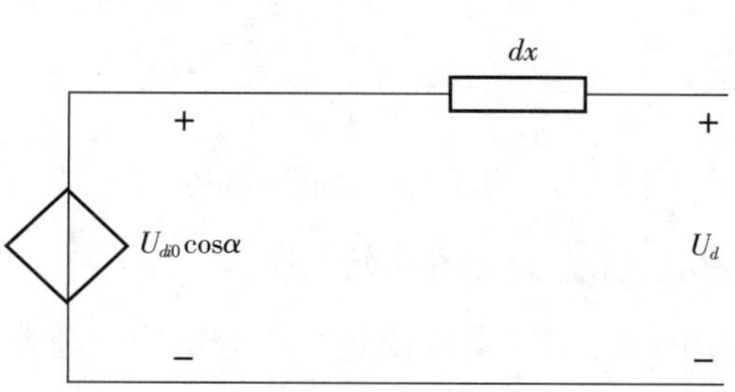

图 4-10　换流器等值电路

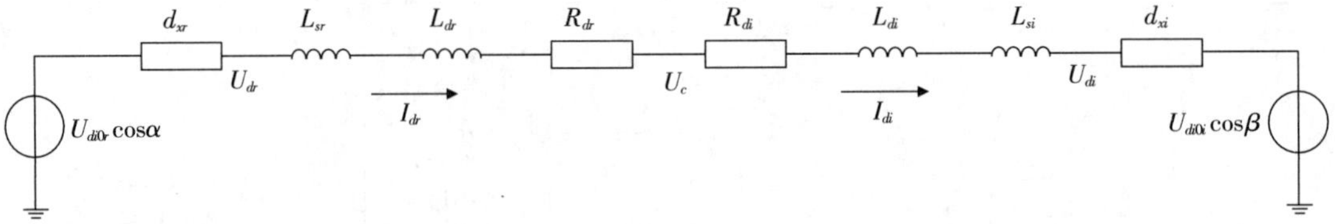

图 4-11　直流系统一次电路模型

准确判断直流发生换相失败是直流建模的关键问题，当发生换相失败时，相当于逆变侧直流短路，直流等效电路与正常运行时的等效电路不同，如图 4-12 所示。

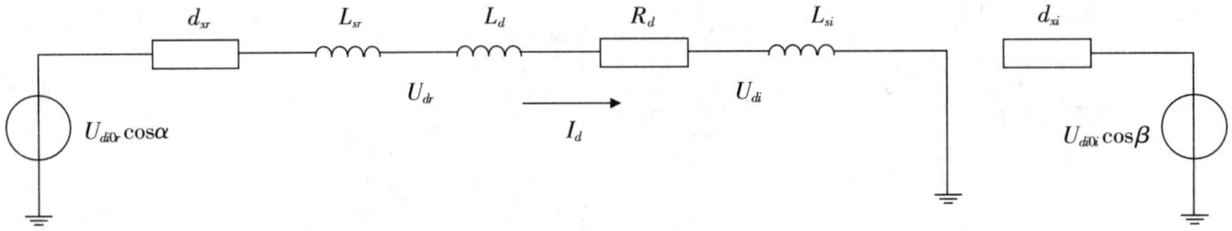

图 4-12　换相失败状态直流系统一次电路模型

换相失败判断可分为判断换相失败的开始与换相失败的结束两个方面。通常判断直流换相失败采用的判据为 γ 角判据，具体为：

计算逆变侧 γ 角，当 $\gamma<7°$时，换相失败开始。

具体来说，发生短路故障时刻，机电暂态程序所计算的交流电压突降，较正常运行时故障时刻所计算得到的 γ 角将减小。若小于 7°，则认为发生换相失败。计算 γ 角的准稳态公式如下：

$$\cos\gamma=\cos\beta+\frac{2d_x I_d}{U_{di0}} \tag{4-6}$$

由于机电暂态考虑的均为基频交流电压，在故障时刻的交流电压的电磁暂态过程如波形的畸变等无法考虑，而这些因素亦有可能使直流发生换相失败，因此还需要一个辅助的电压判据，即交流电压 $U<k$ 时，认为发生失相失败，换相失败开始，具体的 k 值可由下式计算。

$$k=\frac{1}{1+\frac{U_{di0}}{2d_x I_d\cdot(\cos7°-\cos\gamma)}} \tag{4-7}$$

其中，d_x 为换相电抗初值，U_{di0} 为交流初始电压。

综合考虑 γ 角和电压因素，在线直流预想故障分析中直流模型采用的换相失败判据为：当 $\gamma<7°$或交流电压 $U<k$ 时，换相失败开始；当 $\gamma>=7°$，换相失败结束。

② 直流二次系统建模。实际直流控制保护系统的功能框图如下图所示。该框图主要包含如下模块和功能：参数设置(INPUT)；开关控制及顺控(SSQ)；极功率和电流控制(PPC)；电压角度参考值计算(VARC)；过负荷控制(OLL)；直流保护(PPR)；运行方式设置(SET)；测量及通讯(COMM)；换流器触发控制(CFC)；触发脉冲产生(CPG)；无功功率控制(RPC)；换流变压器分接头控制(TCC)等。

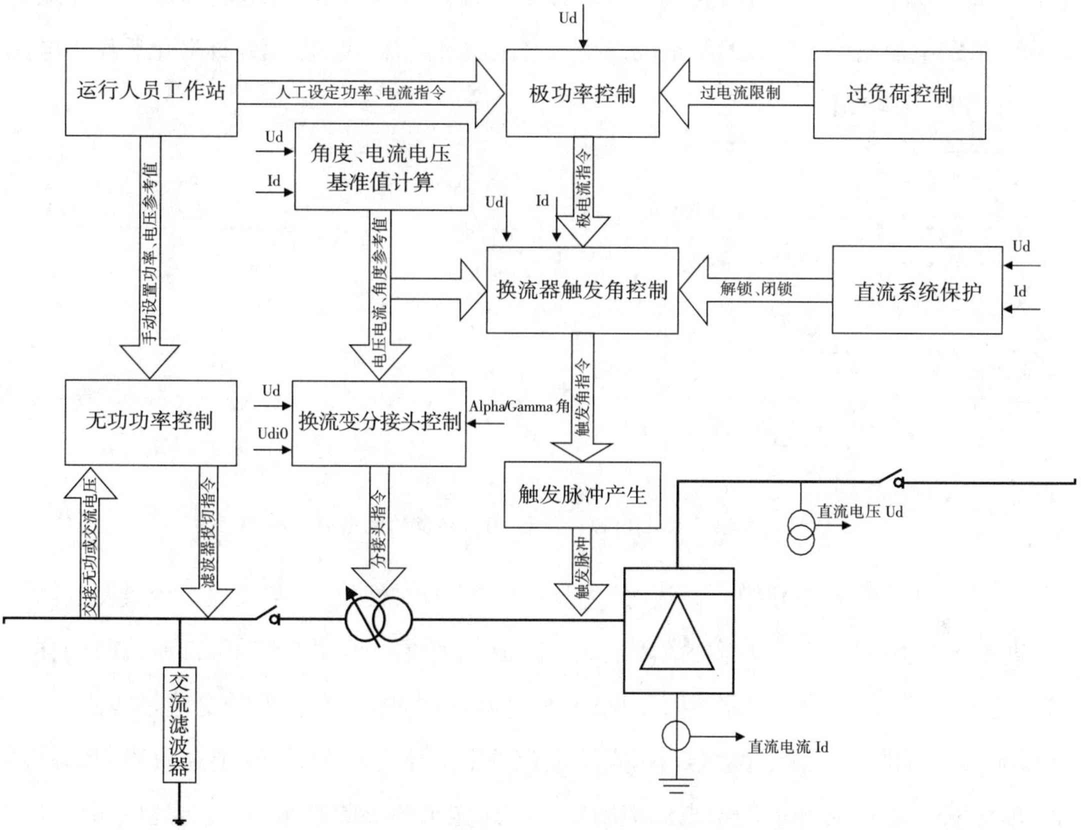

图 4-13　直流控制保护系统的功能框图

从图 4-13 可以看出，直流控制系统的主要控制流程为：主控环节，根据所设定的输送功率参考值 Pref 依据当前的直流电压，计算电流指令 Io(若选择为定电流模式则直接给出电流参考值)；低压限流控制环节根据 Io 与当前直流电压对 Io 进行限幅，送入电流控制环节；在电流控制环节中，电流指令与实测值作偏差，考虑逆变侧一定的电流裕度，计算返回一次系统的触发角 α。

在整流侧，绝大多数工况下均处于电流控制状态；在逆变侧，由于给出电流裕度，正常情况下处于定 γ 控制状态，降压运行时有可能处于电压控制状态，这通过对电流控制环节的输出 α 角进行限幅实现。在交流系统大扰动的暂态过程中，整流侧最小触发角控制与换相失败预测两个环节将可能动作，对 α 角进行直接控制。

下面简要介绍主要极功率控制和过负荷控制、直流再启动控制、无功电压控制、直流频率调制等环节的机电暂态建模方法。

a. 极功率控制和过负荷控制。将极功率和电流控制 PPC 环节和过负荷控制 OLL 环节合并简化如下图所示，其中：MODE 为控制方式（1/0：恒功率控制/恒电流控制），Pmod 为直流调制功率，PPTs 为极转移功率，EDC1 为直流电压，该电压经电流测量环节和限幅后确定给定电流指令。计算的给定电流指令经限幅和过流环节限幅并标幺化后作为电流指令 IO_PPC_C 输出。

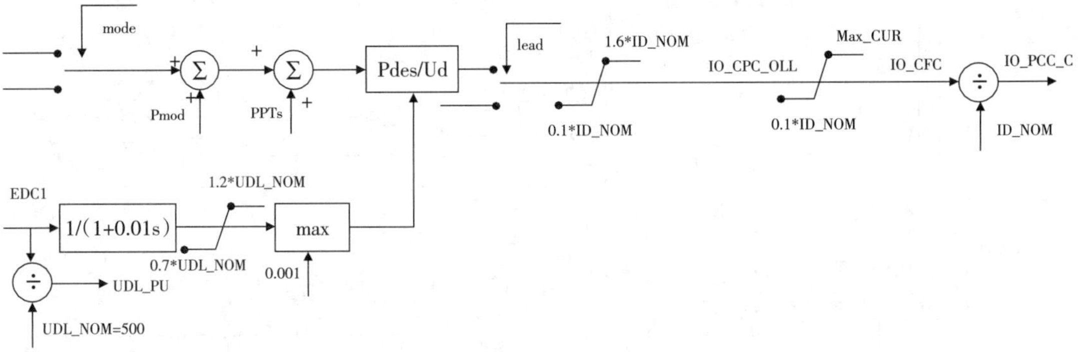

图 4-14　直流控保系统 PPC 环节和 OLL 环节的机电暂态模型框图

b. 直流再启动环节建模。直流线路故障大多为瞬时性故障，与交流系统线路故障一样，直流线路上的瞬时性故障经故障隔离、熄弧后，绝缘可以很快恢复，直流线路同样可以恢复运行，与交流系统线路故障不同的是直流线路故障没有自然的电流过零点，直流电弧无法自行消除，而且断路器切断直流电流的能力十分有限，不可能通过直流断路器来切除故障，因此，必须借助于直流控制系统的功能来解决此问题，通过合适的顺序操作释放直流线路上累积的能量，使故障点直流电流迅速降为 0，并经过去游离过程使绝缘恢复后使直流重新投入运行，这一过程在直流控制保护中称为直流线路故障再启动。只有通过再启动顺序操作，才能释放直流线路上的能量，清除故障点，直流系统按照设定的逻辑解锁并恢复功率输送。

在线直流预想故障分析需要对直流线路故障再启动进行在线建模，再启动顺序操作大致可以分为移相和重启两个阶段，其总体作用类似于交流系统中的跳闸和重合闸过程。再启动可设置的定值包括：再启动轮次，再启动直流电压，去游离时间等。

c. 直流频率调制环节建模。直流频率调制是将交流系统频率作为控制器的输入信号，调整直流系统输电功率。在线直流预想故障分析需要对直流频率调制环节进行在线建模，当系统受扰动引起频率波动时，利用直流频率调制改变直流输电功率，抑制系统频率波动。输入的频率信号既可以是送端或受端单侧交流系统的频率，也可以是送、受端两侧交流系统的频率差；其中，采用单端系统频率作为控制输入信号，则在典型频率调制控制器内，设定死区将另一端交流系统频率输入信号隔离而不起作用，这种控制方式适合于一端交流弱、另一端交流系统强的情况；若采用两端交流系统频率偏差作为控制输入信号，适合于两端交流系统短路容量相近的情况。一般情况下，单侧频率调制方式只需采集换流站近区交流母线频率作为控制信号输入，不需要在双侧建立通信联系；当采用直流双侧频率调制时，需要在整流侧到逆变侧之间建立附加控制信号的联系，通常可利用直流系统自身的通信通道。

在实际工程中，直流系统通常还配置有频率限制附加控制功能。这种控制方式适合应用于如送端孤岛转动惯量小的直流外送系统中。频率限制器的控制输入端设置有频率死区（死区大小可根据需要调整），隔离小幅频率波动，当送端频率波动幅度较大时，控制器起作用对直流输电功率进行调整，提高系统频率稳定性。

d. RPC 直流无功电压控制建模。换流站无功功率控制是直流输电控制系统中对换流站无功功率进行控制的环节，它通过调整换流站装设的无功补偿设备的投入容量或改变换流器吸收的无功功率，将换流站与交流系统交换的无功功率控制在规定的范围内（无功功率控制方式），或将换流站交流母线电压控制在规定的范围内（交流电压控制方式）。

直流无功电压控制功能可以自动投切滤波器/并联电容器组。投切动作受以下子功能控制：绝对最少滤波器、最大交流电压、最大无功功率、最少滤波器、无功功率控制/交流电压控制。

绝对最小滤波器：根据设备额定值应投入的滤波器，通过投入适当数量的滤波器来保证设备的额定值得到满足。此功能也可防止其他控制功能为避免滤波器过负荷而切除滤波器。即使无功功率控制在手动模式下，绝对最少滤波器也可投入滤波器。

最大交流电压：最大交流电压监视交流母线稳态电压。当电压在一定时间内超出了最大限值，无功功率控制在满足绝对最少滤波器组数的前提下，通过连续切除滤波器阻止电压的继续升高，可以在保护允许的范围里保持稳态交流电压，防止过压保护动作。

最大无功功率：通过监测运行情况，最大无功功率功能限制了系统中投入的滤波器/并联电容器的数量。当运行情况发生变化时，由 RPC 限制无功功率，防止电压升高。

最小滤波器：根据下面各因素，无功功率控制可决定投入滤波器的最小数量和类型，以满足谐波滤波和滤波器特性需要：当所有已投入的滤波器仍不能满足滤波的要求，该最小滤波器功能将下令投入更多的滤波器，直到满足滤波的要求。

无功功率控制/交流电压控制：无功功率控制模式用于控制与交流电网的无功功率交换。交换量应该尽可能接近预设的目标值。在目标值的周围应设定一个适当的死区，死区的范围要大于最大一组滤波器容量的一半，这样可以防止产生振荡现象以及由此引起的滤波器频繁切换。无功控制/交流电压控制由运行人员根据调度命令选择其无功控制范围或电压控制范围。

③ 换流站交流母线过压保护建模。为保护换流站母线设备安全，直流换流站配置交流母线过电压保护装置，限制直流闭锁、换相失败等动态过程中电压升高。基于滤波器拓扑结构和过电压保护定值，对过电压保护分大组切除滤波器组策略进行在线仿真建模，按实际物理拓扑结构进行分轮次、分组切除大组滤波器的仿真模拟，提高直流闭锁故障后仿真分析的精度。

4.3.3 连锁故障全过程仿真及连锁脱网预警方法

4.3.3.1 含新能源的低压网络拼接

新能源连锁脱网预警的关键因素之一是新能源机组仿真，目前调控在线系统采用的电网模型仅包含 220 kV 及以上的部分，但新能源机组的电压等级较低，风电机组的机端电压为 0.69 kV，光伏机组的机端电压为 0.4 kV，在线系统采用新能源机组等值模型，导致连锁脱网仿真准确性无法达到在线预警的要求。本节提出一种含新能源的低压网络拼接方法，从离线方式数据中剥离出包括新能源在内的未建模网络潮流稳定数据，并与状态估计数据进行模型拼接和潮流匹配，提高了连锁故障在线全过程仿真的准确性。

本方案根据离线方式数据计算节点与状态估计中物理母线的对应关系、状态估计数据计算节点同物理母线的对应关系以及物理母线投停状态，将离线方式数据中的计算节点划分为映射投运节点、映射停运节点和非映射节点，再将支路划分为映射支路和非映射支路，并获取映射支路中的联络线。将离线方式数据中的联络线断开并进行拓扑分析，获取仅包含非映射节点的孤立网络。分别形成待拼接的状态估计潮流文件、非映射节点潮流文件和联络线信息文件，调整非映射节点的有功和无功以满足联络线有功和联络节点的电压精度，生成可供安全稳定分析计算使用的全网潮流文件；将非映射节点关联的发电机和负荷动态参数增加到状态估计稳定文件中，生成可供安全稳定分析计算使用的全网稳定文件。

具体如下所示，本技术方案包括下列步骤：

(1)建立离线方式数据中交流节点与状态估计中物理母线的对应关系；

(2)根据对应关系和实时状态估计结果中的物理母线投停状态，将待整合离线方式数据中的计算节点划分为映射投运节点、映射停运节点和未映射节点。其中，映射投运节点对应至少一条物理母线投运，映射停运节点对应的物理母线均停运，未映射节点没有对应的物理母线；

(3)根据实时状态估计结果生成潮流数据，根据潮流数据中计算节点与物理母线的对应关系，确定各计算节点在离线方式数据中对应的计算节点，满足条件为双方均对应有相同的物理母线；

(4)根据离线方式数据的计算节点类型将支路划分为映射支路和未映射支路、并确定映射支路中的投运联络线和停运联络线。映射支路为两端至少有一个映射投运节点，未映射支路为两端均为未映射节点，投运联络线两端为映射投运节点和未映射节点，停运联络线两端为映射停运节点和未映射节点；

(5)将离线方式数据中的联络线断开并进行拓扑分析，确定仅包含未映射节点的孤立网络。根据预先设置的最小孤网节点数筛选满足要求的孤立网络，形成待拼接的未建模数据；根据拓扑分析结果和离线方式数据的潮流计算结果，生成在线匹配所需要的联络线信息，包含同孤网相联的联络线断面和离线方式数据联络线传输功率；

(6)将投运联络线增加至状态估计潮流数据，将联络线传输功率从联络节点的负荷功率中减去，形成待拼接的状态估计潮流文件；

(7)将状态估计潮流文件和未建模数据对应的潮流文件拼接成包含未建模数据的全网潮流文件，先调整未建模数据发电有功出力和负荷功率，使联络线有功潮流满足有功精度要求，再调整未建模数据发电无功出力和补偿装置的无功，使联络线边界节点电压满足电压精度要求，生成可供安全稳定评估使用的全网潮流文件；将未建模数据的稳定文件拼接到全网稳定文件，形成包含未建模数据的全网稳定文件。

其中，联络线有功潮流和联络线边界节点电压的调整方法如下：根据孤网节点有功对联络线有功潮流的灵敏度选择调整节点，利用二次规划法迭代调整节点有功直至联络线有功潮流满足精度要求；再根据孤网节点无功对联络线边界节点电压的灵敏度选择调整节点，利用二次规划法迭代调整节点无功直至联络线边界节点电压满足精度要求；在节点无功每次迭代结束时，校核联络线有功潮流，若不满足精度要求，则终止电压调整并输出满足有功精度前提下电压调整的次优解。

本方案的有益效果如下：在状态估计系统建模不完整时，从离线方式数据中获取未

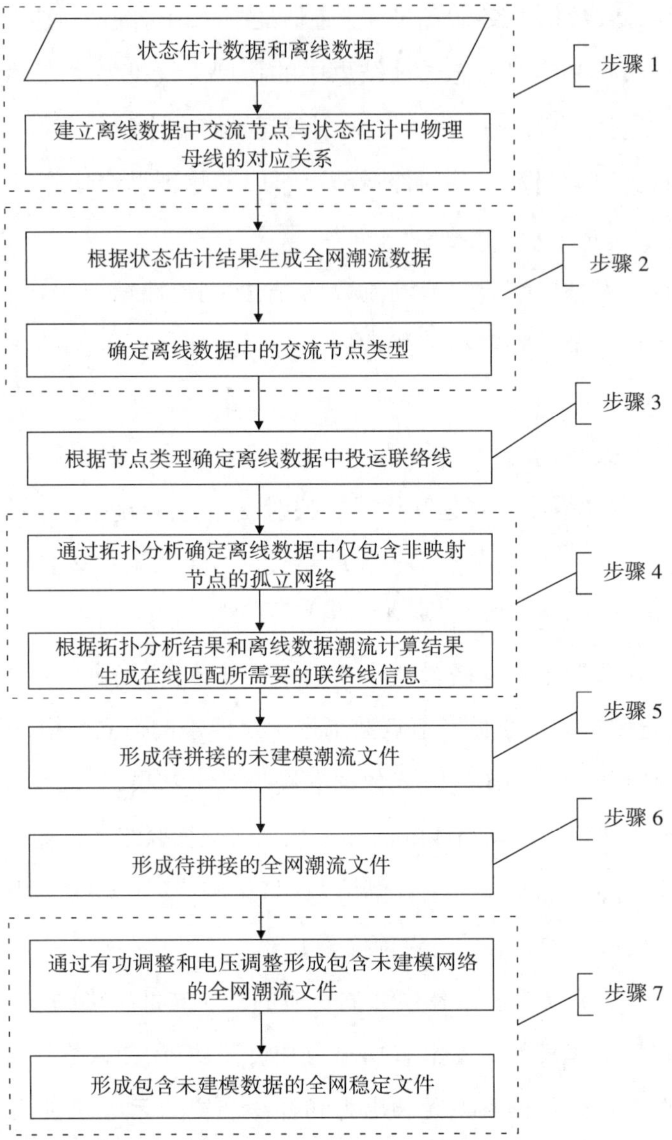

图 4–15　离线方式数据和状态估计数据整合技术具体流程图

建模网络的静态模型和潮流数据、未建模机组负荷的动态参数，可以确保网络拓扑的完整性，更准确的反映系统的动态特性；采用在线匹配技术可以确保状态估计数据的精度不受影响。因此，离线方式数据和状态估计数据整合的方法可以提高在线安全稳定分析计算的计算精度。

4.3.3.2　初始扰动故障筛选

新能源基地特高压外送中，新能源故障穿越能力、新能源无功电压控制、直流无功电压控制、新能源并网容量和直流输送容量、常规机组开机数目、新能源基地网架结构等因素都有可能对新能源连锁脱网造成一定程度的影响。根据第四章提出的基于机器学习的连锁脱网在线快速识别方法，通过机器学习算法建立系统特征量和新能源脱网结果之间的映射关系，在线方式下快速识别故障后是否发生新能源连锁脱网。对于在线识别存在新能源连锁脱网或处于模糊区间的故障，需要进行交直流交互影响全过程仿真，评估新能源脱网量和电网安全风险，对于在线识别不存在新能源连锁脱网的故障，无需纳入安全稳定详细计算预想故障集。采用基于机器学习的方法进行连锁脱网初始故障筛选，能够大大减小在线详细计算的故障集规模，提升在线评估效率和准确性。

4.3.3.3　交直流交互影响全过程仿真

交直流电网连锁故障起源于系统运行资源紧张情况下某个单一或多重故障，进而引发具有时序特征的快慢交替相继事件，这些事件在因果上一般具有强关联性，是一个伴随着低压、过载、保护频繁动作、安控动作、解列等的复杂动态过程。在连锁故障发展的过程中必然存在着导致事故进一步扩大的关键原因，该原因是多种多样的，如保护或安自装置拒动或误动、定值设置不合理、线路过载、母线电压越限等，在交直流混联系统中，尤其需要关注的是直流连续换相失败闭锁、多回直流同时换相失败冲击送受端关键断面、新能源大规模连锁脱网等暂态事件，此类事件演化速度快、影响范围广，对局部单一初始故障起到推波助澜的作用，功率进一步冲击送受端电网，造成多回输电线路断开、潮流大范围转移、系统功率振荡、局部电网电压进一步降低，造成大面积停电的发生。

因此，需要研究综合考虑安控/系统保护、直流有功无功详细控制模型、AGC 动态响应等因素的暂态、中长期交直流故障交互影响的全过程仿真技术，以准确模拟交流故障

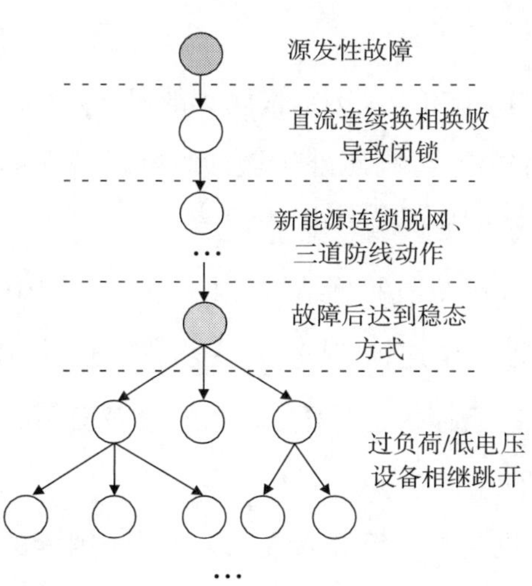

图 4–16　交直流连锁反应示意图

引发多回直流连续换相失败或闭锁、以及多回直流换相失败或闭锁引发交流电网连锁反应的动态全过程。本文提出在策略建模和当值策略识别基础上，利用暂态仿真模拟初始故障下直流连续换相失败后闭锁、新能源连锁脱网、系统保护、解列等动作，通过准稳态潮流计算模拟过载反馈型策略动作，考虑安控拒动等识别连锁故障演化路径，实现严重故障下交直流电网交互影响全过程仿真。

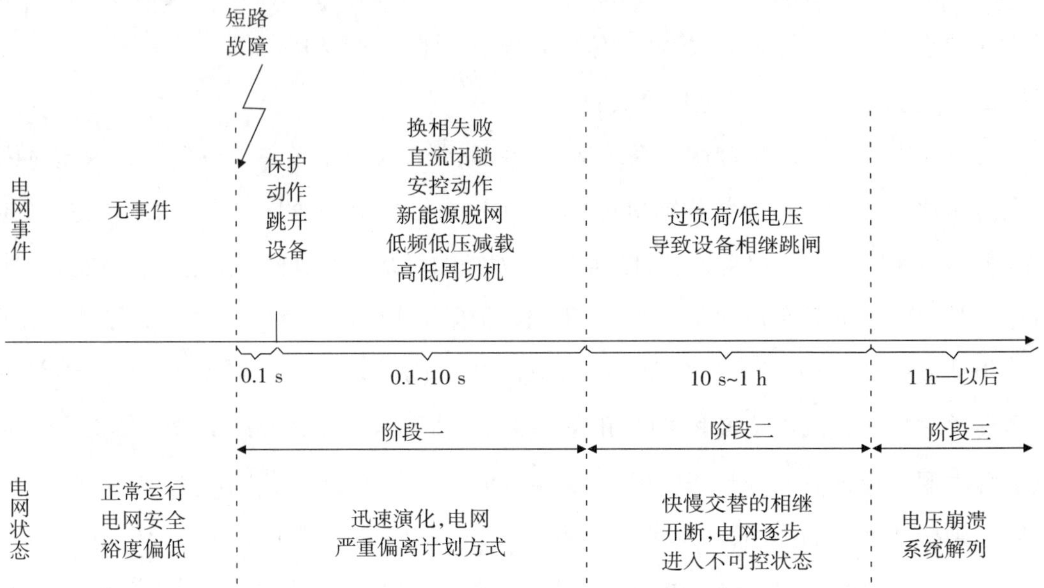

图 4-17　连锁故障演化阶段示意图

4.4　本章小结

本章提出了特高压直流输电的单极/双极闭锁故障对新能源基地的连锁脱网影响、新能源连锁脱网的在线识别分析、特高压外送连锁脱网预警方法，分析了交直流互动耦合特性，以及对新能源接纳、送出的影响程度。

通过机理分析和仿真分析验证的总结，提出了单极、双极闭锁故障期间，所伴随的暂态过电压现象可能引起近区风电连锁脱网。进一步，提出了加强网架及机组建设、合理规划风电接入方式、合理控制直流输送功率 3 方面的应对对策，并且在算例中针对不同应对策略进行了仿真验证。

通过对新能源连锁脱网传播和演化过程、以及影响因素的分析，探讨基于机器学习的连锁脱网在线快速识别技术，研究特高压外送连锁脱网预警的实用方法。

第 5 章　新能源送出通道承载力在线评估技术

输电断面是指在电网安全稳定或者电量交换上相互关联的一组电力元件（线路、变压器）。从功率传输角度来看，断面中各个输电元件传送的有功功率一般是同方向的；从电量交换的角度来看，连接两个区域的一组输电线路就构成了能量交换的一个输电断面。输电断面作为功率输送的通道和电气联系的走廊，集中体现了电网中的薄弱环节，对其进行监视在电力系统的运行和控制中具有重要意义。

目前输电断面往往是由系统分析人员根据运行经验和自然地域信息选定，按照事先研究指定的调整原则和方法，离线或在线实时计算出关键输电断面的极限功率，调度运行人员根据极限功率对输电断面功率进行监视和控制。但随着区域电网联系的加强，运行情况越来越复杂，仅凭运行经验和地域信息已难以准确确定关键输电断面。更为重要的是，如果电网发生了诸如冰灾、地震、洪水等极端外部灾害，造成大面积的群发性断线和倒塔，调度员缺乏经验和应对策略，面对大量的薄弱输电断面无所适从，因此需要一种能在电网当前运行情况下考虑预想故障场景识别关键输电断面的方法，它能基于电网实时运行方式，识别关键的薄弱输电断面，进而可计算关键输电断面的极限功率，满足在线安全监视和调度控制的要求。

本章提出基于 EEAC 量化分析的暂态稳定功率极限区间识别和基于潮流转移比和灵敏度分析的热稳定功率极限区间识别方法，基于集群计算平台分档切片、并行校核，识别断面功率极限区间，为电力现货交易和新能源送出能力提升提供准确断面限额及其调整方式。

5.1　暂态稳定断面功率极限区间识别

5.1.1　暂态安全稳定模式和元件参与因子

在研究大扰动下多机系统的轨迹稳定性时，EEAC 方法把系统机群全集划分为一对互补群{S,A},它们描述了系统的功角稳定模式(即在该大扰动下系统倾向于以S机群领先于A机群的模式失稳),根据各候选模式的识别结果,在二维映象空间实施定量稳定评估,多机系统轨迹稳定裕度等于其所有OMIB映象裕度中的最小值。把映象稳定裕度最小的模式定义为系统的临界功角稳定模式。

为了区分某一功角稳定模式下不同机组对稳定性的影响程度,EEAC算法根据两群内机组的能量分布给出了各机组的功角稳定性参与因子,这相当于在两机群内对机组作了排序。S群机组参与因子越大,减少其出力越有利于稳定该模式,A群机组参与因子越小,增加其出力越有利于稳定该模式。

暂态电压安全稳定包括暂态电压跌落安全性和考虑感应电动机负荷稳定的暂态电压稳定性,用一组包括母线电压偏移门槛值和允许持续时间的二元表来描述节点的暂态电压跌落可接受性问题,可以通过观察感应电动机节点电压达到极值时感应电动机的运动特性来快速精确地判断它的暂态电压稳定性。暂态电压安全稳定模式指各考察母线及其暂态电压安全裕度构成的有序对{BUS,η_V}的全体,扰动下系统的暂态电压安全裕度就是各η_V值的最小者$\eta_{V\min}$。以($100-\eta_{V\min}$)为基准{暂态电压安全稳定裕度范围是[-100,+100]},把母线i的暂态电压安全稳定裕度记为η_{Vi},则以($100-\eta_{Vi}$)/($100-\eta_{V\min}$)作为母线i的参与因子。

5.1.2 断面功率极限区间的识别

首先针对电网当前运行方式,采用量化评估方法对输电断面暂态安全稳定考核故障集中每个故障分别进行暂态安全稳定评估,得到每个故障的TAS模式和参与因子(TAS裕度、发电机的主导分群模式、临界发电机群和余下发电机群中各台发电机的参与因子)、TVS模式和参与因子(TVS裕度、负荷参与因子)。

依据发电机、负荷的参与因子、功率对输电断面功率的灵敏度和TAS裕度、TVS裕度,分别采用如下公式来计算功率可调发电机和可调负荷对暂态安全稳定输电断面功率极限的影响因子。

$$G_i=\sum_{j=1}^{m}\left[(1-\eta_{aj})\frac{|P_{gij}|}{|S_{gi}|}\right] \tag{5-1}$$

$$L_i=\sum_{j=1}^{m}\left[(1-\eta_{Vj})\frac{|P_{gij}|}{|S_{gi}|}\right] \tag{5-2}$$

式中,m为输电断面暂态安全稳定考核故障集中故障数;P_{gij}为故障j下发电机i的TAS参与因子(临界群发电机参与因子大于0,余下群发电机参与因子小于0);η_{aj}为故障

j 下 TAS 裕度，S_{gi} 为发电机 i 有功功率变化引起输电断面有功功率变化的灵敏度；P_{gij} 为故障 j 下负荷 i 的 TVS 参与因子，η_{Vj} 为故障 j 下 TVS 裕度，S_{gi} 为负荷 i 有功功率变化引起输电断面有功功率变化的灵敏度。

输电断面功率极限区间下限的迭代计算流程，包括四步：

第一步，确定送、受端功率调整总量：若是首次，则采用设定的功率调整步长，否则，采用基于功率调整总量与暂态安全稳定裕度的关系曲线拟合来确定功率调整总量，若大于设定的功率调整步长，则采用设定的功率调整步长。

第二步，确定送、受端发电机和负荷的功率调整量：根据预先设定的送端、受端发电机和负荷调整顺序，对于送端的可调发电机，依据发电机对暂态安全稳定输电断面功率极限的影响因子 G_i，从大到小依次增加影响因子 G_i 大的发电机功率，对于送端的可调负荷，依据负荷对暂态安全稳定输电断面功率极限的影响因子 L_i，从小到大依次减少影响因子 L_i 小的负荷，直至送端的发电机、负荷的调整总量等于第一步中确定的送端功率调整总量；对于受端的可调发电机，依据发电机对暂态安全稳定输电断面功率极限的影响因子 G_i，从大到小依次减少影响因子 G_i 大的发电机功率，对于受端的可调负荷，依据负荷对暂态安全稳定输电断面功率极限的影响因子 L_i，从小到大依次增加影响因子 L_i 小的负荷，直至受端的发电机、负荷的调整总量等于第一步中确定的受端功率调整总量。

第三步，进行暂态安全稳定评估：针对按第二步中确定的送、受端发电机和负荷的功率调整量生成新的运行方式，采用暂态功角稳定量化评估方法和暂态电压安全稳定量化评估方法对输电断面暂态安全稳定考核故障集中余下故障（若在极限搜索过程中出现考核故障集中存在某些故障的暂态安全稳定性不能保证，则过滤掉考核故障集中能够保持暂态安全稳定性的故障，把这些暂态安全稳定性不能保证的故障作为余下故障）分别进行暂态安全稳定评估，得到每个故障的 TAS 模式、TVS 模式和元件的参与因子。

第四步，判断断面极限功率的误差是否小于设定的门槛值，若小于门槛值则得到极限功率的最小值，结束极限功率最小值的计算流程；否则，依据发电机、负荷的参与因子、功率对输电断面功率的灵敏度和 TAS 裕度、TVS 裕度计算出每台可调发电机、每个可调负荷对输电断面功率极限的影响因子，返回第一步。

输电断面功率极限区间上限的迭代计算流程基本类似，区别在于第二步确定送、受端发电机和负荷的功率调整量时，对于送端的可调发电机从小到大依次增加影响因子 G_i 小的发电机功率，对于送端的可调负荷，从大到小依次减少影响因子 L_i 大的负荷；对于受端的可调发电机，从小到大依次减少影响因子 G_i 小的发电机功率，而对于受端的可调负荷;从大到小依次增加影响因子 L_i 大的负荷。

此外,还需要说明两点:

(1)对于可调发电机的出力调整空间,是根据自当前运行状态的时间开始的设定时间内发电机出力变化的可行域来确定的;对于可调负荷的调整空间,是根据自当前运行状态的时间开始的设定时间内负荷变化的预测值来确定的。

(2)若预先设定的送端、受端发电机和负荷调整顺序包括发电机的投/停,则在极限功率最小值和最大值计算分支的第二步中,对于功率调整总量没有达到第一步中确定的送、受端功率调整总量就需要投入发电机或退出发电机的情况,当功率调整量增加至需要投入发电机或退出发电机时,则不再进一步增加功率调整量。在第三步的暂态安全稳定评估中,首先进行不含发电机投/停的暂态安全稳定评估,若暂态安全稳定不能保证,直接进入第四步;否则,根据发电机的投/停顺序,投入一台发电机或退出一台发电机,并根据第二步的调整方式相应地调整发电机、负荷的功率以保证功率的平衡,再进行暂态安全稳定评估,若暂态安全稳定不能保证,且这台发电机投入后或退出前的功率是维持发电机正常运行的最小功率,则把这台发电机投入后或退出前的断面功率值作为极限功率的最小值或最大值,结束相应的极限功率的最小值或最大值计算流程;否则,进入第四步。

5.2 热稳定输电通道功率极限区间识别

基于当前运行方式下输电通道考核故障集的热稳定评估结果识别热稳定模式集;综合考虑每个热稳定模式,计算发电机、负荷对输电通道功率极限的影响因子,确定用于计算极限区间上限和下限的调整方式;进一步根据两种调整方式,分别生成多个调整量依次增加的功率调整方案,基于集群计算平台快速识别两种调整方式下功率极限对应的临界安全方案,得到输电通道功率极限区间的上限和下限。

5.2.1 热稳定模式识别及查重

热稳定模式包括热稳裕度、故障元件及主要潮流转移元件(或称关键元件),每个热稳定模式有且仅有 1 个主要潮流转移元件;主要潮流转移元件指的是故障后潮流转移比大于潮流转移比门槛值、且故障后负载率大于故障后负载率门槛值的监视元件;故障后主要潮流转移元件的数目决定了热稳定模式的个数。

热稳定模式的查重方法为:

若两个热稳定模式满足以下任一条件，则认为模式重复需过滤：

(1)模式 j_1 的故障元件包含于模式 j_2 的故障元件，且模式 j_1 主要潮流转移元件的热稳裕度不小于模式 j_2 主要潮流转移元件的热稳裕度，需过滤模式 j_1；

(2)模式 j_1、j_2 的故障元件首末端厂站相同、首末端电压等级相同、基态热稳裕度差值小于指定门槛值，且模式 j_1、j_2 的主要潮流转移元件首末端厂站相同、首末端电压等级相同、故障后热稳裕度差值小于指定门槛值，需过滤热稳裕度较大的模式。

5.2.2　功率极限影响因子计算

综合考虑每个故障的热稳裕度及关键元件灵敏度，计算发电机、负荷对断面热稳定极限的影响因子 X_i，具体按下式计算：

$$X_i=\sum_{j=1}^{m}\left[(1-\eta_{olj})\frac{|S_{ij}|}{|S_i|}\right] \tag{5-3}$$

式中，m 为输电通道考核故障个数；S_{ij} 为第 i 个发电机或负荷对故障 j 关键元件的有功灵敏度；S_i 为第 i 个发电机或负荷对输电断面的有功灵敏度；η_{olj} 为故障 j 下关键元件的热稳裕度。

根据发电机、负荷对断面热稳定极限的影响因子，确定极限区间下限和上限的调整方式。其中，极限区间下限的调整方式为：送端可调设备按影响因子排序从大到小依次增出力；受端可调设备按影响因子排序从大到小依次降出力。极限区间上限的调整方式为：送端可调设备按影响因子排序从小到大依次增出力；受端可调设备按影响因子排序从小到大依次降出力。

5.2.3　热稳定极限区间识别

依据指定的调整方式，按顺序生成多个调整量依次增加的功率调整方案，基于集群计算平台和按方案并行的计算调度模式，快速识别临界安全方案，确定输电通道功率极限区间的上限或下限。

其中，临界安全方案的判别方法为：

(1)方案 y_1、y_2 的功率调整量差值小于等于指定的功率精度 ε_{adj}，且方案 y_1 的功率调整量较小；

(2)方案 y_1 调整后方式下故障后热稳裕度大于 0，且方案 y_2 调整后方式下故障后热稳裕度小于等于 0。

5.3 本章小结

本章提出暂态稳定断面功率极限区间识别方法，基于 EEAC 获得预想故障安全稳定裕度、模式和元件的参与因子，结合发电机和负荷功率对输电断面功率的灵敏度计算断面功率极限影响因子，实现暂态稳定功率极限的最大值和最小值计算；提出热稳定输电通道功率极限区间识别方法，综合考虑发电机和负荷对热稳定模式关键元件及输电通道功率的灵敏度计算输电通道功率极限影响因子，实现热稳定输电通道功率极限的最大值和最小值计算。

第 6 章　预防控制和紧急状态优化决策技术

6.1　多类安全约束下的预防控制综合优化决策

6.1.1　考虑多类安全稳定问题的控制措施综合性能指标

6.1.1.1　安全稳定问题

启发式控制决策方法根据控制性能指标对候选控制措施进行排序依次参与控制，逐步调整直至找到最终方案。可见，控制性能指标计算是进行安全稳定控制决策的基础。综合控制性能指标是指发电机有功调整措施、发电机无功调整措施、负荷调整措施、容抗器投退措施及直流调整措施对多个预想场景下多类安全稳定问题的综合指标，其中，常规能源机组、新能源机组为电源类措施，直流调整为电网类措施，负荷、容抗器为负荷类措施。

预想场景下的 11 类安全稳定问题包括：暂态功角稳定 TAS、暂态电压跌落安全 TVDS、暂态电压稳定 TVS、暂态频率跌落安全 TFDS、暂态频率上升安全 TFRS、动态稳定 DSS、设备过载安全 OLS、电压越下限安全 VLLS、电压越上限安全 VULS、频率越下限安全 FLLS、频率越上限安全 FULS。其中，将 TAS、TVDS、TVS、TFDS 和 TFRS 统称为暂态稳定，TSS，OLS、VLLS、VULS、FLLS 和 FULS 统称为静态安全 SSS。

6.1.1.2　综合性能指标计算

计算综合控制性能指标思想为：对各预想场景进行安全稳定量化评估，得到[-100，+100]范围的各类安全稳定问题的裕度及候选措施的参与因子或灵敏度等信息，对参与因子或灵敏度进行归一化处理。针对单个预想场景下的单类安全稳定问题，根据其安全稳定裕度结合候选措施的参与因子等信息计算出各候选措施对该类安全稳定问题的控制性能指标；针对单个预想场景下的多类安全稳定问题，对各类安全稳定问题采用系数加权得到各候选措施对系统的综合控制性能指标；针对多个预想场景下的多类安全稳定问题，累加各候选措施对各个预想场景的综合控制性能指标得到各候选措施对多个预想场景的综合控制性能指标。

（1）发电机有功调整措施

发电机有功调整措施对于提高电网 TSS 裕度的控制性能指标计算公式如下：

$$PI_{g.p.j.t}=(-1)^{d_1}\left\{\sum_{k=1}^{k_1}\frac{\sum_{i=1}^{i_{k1}}\left[\frac{\alpha_{j.k.i}}{\alpha_{\max}}(1-\eta_{a.k.i})\right]}{i_{k1}}-\sum_{k=1}^{k_4}\frac{\sum_{i=1}^{i_{k4}}\left[(1-\frac{|z_{g.j.k.i}|}{|z_{g.\max}|})(1-\eta_{tfd.k.i})\right]}{i_{k4}}\right.$$
$$\left.+\sum_{k=1}^{k_5}\frac{\sum_{i=1}^{i_{k6}}\left[(1-\frac{|z'_{g.j.k.i}|}{|z'_{g.\max}|})(1-\eta_{tfr.k.i})\right]}{i_{k5}}\right\}/C_{g.j}\quad j=1,2,\cdots,G_P \tag{6-1}$$

式中，G_p 为可用于预防控制的有功增加的发电机数与有功减少的发电机数二者之和；$PI_{g.p.j.t}$ 为其中第 j 个发电机有功调整措施对于提高电网 TSS 裕度的性能指标；k_1 为 F_1 中的故障数；i_{k1} 为 F_1 中第k 个故障发生后 TAS 的薄弱模式数；W_{tas} 为相应的薄弱模式集；$\alpha_{j.k.i}$ 为第 j 个可选有功增加或减少的发电机在 F_1 中第 k 个故障发生后 W_{tas} 的第 i 个模式中的参与因子；$\alpha_{\max}$ 为各个可选有功调整的发电机在 F_1 中各个故障发生后 W_{tas} 的各个模式中的参与因子绝对值中的最大值；$\eta_{a.k.i}$ 为 F_1 中第 k 个故障发生后 W_{tas} 的第 i 个模式的 TAS 裕度。

k_4 为 F_4 中的故障数；i_{k4} 为 F_4 中第 k 个故障发生后 TFDS 的薄弱节点数；W_{tfd} 为相应的薄弱模式集；$z_{g.j.k.i}$ 为在 F_4 中第 k 个故障发生后稳态下第 j 个可选有功增加或减少的发电机所连接节点与 W_{tfd} 中第 i 个节点/发电机所连接节点之间的电气距离；$|z_{g.j.k.i}|$为相应的电气距离的模；$|z_{g.\max}|$为在 F_4 中各个故障发生后稳态下各个可选有功调整的发电机所连接节点与 W_{tfd} 中各个节点/发电机所连接节点之间的电气距离的模中的最大值；$\eta_{tfd.k.i}$ 为 F_4 中第 k 个故障发生后 W_{tfd} 中第 i 个节点/发电机的 TFDS 裕度。

k_5 为 F_5 中的故障数；i_{k5} 为 F_5 中第 k 个故障发生后 TFRS 的薄弱节点/发电机数；W_{tfr} 为相应的薄弱设备集；$z'_{g.j.k.i}$ 为在 F_5 中第 k 个故障发生后稳态下第 j 个可选有功增加或减少的发电机所连接节点与W_{tfr} 中第 i 个节点/发电机所连接节点之间的电气距离；$|z'_{g.j.k.i}|$为相应的电气距离的模；$|z'_{g.\max}|$为在 F_5 中各个故障发生后稳态下各个可选有功出力调整的发电机所连接节点与 W_{tfr} 中各个节点/发电机所连接节点之间的电气距离的模中的最大值；$\eta_{tfr.k.i}$ 为 F_5 中第 k 个故障发生后 W_{tfr} 中第 i 个节点/发电机的 TFRS 裕度；$C_{g.j}$ 为第 j 个可选有功增加或减少的发电机在当前运行状态下其控制代价函数对发电机有功的导数。

若第 j 个可选有功调整的发电机是增出力，则 d_1 取值为 1，若第 j 个可选有功调整的发电机是减出力，则 d_1 取值为 2。

发电机有功调整措施对于提高电网 DSS 裕度的控制性能指标计算公式如下：

$$PI_{g.p.j.d}=(-1)^{d_1}\sum_{k=1}^{k_6}\frac{\sum_{i=1}^{i_{k6}}\left[\frac{\beta_{j.k.i}}{\beta_{\max}}(1-\eta_{d.k.i})\right]}{i_{k6}}/C_{g.j}\quad j=1,2,\cdots,G_P \tag{6-2}$$

式中，$PI_{g.p.j.d}$ 为其中第 j 个发电机有功调整措施对于提高电网 DSS 裕度的性能指标；k_6 为 F_6 中的故障数；i_{k6} 为 F_6 中第 k 个故障发生后 DSS 的薄弱模式数；W_{ds} 为相应的薄弱模式集；$\beta_{j.k.i}$ 为第 j 个可选有功增加或减少的发电机在 F_6 中第 k 个故障发生后 W_{ds} 的第 i 个模式中的参与因子；$\beta_{\max}$ 为各个可选有功调整的发电机在 F_6 中各个故障发生后 W_{ds} 的各个模式中的参与因子绝对值中的最大值；$\eta_{d.k.i}$ 为 F_6 中第 k 个故障发生后 W_{ds} 的第 i 个模式的 DSS 裕度。

发电机有功调整措施对于提高电网 SSS 裕度的控制性能指标计算公式如下：

$$PI_{g.p.j.s}=(-1)^{d_1}\left\{\sum_{k=1}^{k_7}\frac{\sum_{i=1}^{i_{k7}}\{[S''_{g.p.j.k.i}(1-\eta_{ol.k.i})]/P_{dr.i}\}}{i_{k7}}-\frac{\sum_{k=1}^{k_{10}}[k_{g.f.j.k}(1-\eta_{fl.k})]}{(f_r-f_{ll})}+\frac{\sum_{k=1}^{k_{11}}[k'_{g.f.j.k}(1-\eta_{fu.k})]}{(f_{ul}-f_r)}\right\}/C_{g.j}\quad j=1,2,\cdots,G_P \tag{6-3}$$

式中，$PI_{g.p.j.s}$ 为其中第 j 个发电机有功调整措施对于提高电网 SSS 裕度的性能指标；k_7 为 F_7 中的故障数；i_{k7} 为 F_7 中第 k 个故障发生后 OLS 的薄弱设备数；W_{ol} 为相应的薄弱设备集；$S''_{g.p.j.k.i}$ 为第 j 个可选有功增加或减少的发电机在 F_7 中第 k 个故障发生后稳态下有功对 W_{ol} 中第 i 个设备有功的灵敏度；$\eta_{ol.k.i}$ 为 F_7 中第 k 个故障发生后稳态下 W_{ol} 中第 i 个设备的 OLS 裕度；$P_{cr.i}$ 为 F_7 中第 k 个故障发生后稳态下 W_{ol} 中第 i 个设备在当前功率因数和电压不变条件下的过载安全有功门槛值。

k_{10} 为 F_{10} 中的故障数；$k_{g.f.j.k}$ 为第 j 个可选有功增加或减少的发电机在 F_{10} 中第 k 个故障发生后稳态下有功对电网频率的灵敏度；$\eta_{fl.k}$ 为 F_{10} 中第 k 个故障发生后稳态下 FLLS 的裕度；f_r 为电网运行的额定频率；f_{ll} 为电网稳态运行的频率安全下限值；k_{11} 为 F_{11} 中的故障数；$k'_{g.f.j.k}$ 为第 j 个可选有功增加或减少的发电机在 F_{11} 中第 k 个故障发生后稳态下有功对电网频率的灵敏度；$\eta_{fu.k}$ 为 F_{11} 中第 k 个故障发生后稳态下 FULS 的裕度；f_{ul} 为电网稳态运行的频率安全上限值。

发电机有功调整措施对于提高电网 TSS 和 DSS 裕度的综合性能指标计算公式如下：

$$PI_{g.p.j}=PI_{g.p.j.t}+PI_{g.p.j.d}\quad j=1,2,\cdots,G_P \tag{6-4}$$

特殊地，通过 EEAC 量化评估无法得到新能源发电机有功调整措施的暂态、动态参与因子。按如下方法进行新能源发电机有功调整措施的调整方向判断及性能指标计算。

（1）计算新能源发电机有功调整措施的并网母线节点与常规领前群和余下群发电机母线的电气距离。

（2）若与常规领前群机组的电气距离最小值小于等于与常规余下群机组的电气距离，则该新能源发电机有功调整措施属于临界群，调整方向为减出力，否则，不可调。

（3）对可减出力的新能源发电机有功调整措施，按如下公式计算其性能指标。

$$\alpha_i=\sum_{j=1}^{S}\frac{\alpha_j}{X_{i.j}} \tag{6-5}$$

式中，S 为常规临界群机组个数；α_j 为常规临界群机组的参与因子；$X_{i.j}$ 为第 i 个新能源发电机有功调整措施与第 j 个常规临界群机组的电气距离。

新能源发电机有功调整措施的其余控制性能指标计算方法与常规发电机有功调整措施相同。值得注意的是，新能源发电机有功调整措施的控制代价大于常规发电机有功调整措施。

（2）发电机无功调整措施

发电机无功调整措施对于提高电网 TSS 裕度的控制性能指标计算公式如下：

$$PI_{g.q.j.t}=(-1)^{d_2}\left\{-\sum_{k=1}^{k_2}\frac{\sum_{i=1}^{i_{k2}}\left[\frac{S_{g.q.j.k.i}}{S_{g.q.\max}}(1-\eta_{tvd.k.i})\right]}{i_{k2}}-\sum_{k=1}^{k_3}\frac{\sum_{i=1}^{i_{k3}}\left[\frac{S'_{g.q.j.k.i}}{S'_{g.q.\max}}(1-\eta_{tvd.k.i})\right]}{i_{k3}}\right\}\quad j=1,2,\cdots,G_q \tag{6-6}$$

式中，G_q 为可用于预防控制的无功增加的发电机数与无功减少的发电机数二者之和；$PI_{g.q.j.t}$ 为其中第j个发电机无功调整措施对于提高电网 TSS 裕度的性能指标；k_2 为 F_2 中的故障数；i_{k2} 为 F_2 中第 k 个故障发生后 TVDS 的薄弱节点数；W_{tvd} 为相应的薄弱节点集；$\eta_{tvd.k.i}$ 为中第 k 个故障发生后 W_{tvd} 中第 i 个薄弱节点的 TVDS 裕度；$S_{g.q.k.i}$ 为第 j 个可选无功增加或减少的发电机在 F_2 中第 k 个故障发生后稳态下无功对 W_{tvd} 中第 i 个节点的电压灵敏度；$S_{g.q.\max}$ 为各个可选无功调整的发电机在 F_2 中各个故障发生后稳态下无功对 W_{tvd} 中各个节点的电压灵敏度绝对值中的最大值。

k_3 为 F_3 中的故障数；i_{k3} 为中第 k 个故障发生后 TVS 的薄弱负荷数；W_{tvs} 为相应的薄弱负荷集；$\eta_{tvs.k.i}$ 为 F_3 中第 k 个故障发生后 W_{tvs} 中第 i 个薄弱负荷的 TVS 裕度；$S'_{g.q.k.i}$ 为第 j 个可选无功增加或减少的发电机在 F_3 中第 k 个故障发生后稳态下无功对 W_{tvs} 中第 i 个

负荷所连接节点的电压灵敏度；$S'_{g.q.\max}$ 为各个可选无功调整的发电机在 F_2 中各个故障发生后稳态下无功对 W_{tvs} 中第 i 个负荷所连接节点的电压灵敏度绝对值中的最大值。

若第 j 个可选无功调整的发电机是增出力，则 d_2 取值为 1；若第 j 个可选无功调整的发电机是减出力，则 d_2 取值为 2。

发电机无功调整措施对于提高电网 DSS 裕度的控制性能指标计算公式如下：

$$PI_{g.q.j.d}=(-1)^{d_2}\sum_{k=1}^{k_6}\frac{\sum_{i=1}^{i_{k6}}\left[\frac{S''_{g.q.j.k.i}}{S''_{g.q.\max}}(1-\eta_{d.k.i})\right]}{i_{k6}}\quad j=1,2,\cdots,G_q \tag{6-7}$$

式中，$PI_{g.q.j.d}$ 为其中第 j 个发电机无功调整措施对于提高电网 DSS 裕度的性能指标；$S''_{g.q.j.k.i}$ 为第 j 个可选无功增加或减少的发电机在 F_6 中第 k 个故障发生后稳态下无功对 W_{ds} 的第 i 个模式振荡中心电压的灵敏度；$S''_{g.q.\max}$ 为各个可选无功调整的发电机在 F_6 中各个故障发生后稳态下无功对 W_{ds} 的各个模式振荡中心的电压灵敏度绝对值中的最大值。

发电机无功调整措施对于提高电网 SSS 裕度的控制性能指标计算公式如下：

$$\begin{aligned}PI_{g.q.j.s}=(-1)^{d_2}\Bigg\{-\sum_{k=1}^{k_8}\frac{\sum_{i=1}^{i_{k8}}\left[S'''_{g.q.j.k.i}(1-\eta_{vl.k.i})/(v_{r.i}-v_{ll.i})\right]}{i_{k8}}\\+\sum_{k=1}^{k_9}\frac{\sum_{i=1}^{i_{k9}}\left[S''''_{g.q.j.k.i}(1-\eta_{vu.k.i})/(v_{ul.i}-v_{r.i})\right]}{i_{k9}}\Bigg\}\quad j=1,2,\cdots,G_q\end{aligned} \tag{6-8}$$

式中，$PI_{g.q.j.s}$ 为其中第 j 个发电机无功调整措施对于提高电网 SSS 裕度的性能指标；k_8 为 F_8 中的故障数；i_{k8} 为 F_8 中第 k 个故障发生后稳态下 VLLS 的薄弱节点数；W_{vl} 为相应的薄弱节点集；$\eta_{vl.k.i}$ 为 F_8 中第 k 个故障发生后稳态下 W_{vl} 中第 i 个节点的 VLLS 裕度，$S'''_{g.q.j.k.i}$ 为第 j 个可选无功增加或减少的发电机在 F_8 中第 k 个故障发生后稳态下无功对 W_{vl} 中第 i 个节点电压的灵敏度；$v_{r.i}$ 为 W_{vl} 或 W_{ul} 中第 i 个节点稳态下电压安全设定值；$v_{ll.i}$ 为 W_{vl} 中第 i 个节点稳态下电压安全下限值；k_9 为 F_9 中的故障数；i_{k9} 为 F_9 中第 k 个故障发生后稳态下 VULS 的薄弱节点数；W_{vu} 为相应的薄弱节点集；$\eta_{vu.k.i}$ 为 F_9 中第 k 个故障发生后稳态下 W_{vu} 中第 i 个节点的 VULS 裕度；$S''''_{g.q.j.k.i}$ 为第 j 个可选无功增加或减少的发电机在 F_9 中第 k 个故障发生后稳态下无功对 W_{vu} 中第 i 个节点电压的灵敏度；$v_{ul.i}$ 为 W_{ul} 中第 i 个节点稳态下电压安全上限值。

发电机无功调整措施对于提高电网 TSS 和 DSS 裕度的综合性能指标计算公式如下：

$$PI_{g.q.j}=PI_{g.q.j.t}+PI_{g.q.j.d}\quad j=1,2,\cdots,G_q \tag{6-9}$$

(3)负荷调整措施

负荷调整措施对于提高电网 TSS 裕度的控制性能指标计算公式如下:

$$PI_{l.j.t}=(-1)^{d_3}\{-\sum_{k=1}^{k_1}\frac{\sum_{i=1}^{i_{k1}}\left[\frac{\alpha_{l.j.k.i}}{\alpha_{l.\max}}(1-\eta_{a.k.i})\right]}{i_{k1}}+\sum_{k=1}^{k_4}\frac{\sum_{i=1}^{i_{k4}}\left[(1-\frac{|z_{l.j.k.i}|}{|z_{l.\max}|})(1-\eta_{tfd.k.i})\right]}{i_{k4}}$$
$$-\sum_{k=1}^{k_5}\frac{\sum_{i=1}^{i_{k5}}\left[(1-\frac{|z'_{l.j.k.i}|}{|z'_{l.\max}|})(1-\eta_{tfr.k.i})\right]}{i_{k5}}+\frac{Q_{l.j}}{P_{l.j}}\{\sum_{k=1}^{k_2}\frac{\sum_{i=1}^{i_{k2}}\left[\frac{S_{l.q.j.k.i}}{S_{l.q.\max}}(1-\eta_{rvd.k.i})\right]}{i_{k2}}$$
$$+\sum_{k=1}^{k_3}\frac{\sum_{i=1}^{i_{k3}}\left[\frac{S'_{l.q.j.k.i}}{S'_{l.q.\max}}(1-\eta_{tvs.k.i})\right]}{i_{k3}}\}\}/C_{l.j}\quad j=1,2,\cdots,L \tag{6-10}$$

式中,L 为可用于预防控制的负荷增加的负荷数与负荷减少的负荷数二者之和;$PI_{l.j.t}$ 为其中第 j 个负荷调整措施对于提高电网 TSS 裕度的性能指标;$\alpha_{l.j.k.i}$ 为第 j 个可选增加或减少的负荷在 F_1 中第 k 个故障发生后 W_{tas} 的第 i 个模式中的参与因子;$\alpha_{l.\max}$ 为各个可选调整的负荷 F_1 在中各个故障发生后 W_{tas} 的各个模式中的参与因子绝对值中的最大值;$z_{l.j.k.i}$ 为在 F_4 中第 k 个故障发生后稳态下第 j 个可选负荷增加或减少的负荷所连接节点与 W_{tfd} 中第 i 个节点/发电机所连接节点之间的电气距离;$|z_{l.j.k.i}|$为相应的电气距离的模;$|z_{l.\max}|$ 为在中各个故障发生后稳态下电网中各个可选负荷调整的负荷所连接节点与 W_{tfd} 中各个节点/发电机所连接节点之间的电气距离的模中的最大值;$z'_{l.j.k.i}$ 为在 F_5 中第 k 个故障发生后稳态下第 j 个可选负荷增加或减少的负荷所连接节点与 W_{tfr} 中第 i 个节点/发电机所连接节点之间的电气距离;$|z'_{l.j.k.i}|$为相应的电气距离的模;$|z'_{l.\max}|$为在 F_5 中各个故障发生后稳态下各个可选负荷调整的负荷所连接节点与 W_{tfr} 中各个节点/发电机所连接节点之间的电气距离的模中的最大值;$S_{l.q.j.k.i}$ 为第 j 个可选负荷增加或减少的负荷在 F_2 中第 k 个故障发生后稳态下无功对 W_{tvd} 中第 i 个节点的电压灵敏度;$S_{l.q.\max}$ 为各个可选负荷调整的负荷在 F_2 中各个故障发生后稳态下无功对 W_{tvd} 中各个节点的电压灵敏度绝对值中的最大值;$S'_{l.q.j.k.i}$ 为第 j 个可选负荷增加或减少的负荷在 F_3 中第 k 个故障发生后稳态下无功对 W_{tvs} 中第 i 个负荷所连接节点的电压灵敏度;$S'_{l.q.\max}$ 为各个可选负荷调整的负荷在 F_2 中各个故障发生后稳态下无功对 W_{tvs} 中各个负荷所连接节点的电压灵敏度绝对值中的最大值;$P_{l.j}$、$Q_{l.j}$ 分别为第 j 个可选负荷调整的负荷在 S_1 下的有功和无功;$C_{l.j}$ 为第 j 个可选调整的负荷在当前运行状态下其控制代价函数对负荷有功的导数。若第 j 个可选负荷调整的负荷是增负荷,则 d_3 取值为 1;若第 j 个可选负荷调整的负荷是减负荷,则 d_3 取值为2。

TAS 量化评估结果中薄弱模式的负荷分群及其参与因子计算是通过以下方法实现的：

以薄弱模式的振荡中心为割集将电网划分为两部分，将与领前群发电机连接在一起的负荷归入为领前群负荷，将与滞后群发电机连接在一起的负荷归入为滞后群负荷；

先分别计算出未标幺化的领前群负荷的参与因子和未标幺化的滞后群负荷的参与因子。

$$\alpha_{l.i.0.le}=\left|\sum_{j=1}^{k_{le}}(\alpha_{j.le}/z_{i.j.le})\right| \tag{6-11}$$

$$\alpha_{l.i.0.la}=\left|\sum_{j=1}^{k_{la}}(\alpha_{j.la}/z_{i.j.la})\right| \tag{6-12}$$

式中，L_{le} 为领前群负荷数；k_{le} 为领前群中发电机数；$\alpha_{j.le}$ 为领前群中第 j 个发电机的参与因子；$z_{i.j.le}$ 为领前群中第 i 个负荷与领前群中第 j 个发电机母线之间的电气距离；L_{la} 为滞后群负荷数；k_{la} 为滞后群中发电机数；$\alpha_{j.la}$ 为滞后群中第 j 个发电机的参与因子；$z_{i.j.la}$ 为滞后群中第 i 个负荷与滞后群中第 j 个发电机母线之间的电气距离；$\alpha_{l.i.0.le}$ 为未标幺化的领前群中第 i 个负荷的参与因子；$\alpha_{l.i.0.la}$ 为未标幺化的滞后群中第 i 个负荷的参与因子。

负荷调整措施对于提高电网 DSS 裕度的控制性能指标计算公式如下：

$$PI_{l.j.d}=(-1)^{d_3}\left\{\sum_{k=1}^{k_6}\frac{\sum_{i=1}^{i_{k6}}\left[\frac{\beta_{l.j.k.i}}{\beta_{l.\max}}(1-\eta_{d.k.i})\right]}{i_{k6}}+\frac{Q_{i.j}}{P_{l.j}}\sum_{k=1}^{k_6}\frac{\sum_{i=1}^{i_{k6}}\left[\frac{S''_{l.q.j.k.i}}{S''_{l.q.\max}}(1-\eta_{d.k.i})\right]}{i_{k6}}\right\}/C_{l.j}\quad j=1,2,\cdots,L \tag{6-13}$$

式中，$PI_{l.j.d}$ 为其中第 j 个负荷调整措施对于提高电网 DSS 裕度的性能指标；$\beta_{l.j.k.i}$ 为第 j 个可选增加或减少的负荷在 F_6 中第 k 个故障发生后 W_{ds} 的第 i 个模式中的参与因子；$\beta_{l.\max}$ 为各个可选调整的负荷在 F_6 中各个故障发生后 W_{ds} 的各个模式中的参与因子绝对值的最大值；$S''_{l.q.j.k.i}$ 为第 j 个可选增加或减少负荷在 F_6 中第 k 个故障发生后稳态下无功对 W_{ds} 的第 i 个模式振荡中心的电压灵敏度；$S''_{l.q.\max}$ 为各个可选调整的负荷在 F_6 中各个故障发生后稳态下无功对 W_{ds} 的各个模式振荡中心的电压灵敏度绝对值的最大值。

DSS 量化评估结果中薄弱模式的负荷分群及其参与因子计算是通过以下方法实现的：

以薄弱模式的振荡中心为割集将电网划分为两部分，将与主导群发电机连接在一起的负荷归入为主导群负荷，将与余下群发电机连接在一起的负荷归入为余下群负荷；

先分别计算出未标幺化的主导群负荷的参与因子和未标幺化的余下群负荷的参与因子。

$$\beta_{l.i.0.d}=\left|\sum_{j=1}^{k_d}(\beta_{j.d}/z_{i.j.d})\right| \tag{6-14}$$

$$\beta_{l.i.0.r}=-\left|\sum_{j=1}^{k_r}(\beta_{j.r}/z_{i.j.r})\right| \tag{6-15}$$

式中，L_d 为主导群负荷数；k_d 为主导群中发电机数；$\beta_{j.d}$ 为主导群中第 j 个发电机的参与因子；$z_{i.j.d}$ 为主导群中第 i 个负荷与主导群中第 j 个发电机母线之间的电气距离；L_r 为余下群负荷数；k_r 为余下群中发电机数；$\beta_{j.r}$ 为余下群中第 j 个发电机的参与因子；$z_{i.j.r}$ 为余下群中第 i 个负荷与余下群中第 j 个发电机母线之间的电气距离；$\beta_{l.i.0.d}$ 为未标幺化的主导群中第 i 个负荷的参与因子；$\beta_{l.i.0.r}$ 为未标幺化的余下群中第 i 个负荷的参与因子。

负荷调整措施对于提高电网 SSS 裕度的控制性能指标计算公式如下：

$$PI_{l.j.s}=(-1)^{d_3}\left\{\sum_{k=1}^{k_7}\frac{\sum_{m=1}^{i_{k7}}\{[S''_{l.p.j.k.i}(1-\eta_{ol.k.i})]/P_{cr.i}\}}{i_{k7}}+\frac{Q_{i.j}}{P_{l.j}}\left\{\sum_{k=1}^{k_8}\frac{\sum_{i=1}^{i_{k8}}[S''_{l.q.j.k.i}(1-\eta_{vl.k.i})/(v_{r.i}-v_{ll.i})]}{i_{k8}}\right.\right.$$

$$\left.-\sum_{k=1}^{k_9}\frac{\sum_{i=1}^{i_{k9}}[S''''_{l.q.j.k.i}(1-\eta_{vll.k.i})/(v_{ul.i}-v_{r.i})]}{i_{k9}}\right\}$$

$$\left.+\frac{\sum_{k=1}^{k_{10}}[k_{l.f.j.k}(1-\eta_{fl.k})]}{(f_r-f_{ll})}-\frac{\sum_{k=1}^{k_{11}}[k'_{l.f.j.k}(1-\eta_{fu.k})]}{(f_{ul}-f_r)}\right\}/C_{l.j}\quad j=1,2,\cdots,L \tag{6-16}$$

式中，$PI_{l.j.s}$ 为其中第 j 个负荷调整措施对于提高电网 SSS 裕度的性能指标；$S''_{l.p.j.k.i}$为第 j 个可选增加或减少的负荷在 F_7 中第 k 个故障发生后稳态下有功对 W_{ol} 中第 i 个设备有功的灵敏度。

$S'''_{l.q.j.k.i}$ 为第 j 个可选增加或减少的负荷在 F_8 中第 k 个故障发生后稳态下无功对 W_{vl} 中第 i 个节点电压的灵敏度；$S''''_{l.q.j.k.i}$ 为第 j 个可选增加或减少的负荷在 F_9 中第 k 个故障发生后稳态下无功对 W_{vu} 中第 i 个节点电压的灵敏度。

$k_{l.f.j.k}$ 为第 j 个可选增加或减少的负荷在 F_{10} 中第 k 个故障发生后稳态下有功对电网频率的灵敏度；$k'_{l.f.j.k}$ 为第 j 个可选增加或减少的负荷在 F_{11} 中第 k 个故障发生后稳态下有功对电网频率的灵敏度。

负荷调整措施对于提高电网 TSS 和 DSS 裕度的综合性能指标计算公式如下：

$$PI_{l.j}=PI_{l.j.t}+PI_{l.j.d}\quad j=1,2,\cdots,L \tag{6-17}$$

(4)容抗器投退措施

电容器/电抗器投退措施对于提高电网 TSS 裕度的性能指标计算公式如下：

$$PI_{x.j.t}=(-1)^{d_4}\left\{-\sum_{k=1}^{k_2}\frac{\sum_{i=1}^{i_{k2}}\left[\frac{S_{x.j.k.i}}{S_{x.\max}}(1-\eta_{tvd.k.i})\right]}{i_{k2}}-\sum_{k=1}^{k_3}\frac{\sum_{i=1}^{i_{k3}}\left[\frac{S'_{x.j.k.i}}{S'_{x.\max}}(1-\eta_{tvs.k.i})\right]}{i_{k3}}\right\}\quad j=1,2,\cdots,X$$

(6-18)

式中，X 为可用于预防控制的投电容器/退电抗器的节点数与退电容器/投电抗器的节点数二者之和；$PI_{x.j.t}$ 为其中第 j 个电容器/电抗器投退措施对于提高电网 TSS 裕度的性能指标；$S_{x.j.k.i}$ 为第 j 个可选电容器投退或电抗器投退的节点在 F_2 中第 k 个故障发生后稳态下无功对 W_{tvd} 中第 i 个节点的电压灵敏度；$S_{x.\max}$ 为各个可选电容器/电抗器投退的节点在 F_2 中各个故障发生后稳态下无功对 W_{tvd} 中各个节点的电压灵敏度绝对值中的最大值。

$S'_{x.j.k.i}$ 为第 j 个可选电容器投退或电抗器投退的节点在 F_3 中第 k 个故障发生后稳态下无功对 W_{tvs} 中第i 个负荷所连接节点的电压灵敏度；$S'_{x.\max}$ 为各个可选电容器/电抗器投退的节点在 F_2 中各个故障发生后稳态下无功对 W_{tvs} 中各个负荷所连接节点的电压灵敏度绝对值中的最大值。

若第 j 个可选电容器投退或电抗器投退的节点是投电容器或退电抗器，则 d_4 取值为 1；若第 j 个可选电容器投退或电抗器投退的节点是退电容器或投电抗器，则 d_4 取值为 2。

电容器/电抗器投退措施对于提高电网 DSS 裕度的控制性能指标计算公式如下：

$$PI_{x.j.d}=-(-1)^{d_4}\sum_{k=1}^{k_6}\frac{\sum_{i=1}^{i_{k6}}\left[\frac{S''_{x.j.k.i}}{S''_{x.\max}}(1-\eta_{d.k.i})\right]}{i_{k6}}\quad j=1,2,\cdots,X \tag{6-19}$$

式中，$PI_{x.j.d}$ 为其中第 j 个电容器/电抗器投退措施对于提高电网 DSS 裕度的性能指标；$S''_{x.j.k.i}$ 为第 j 个可选电容器投退或电抗器投退的节点在 F_6 中第 k 个故障发生后稳态下无功对 W_{ds} 的第 i 个模式振荡中心的电压灵敏度；$S''_{x.\max}$ 为各个可选电容器/电抗器投退的节点在 F_6 中各个故障发生后稳态下无功对 W_{ds} 的各个模式振荡中心的电压灵敏度绝对值的最大值。

电容器/电抗器投退措施对于提高电网 SSS 裕度的控制性能指标计算公式如下：

$$PI_{x.j.s}=(-1)^{d_4}\left\{-\sum_{k=1}^{k_8}\frac{\sum_{i=1}^{i_{k8}}\left[S'''_{x.j.k.i}(1-\eta_{vl.k.i})/(v_{r.i}-v_{ll.i})\right]}{i_{k8}}\right.$$

$$+\sum_{k=1}^{k_9}\frac{\sum_{i=1}^{i_{k9}}[S'''_{x.j.k.i}(1-\eta_{vu.k.i})/(v_{ul.i}-v_{r.i})]}{i_{k9}}\}\quad j=1,2,\cdots,X \tag{6-20}$$

式中，$PI_{x.j.s}$ 为其中第 j 个电容器/电抗器投退措施对于提高电网 SSS 裕度的性能指标；$S'''_{x.j.k.i}$ 为第 j 个可选电容器投退或电抗器投退的节点在 F_8 中第 k 个故障发生后稳态下无功对 W_{vl} 中第 i 个节点电压的灵敏度。

$S'''_{x.j.k.i}$ 为第 j 个可选电容器投退或电抗器投退的节点在 F_9 中第 k 个故障发生后稳态下无功对 W_{vu} 中第 i 个节点电压的灵敏度。

电容器/电抗器投退措施对于提高电网 TSS 和 DSS 裕度的综合性能指标计算公式如下：

$$PI_{x.j}=PI_{x.j.t}+PI_{x.j.d} \tag{6-21}$$

（5）直流调整措施

TAS 量化评估结果中薄弱模式的直流系统的调整方向及其参与因子计算方法实现如下：

按如下公式计算主导群中所有发电机母线与每个直流系统的送端交流侧母线之间的综合电气距离以及主导群中所有发电机母线与每个直流系统的受端交流侧母线之间的综合电气距离：

$$Z_{in.i}=\sum_{j=1}^{S}(Z_{in.i.j}/\alpha_j) \tag{6-22}$$

$$Z_{out.i}=\sum_{j=1}^{S}(Z_{out.i.j}/\alpha_j) \tag{6-23}$$

式中，$i\in S_{dc}$，S_{dc} 为所有候选直流调整措施集合；α_j 为第 j 个主导群发电机的参与因子；$Z_{in.i.j}$ 和 $Z_{out.i.j}$ 分别为第 j 个主导群发电机与第 i 个直流系统送、受端交流侧母线间的电气距离，采用二端网络输入阻抗评估节点间电气距离。

根据计算出的综合电气距离分别设定每个直流系统功率调整措施的功率调制方向：若主导群中所有发电机母线与某个直流系统的送端交流侧母线之间的综合电气距离小于主导群中所有发电机母线与该直流系统的受端交流侧母线之间的综合电气距离，则将与该直流系统相对应的直流系统功率调整措施的功率调制方向设定为提升，否则设定为回降。

如某个直流系统功率调整措施的功率调制方向为提升，则该直流系统功率提升措施的控制性能指标 α 取值为主导群中所有发电机母线与该直流系统功率提升措施相对应的直流系统的送端交流侧母线之间的综合电气距离模值的倒数的负数，否则取值为主导群中所有发电机母线与该直流系统功率提升措施相对应的直流系统的受端交流侧母线之间的综合电气距离模值的倒数。

DSS 量化评估结果中薄弱模式的直流系统调整方向及其敏感因子计算是通过以下方法实现的。

将送端区域主导机组减出力和受端区域主导机组增出力，计算各交流支路的发电机输出功率转移分布因子，确定该振荡模式下的强相关交流支路：

$$G_k=\sum_{i=1,i\in A}^{m}G_{k-i}*\frac{P_i}{P_A}-\sum_{i=i,i\in B}^{m}G_{k-j}*\frac{P_i}{P_B} \tag{6-24}$$

根据直流线路对强相关交流支路的功率传输转移分布因子与强相关交流支路的发电机输出功率转移分布因子的乘积之和，确定直流功率支援对系统振荡模式阻尼的敏感因子：

$$\rho=\sum_{k=1}^{n}G_k G'_k \tag{6-25}$$

敏感因子越大，提升直流线路功率阻尼改善越多；敏感因子越小，提升直流线路功率效果越不明显。

预想场景 i 下直流 k 对于设备 j 有功的灵敏度计算如下：

$$S_{i.olj.dck}=S_{i.olj.dck.in}-\mu\times S_{i.olj.dck.out} \tag{6-26}$$

式中，$S_{i.olj.dck.in}$ 为直流 k 送端交流侧母线节点场景 i 下对设备 j 有功的灵敏度；$S_{i.olj.dck.out}$ 为直流 k 受端交流侧母线节点场景 i 下对设备 j 有功的灵敏度；μ 为直流损耗系数。

6.1.2　多类安全稳定问题的预防控制优化决策方法

互联大电网的动态行为和失稳模式特性日益复杂，各类安全稳定问题相互交织，多种安全隐患可能同时出现。解决不同安全稳定问题的各类辅助决策功能可能给出相互矛盾的措施，或者对某一类安全稳定有效的调整措施，可能会对其他类安全稳定造成不利影响。因此，需要在辅助决策计算中考虑多种安全稳定问题之间的协调优化，最终得出统一的辅助决策控制策略。

考虑预想场景下的 11 类安全稳定问题进行统一的辅助决策，辅助决策的控制手段包括发电机有功调整、发电机无功调整、负荷调整、电容器/电抗器投退、开机、投线和直流调整等。不同类型的控制措施在执行时的优先级不同，因此，辅助决策应支持按照不同类型控制措施的优先级顺序逐级进行决策优化。当同一类型有效控制措施均调整完成后转入调整下一优先级的控制措施。通过对不同类型控制措施设置对应的调整代价来实现多类控制措施的优先控制顺序。一般情况下,考虑新能源消纳量最大要求优先调整常规机组有功功率。水电机组因其成本较低和调节速度快而优先调节,抽水蓄能尽量少发和少抽。负荷控制采用拉电序位表,优先采用转供措施,其次按序位表顺序将调整量下发给地调。电压越限首先调整容抗器投切,过电压严重时考虑调整机组无功功率。发电机投停和变压器分接头调整等措施较少采用。

6.1.2.1　优化决策流程

多类安全稳定问题的预防控制主要流程如下所示。

预防控制策略求解的具体步骤为:

步骤 1:针对电网的当前运行状态,进行电网运行断面数据整合和潮流计算。

步骤 2:对预想故障集内各预想故障场景进行安全稳定评估,计算系统安全稳定裕度值。

步骤 3:判断安全稳定裕度是否小于门槛值,若是,则进入步骤 4,否则,退出。

步骤 4:计算各类候选控制措施对各预想故障场景下各类安全稳定问题的综合控制性能指标。

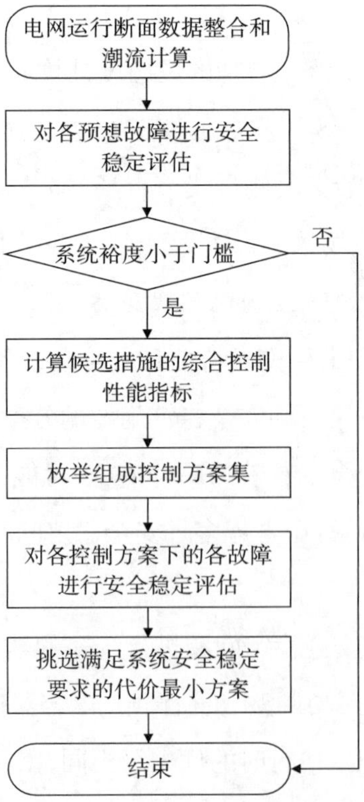

图 6–1　基于控制性能指标的预防控制流程图

步骤 5:按综合控制性能指标对各类候选控制措施分别进行排序,形成有效控制措施序位表。具体方法如下:

(1)从 G_p 个可选的发电机有功增加或减少的预防控制措施中过滤掉 $PI_{gp.j}$ 小于等于 0 或 $PI_{gp.j.s}$ 小于 0的可选控制措施,并按 $PI_{gp.j}$ 由大到小的顺序对余下的可选控制措施进行排序,得到发电机有功调整措施序位表 GS_1,若 GS_1 非空,则再从 GS_1 中剔除 $PI_{gp.j}/PI_{gp.\max}$ 小于设定值的可选控制措施,其中 $PI_{gp.\max}$ 为 GS_1 中所有可选控制措施 $PI_{gp.j}$ 中的最大值。

(2)从 L 个可选的负荷增加或减少的预防控制措施中过滤掉 $PI_{l.j}$ 小于等于 0 或 $PI_{l.j.s}$ 小于 0 的可选控制措施,并按 $PI_{l.j}$ 由大到小的顺序对余下的可选控制措施进行排序,得到负荷调整措施序位表 LS_1,若 LS_1 非空,则再从 LS_1 中剔除 $PI_{l.j}/PI_{l.\max}$ 小于设定值的可选控制措施,其中 $PI_{l.\max}$ 为 LS_1 中所有可选控制措施 $PI_{l.j}$ 中的最大值。

(3)从可选的直流调整的预防控制措施中过滤掉 $PI_{dc.k}$ 小于等于 0 的可选控制措施,并按 $PI_{dc.k}$ 由大到小的顺序对余下的可选控制措施进行排序，得到直流调整措施序位表 DCS_1，若 DCS_1 非空，则再从DCS_1 中剔除 $PI_{dc.k}/PI_{dc.\max}$ 小于设定值的可选控制措施，其中 $PI_{dc.\max}$ 为 DCS_1 中所有可选控制措施 $PI_{dc.k}$ 中的最大值。

(4)从 G_p 个可选的发电机无功出力增加或减少的预防控制措施中过滤掉 $PI_{gq.j}$ 小于等于 0 或 $PI_{gq.j.s}$ 小于 0 的可选控制措施,从 X 个可选的电容器/电抗器投退的预防控制措施中过滤掉 $PI_{x.j}$ 小于等于 0 或 $PI_{x.j.s}$ 小于 0 的可选控制措施,再对余下的可选发电机无功出力增加或减少的预防控制措施和可选电容器/电抗器投退的预防控制措施按其对于提高 TSS 裕度和 DSS 裕度的综合性能指标由大到小的顺序进行统一排序,得到无功调整措施序位表 QS_1,若 QS_1 非空,则再从QS_1 中剔除 $PI_{gq.j}$ /$PI_{q.\max}$ 或 $PI_{x.j}/PI_{q.\max}$ 小于设定值的可选控制措施,其中 $PI_{q.\max}$ 为 QS_1 中所有可选控制措施 $PI_{gq.j}$ 和 $PI_{x.j}$ 中的最大值。

步骤 6:按设定的精度拆分控制措施,更新步骤 5 中的措施序位表。具体方法如下:

(1)根据设定的发电机有功调整精度 ε_{gp},分别针对 GS_1 中每个发电机有功调整措施,计及其可调空间 ΔP_g，将其分解为 1 个或多个按调整量由小到大排序且均匀变化的调整措施,并按其在 GS_1 中的顺序,依次将分解后得到的调整措施序列加入到新的发电机有功调整措施序位表GS'_1 中。

(2)根据设定的负荷调整精度 ε_1,分别针 LS_1 对中每个负荷调整措施,计及其可调空间 ΔP_1,将其分解为 1 个或多个按调整量由小到大排序且均匀变化的调整措施,并按其在 LS_1 中的顺序,依次将分解后得到的调整措施序列加入到新的负荷调整措施序位表 LS'_1 中。

(3)根据设定的直流功率调整精度 ε_{dc},分别针对 DCS_1 中每个直流调整措施,计及其

可调空间 ΔP_g，将其分解为 1 个或多个按调整量由小到大排序且均匀变化的调整措施，并按其在 DCS_1 中的顺序，依次将分解后得到的调整措施序列加入到新的直流调整措施序位表 DCS'_1 中。

（4）根据设定的发电机无功调整精度 ε_{gq}，分别针对 QS_1 中每个发电机无功调整措施，计及其可调空间 ΔQ_g，将其分解为 1 个或多个按调整量由小到大排序且均匀变化的调整措施，分别针对 QS_1 中每个电容器/电抗器投退措施，根据其无功调整方向，将其分解成 1 个或多个按电容器/电抗器投退组数依次增加且相邻两个调整措施的无功调整量差值的绝对值与 ε_{gq} 二者之差的绝对值最小的调整措施，并按发电机无功调整措施和电容器/电抗器投退措施在 QS_1 中的顺序，依次将分解后得到的调整措施序列加入到新的无功调整措施序位表 QS'_1 中。

（5）其中，对于排序在 GS_1 中首位的发电机有功调整措施，将其转换成 $[\text{int}(|\Delta P_g|/\varepsilon_{gp}+0.5)+1]$ 个调整量为等差数列的调整措施，使得其中第 1 个调整措施的调整量为 0，第 2 个调整措施的调整量为 $\Delta P_g/\text{int}(|\Delta P_g|/\varepsilon_{gp}+0.5)$，以此类推；对于余下的发电机有功调整措施，将其分别转换成 $\text{int}(|\Delta P_g|/\varepsilon_{gp}+0.5)$ 个调整量为等差数列的调整措施，使得其中第 1 个调整措施的调整量为 $\Delta P_g/\text{int}(|\Delta P_g|/\varepsilon_{gp}+0.5)$，第 2 个调整措施的调整量为 $2\Delta P_g/\text{int}(|\Delta P_g|/\varepsilon_{gp}+0.5)$，以此类推；对于排序在 LS_1 中首位的负荷调整措施，将其转换成 $[\text{int}(|\Delta P_l|/\varepsilon_l+0.5)+1]$ 个调整量为等差数列的调整措施，使得其中第 1 个调整措施的调整量为 0，第 2 个调整措施的调整量为 $\Delta P_l/\text{int}(|\Delta P_l|/\varepsilon_l+0.5)$，以此类推；对于余下的负荷调整措施，将其分别转换成 $\text{int}(|\Delta P_l|/\varepsilon_l+0.5)$ 个调整量为等差数列的调整措施，使得其中第 1 个调整措施的调整量为 $\Delta P_l/\text{int}(|\Delta P_l|/\varepsilon_l+0.5)$，第 2 个调整措施的调整量为 $2\Delta P_l/\text{int}(|\Delta P_l|/\varepsilon_l+0.5)$，以此类推；对于排序在 DCS_1 中首位的直流调整措施，将其转换成 $[\text{int}(|\Delta P_g|/\varepsilon_{dc}+0.5)+1]$ 个调整量为等差数列的调整措施，使得其中第 1 个调整措施的调整量为 0，第 2 个调整措施的调整量为 $\Delta P_g/\text{int}(|\Delta P_g|/\varepsilon_{dc}+0.5)$，以此类推；对于余下的直流调整措施，将其分别转换成 $\text{int}(|\Delta P_g|/\varepsilon_{dc}+0.5)$ 个调整量为等差数列的调整措施，使得其中第 1 个调整措施的调整量为 $\Delta P_g/\text{int}(|\Delta P_g|/\varepsilon_{dc}+0.5)$，第 2 个调整措施的调整量为 $2\Delta P_g/\text{int}(|\Delta P_g|/\varepsilon_{dc}+0.5)$，以此类推；若排序在 QS_1 中首位的无功调整措施是发电机无功调整措施，则将其转换成 $[\text{int}(|\Delta Q_g|/\varepsilon_{gq}+0.5)+1]$ 个调整量为等差数列的调整措施，使得其中第 1 个调整措施的调整量为 0，第 2 个调整措施的调整量为 $\Delta Q_g/\text{int}(|\Delta Q_g|/\varepsilon_{gq}+0.5)$，以此类推；对于余下的发电机无功调整措施，将其分别转换成 $\text{int}(|\Delta Q_g|/\varepsilon_{gq}+0.5)$ 个调整量为等差数列的调整措施，使得其中第 1 个调整措施的调整量为 $\Delta Q_g/\text{int}(|\Delta Q_g|/\varepsilon_{gq}+0.5)$，第 2 个调整措施的调整量为 $2\Delta Q_g/\text{int}(|\Delta Q_g|/\varepsilon_{gq}+0.5)$，以此类

推；对于余下的电容器/电抗器投退措施，将其第一个调整措施的调整量设为投退相应组数的电容器或电抗器，否则，对于排序在 QS_1 中首位的电容器/电抗器投退措施，将其第一个调整措施的调整量设为 0，对于余下的电容器/电抗器投退措施，将其第一个调整措施的调整量设为投退相应组数的电容器或电抗器，对于余下的发电机无功调整措施，将其分别转换成 $\text{int}(|\Delta Q_g|/\varepsilon_{gq}+0.5)$ 个调整量为等差数列的调整措施，使得其中第 1 个调整措施的调整量为 $\Delta Q_g/\text{int}(|\Delta Q_g|/\varepsilon_{gq}+0.5)$，第 2 个调整措施的调整量为 $2\Delta Q_g/\text{int}(|\Delta Q_g|/\varepsilon_{gq}+0.5)$，以此类推。

步骤 7：根据设定的步长，在满足候选控制措施的调整限值的前提下，枚举组合生成控制方案。具体方法如下：

分别从 GS'_1、LS'_1、DCS'_1 和 QS'_1 中排序在首位的可选预防控制措施开始安排序号选择用于枚举组合 $\min(n_{gs}, n_1)$ 个的发电机有功调整措施、$\min(n_{ls}, n_2)$ 个负荷调整措施、$\min(n_{dcs}, n_3)$ 个直流调整措施和 $\min(n_{qs}, n_4)$ 个无功调整措施，并对这 4 类措施进行枚举组合，得到 $\min(n_{gs}, n_1)\times\min(n_{ls}, n_2)\times\min(n_{dcs}, n_3)\times\min(n_{qs}, n_4)$ 个调整措施组合，其中，n_{gs}、n_{ls}、n_{dcs}、n_{qs} 分别为 GS'_1、LS'_1、DCS'_1 和 QS'_1 中可选预防控制措施数，n_1、n_2、n_3、n_4 分别为设定的用于控制决策计算的枚举组合的发电机有功调整措施、负荷调整措施、直流调整措施和无功调整措施数的最大值；然后，针对其中每个调整措施组合，计算其对电网的有功注入总量 ΔP_{in}，若 $[f_0+\Delta P_{in}f_0/(KP_{sum.0})]$ 大于 f_{ul} 或小于 f_{ll}，其中 f_0 和 $P_{sum.0}$ 分别为电网在调整措施实施后状态下的频率和负荷有功之和，K 为电网的功率频率静态特性系数，则剔除该调整措施组合；最后，按控制代价由小到大的顺序对余下的调整措施组合进行排序，对于其中控制代价相同的调整措施组合，再按调整量由小到大排序，得到用于安全稳定评估的调整措施组合序位表 $GLDCQS_1$。

步骤 8：对各控制方案下的各故障场景进行并行安全稳定评估。具体方法为：

将系统安全稳定裕度小于门槛值的故障集作为需进行预防控制的故障集 F_{td}，再分别针对 $GLDCQS_1$ 中排序最靠前的 $\min\left\{n_{gldcq}, \max\left[\text{int}\left(\dfrac{N_{td}}{n_{ftd}}\right), 1\right]\right\}$ 个调整措施组合中每个调整措施组合，与 F_{td} 中的每个故障进行组合，生成共 $\min\left\{n_{gldcq}, \max\left[\text{int}\left(\dfrac{N_{td}}{n_{ftd}}\right), 1\right]\right\}\times n_{ftd}$ 个考虑调整措施组合实施后电网的安全稳定评估算例，其中，N_{td} 为一次性提交给集群计算平台处理的安全稳定评估算例数上限，n_{gldcq} 为 $GLDCQS_1$ 中调整措施数，n_{ftd} 为 F_{td} 中故障数，并按调整措施组合在 $GLDCQS_1$ 中的顺序，对生成的算例进行排序，形成调度队列，并提交给集群系统进行安全稳定评估算例的并行计算。

若在并行计算过程中，至少有一个调整措施组合的所有故障场景的系统安全稳定裕度大于等于门槛值，则中止余下所有算例的计算，将与排序号最靠前且其所有算例的系统安全稳定裕度都大于等于门槛值的调整措施组合作为预防控制综合决策措施。

6.1.2.2　分解协调和循环迭代

在计及多类安全约束的预防控制决策方面，首先针对暂态、动态和静态11类安全稳定问题，综合考虑发电机有功调整、发电机无功调整、直流功率调整、负荷调整和电容器/电抗器投退措施对不同安全稳定问题、不同安全稳定模式的影响，计算多类措施的综合控制性能指标。在此基础上，采用“分解协调–集群枚举–循环迭代”的方法进行预防控制优化决策，优先解决暂态、动态安全稳定控制决策，在此基础上解决静态安全控制决策问题，通过循环迭代实现二者的协调；在暂态动态决策中，剔除暂态、动态安全稳定综合性能指标与静态安全综合性能指标相互矛盾的可选调整措施，在后续静态决策中，计及之前辅助决策调整方向，保证后续辅助决策调整与之前的辅助决策调整不冲突。在每个阶段通过对各类按控制性能指标排队筛选后的调整措施按类型枚举组合，结合集群计算平台，对枚举组合措施实施后的安全稳定进行快速评估，迭代求取满足所有故障安全稳定且控制代价较小的决策方案。

基于调整措施的控制性能指标可为优化决策提供搜索方向；基于调整措施对多类安全稳定的综合控制性能指标可协调多类安全稳定的控制决策；采用暂态、动态安全稳定控制决策优先且与静态安全控制决策“分解协调、循环迭代”的计算策略可解决基于参与因子的暂态、动态安全稳定控制性能指标与基于灵敏度的静态安全稳定控制性能指标二者含义不同、不能统一排序的问题；采用基于控制性能指标排序、筛选以及互斥剔除可大幅度降低用于枚举组合的候选措施，应用集群计算平台，对枚举组合的调整措施进行安全稳定量化评估，可提高综合优化决策的计算速度。按照我国省级及以上电网调度中心目前集群计算平台的处理能力估算，应用本方法，绝大多数情况下，能够在3 min以内计算出计及暂态、动态和静态多类安全稳定约束的在线预防控制辅助决策。

为了充分利用集群计算平台的强大计算能力，采用枚举并行的方式代替串行迭代过程提高计算效率，如图6–2所示。对不满足系统安全稳定要求的算例，在集群计算平台的管理节点上形成多个调整方案。将调整方案下发给各计算节点，在各计算节点的计算单元上同时进行各调整方案的安全稳定评估。计算完毕后，将计算结果上传到管理节点。管理节点综合比较各计算节点的计算结果，最终选择保证系统安全稳定裕度在可接受范围内的代价最小调整方式。

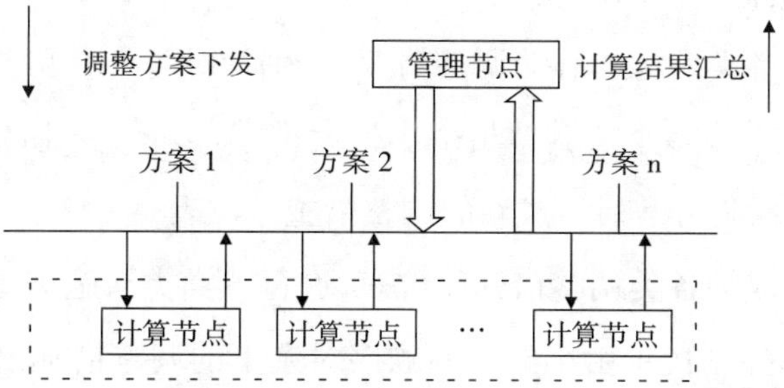

图 6–2　枚举并行计算方式

6.2　多类安全约束的紧急状态优化决策

6.2.1　过载/断面越限优化决策

6.2.1.1　措施及控制性能指标

过载/断面越限决策支持调整机组、直流、负荷、开机、抽水蓄能以及负荷转供(投停线路)等控制措施。根据各类措施对过载设备/断面越限的控制性能指标,进行过载/断面越限决策。

控制措施(含机组、直流、负荷、开机、抽水蓄能、负荷转供措施)调整对于过载/断面越限的控制性能指标计算公式如下。

$$PI_{p.j.s}=\frac{\sum_{i=1}^{i_{k1}}\{[S_{p.j.i}(1-\eta_{ol.i})]/P_{cr.i}\}}{i_{k1}}/C_{p.j}\quad j=1,2,\cdots,G_p \tag{6–27}$$

式中,$PI_{p.j.s}$ 为其中第 j 个调整措施对于过载/断面越限的控制性能指标;i_{k1} 为故障发生后稳态设备过载/断面越限的薄弱设备数;$S_{p.j.i}$ 为第 j 个可选措施稳态下对第 i 个设备/断面有功的灵敏度;$\eta_{ol.i}$ 为稳态下第 i 个设备/断面的过载/越限裕度;$P_{cr.i}$ 稳态下中第 i 个设备/断面安全有功门槛值;G_p 为可控措施最大数;$C_{p.j}$ 为第 j 个可选措施单位功率的控制代价。

6.2.1.2　优化决策方法

基于集群并行计算平台,采用"方案组合枚举–集群并行校核"的优化决策,求解满足过载/断面越限安全要求,且控制代价最小的方案。决策流程如下:

(1)从可选的各类控制措施中过滤掉控制性能指标小于 0 的可选控制措施,并按照控制性能指标由大到小的顺序对余下的可选控制措施进行排序，分别得到发电机有功、直流、负荷转供、减负荷等措施的控制序位表；

(2)根据设定的各类措施的有功调整精度，分别针对各类有功调整措施，计及其可调空间，将其分解为1个或多个按调整量由小到大排序且均匀变化的调整措施，并按其在序位表中的顺序，依次将分解后生成新的调整措施序位表；

(3)分别从新生成的各类调整措施序位表，进行各类类措施进行枚举组合，形成调整措施组合方案，按总控制代价由小到大的顺序对余下的调整措施组合进行排序，对于其中控制代价相同的调整措施组合，再按调整量由小到大排序，得到用于过载/断面越限决策的调整措施组合序位表；

(4)按照调整措施组合数，并按调整措施组合在序位表中的顺序，对生成的算例进行排序，通过灵敏度估算筛选出满足安全要求且减负荷量较小的组合方案，形成调度队列，并提交给集群系统进行并行评估；

(5)若在并行计算结果中，选取过载/断面越限裕度裕度都分别大于等于相应的裕度门槛值且控制代价和减负荷风险代价之和最小的措施组合作为优化的决策方案。

6.2.2 稳态电压越限优化决策

6.2.2.1 措施及控制性能指标

电压越限决策支持机组无功、负荷、容抗器投退调节等控制措施。根据各类措施对电压安全的控制性能指标，进行电压安全决策。

控制措施调整对于电压安全(包含越上限和越下限)的控制性能指标计算公式如下。

$$PI_{q.j.s}=(-1)^{d_1}\left\{-\frac{\sum_{i=1}^{i_{k2}}\left[S_{q.j.i}(1-\eta_{vl.i})/(v_{r.i}-v_{ll.i})\right]}{i_{k2}}+\frac{\sum_{i=1}^{i_{k3}}\left[S'_{q.j.i}(1-\eta_{vu.i})/(v_{ul.i}-v_{r.i})\right]}{i_{k3}}\right\}\quad j=1,2,\cdots,G_q \tag{6-28}$$

式中，$PI_{q.j.s}$ 为其中第 j 个调整措施对于电压越限的控制性能指标；i_{k2} 为故障发生后稳态下电压越下限的薄弱节点数；$\eta_{vl.i}$ 为故障发生后稳态下中第 i 个薄弱节点的电压越下限裕度；$S_{q.j.i}$ 为第 j 个无功调节措施对第 i 个薄弱节点电压的灵敏度；$v_{r.i}$ 为第 i 个节点稳态下电压安全设定值；$v_{ll.i}$ 为第 i 个节点稳态下电压安全下限值；$v_{ul.i}$ 为第 i 个节点稳态下电压安全上限值；i_{k3} 为故障发生后稳态下电压越上限的薄弱节点数；$\eta_{vu.i}$ 为故障发生后稳态下中第 i 个节点的电压越上限裕度；$S'_{q.j.i}$ 为第 j 个无功调节措施对第 i 个薄弱节点电压的灵敏度；d_1 用于确定调节方向；G_q 为可控措施最大数。

6.2.2.2 优化决策方法

与过载/断面越限决策类似，基于集群并行计算平台，采用“方案组合枚举–集群并行校核”的优化决策，求解满足电压安全要求，且控制量最小的方案。

(1)从可选的各类控制措施中过滤掉控制性能指标小于0的可选控制措施，并按照控制性能指标由大到小的顺序对余下的可选控制措施进行排序，分别得到发电机无功调整、负荷调整、容抗器调整等措施的控制序位表；

(2)根据设定的各类措施的有功调整精度，分别针对各类无功调整措施，计及其可调空间，将其分解为1个或多个按调整量由小到大排序且均匀变化的调整措施，其中容抗器按照可控容抗器单组容量进行分解，并按其在序位表中的顺序，依次将分解后生成新的调整措施序位表；

(3)分别从新生成的各类调整措施序位表，进行各类类措施进行枚举组合，形成调整措施组合方案，按控制量由小到大的顺序对余下的调整措施组合进行排序，得到用于电压安全越限决策的调整措施组合序位表；

(4)按照调整措施组合数，并按调整措施组合在序位表中的顺序，对生成的算例进行排序，形成调度队列，并提交给集群系统进行并行评估；

(5)若在并行计算过程中，至少有一个调整措施组合的电压安全裕度都大于等于相应的裕度门槛值，则中止余下所有算例的计算。

6.2.3 稳态频率越限优化决策

6.2.3.1 措施及控制性能指标

频率越限决策支持机组有功、负荷、抽水蓄能、直流调节等控制措施。根据各类措施对频率安全的控制性能指标，进行频率安全决策。

控制措施调整对于频率安全(包含越上限和越下限)的控制性能指标计算公式如下。

$$PI_{f,j,s}=(-1)^{d_2}\left\{-\frac{k_{l,f,j}(1-\eta_{fl})}{(f_r-f_{ll})}+\frac{k'_{l,f,j}(1-\eta_{fu})}{(f_{ul}-f_r)}\right\}/C_{g,j}\quad j=1,2,\cdots,G_f \tag{6-29}$$

式中，$PI_{f,j,s}$ 为其中第 j 个调整措施对于频率越限的控制性能指标；$k_{l,f,j}$ 为第 j 个可选措施对电网低频的控制灵敏度；η_{fl} 为FLLS的裕度；f_r 为电网运行的额定频率；f_{ll} 为电网稳态运行的频率安全下限值；$k'_{l,f,j}$ 为第 j 个可选措施对电网高频的控制灵敏度；η_{fu} 为FULS的裕度；f_{ul} 为电网稳态运行的频率安全上限值；d_2 用于根据越限类型和措施类型确定调节方向；G_f 为可控措施最大数。

6.2.3.2 优化决策方法

频率越限辅助决策流程如下：

(1)首先，在各类措施控制性能指标计算的基础上，从可控措施空间中过滤掉控制性能指标小于门槛值的可选控制措施，并按指定的优先级顺序对各类措施进行排序。

(2)根据系统频率调差系数和频率越限程度估算总的有功调整量。计算公式如下：

$$\Delta P_{sum}=\Delta f\times K_f \tag{6-30}$$

式中，Δf 为系统频率越限值；K_f 为系统的频率调节系数。

(3)在总有功量确定的基础上，按照各类措施的排序结果，并依据其可调空间确定需要调整的措施方案。

(4)基于实际调节效果(预决策采用中长期动态仿真进行校验，实时决策基于控制后的实际稳态频率响应进行校验)，采用下式推算系统的频率调节系数和总的有功调整量，返回步骤(3)，直至稳态频率满足安全约束。

$$K'_f=\frac{\Delta P_{sum}}{\Delta f-\Delta f'}$$

$$\Delta P'_{sum}=\Delta f'\times K'_f \tag{6-31}$$

式中，K'_f 为基于实际仿真调节效果的系统频率调节系数推算值；$\Delta f'$ 为基于控制后的稳态频率越限值。

6.2.4 多类安全问题的协调决策

若故障后同时存在设备过载/断面越限、电压越限、频率越限问题的多类问题，需要进行综合决策。

对多类安全问题的综合决策采用“解耦优化-迭代协调”的方法进行，优先进行解决局部问题的过载/断面越限有功调整优化决策，在此基础上，进行电压越限无功调整优化决策，最后进行频率越限辅助决策。在频率越限辅助决策中，计及设备过载/断面越限措施的控制性能指标，剔除与设备过载/断面越限调整方向互斥的可控措施，在剩余的可控措施空间中进行频率越限优化决策，并通过仿真校核确定是否引发新的设备过载/断面越限、电压越限问题，通过循环迭代的方法实现各类安全问题的综合协调决策。

6.2.5 基于措施灵敏度自动辨别过载实时控制优化决策方法

电网发电、负荷的快速变化或者电网设备投/退等因素都可能会导致电网输电线路、变压器的过载或断面越限，当过载/断面越限程度比较严重时，就需要采取校正控制措施，以消除输电设备的过载/断面越限。对于单个开断或与同站并行设备(指各端母线相同或母线不同但只通过开关连接在一起的多个输电设备)全开断就会造成电网解列的设备过载/断面越限,由于不同站的控制措施灵敏度都相同且不随含过载设备在内的输电断面之外其他设备运行状态变化,通过离线设置措施灵敏度,将设备过载程度与灵敏度乘积作为控制措施的控制总量,可以实现针对设备过载/断面越限的校正控制。

但是,对于单个开断或与同站并行设备全开断不会造成电网解列的设备过载,由于不同站的控制措施灵敏度可能不同且随其他设备运行状态变化,若采用离线设置的措施灵敏度,则必然存在严重过控风险;若采用基于电网状态在线计算措施灵敏度的设备过载在线控制方案,由于涉及电网在线模型和电网实时潮流,当电网在线模型范围和电网运行状态的估计精度不足以完全反映措施对设备过载的灵敏度时,这种在线控制方案同样存在严重过控风险,还有可能因在线控制策略生成速度不够导致设备因过载时间过长而开断,引发更为严重的电网安全问题。

设备过载和断面越限本质上是相同的问题,其优化决策方法也类似,以设备过载为例,采用以下技术方案实现,包括以下步骤:

(1)将待监测的设备记为 k,将监测到设备 k 过载后用于实施的可控措施集记为 F,将 F 的执行次 j 数置为 0,进入步骤 2);

可控措施包括单一厂站类可控措施和非单一厂站类可控措施,其中单一厂站类可控措施又分为发电机类可控措施和负荷类可控措施两种;

单一厂站类可控措施是指执行后只造成一个厂站有功注入变化的可控措施;发电机类可控措施是指执行后造成所接入厂站有功注入减少的可控措施,负荷类可控措施是指执行后造成所接入厂站有功注入增加的可控措施;

针对单一厂站类可控措施,采用(TY,DN,L,$P_{DN.L.i.j}$,$S_{DN.k.j}$)序列加以标识,其中,TY 为可控措施类型,包括发电机类可控措施和负荷类可控措施两种,DN 为可控措施接入的厂站名,L 为可控措施的优先级,$P_{DN.L.i.j}$ 为 t_j 时刻接入 DN、优先级为 L 的第 i 个可控措施的有功控制量,$S_{DN.k.j}$ 为 t_j 时刻接入 DN的有功注入变化对设备 k 有功的灵敏度;

可控措施的优先级是指在选择用于实施的可控措施时可控措施的优先次序,可控措施的L 越高,越优先选择,相同 L 的可控措施之间没有选择次序约束;

非单一厂站类可控措施是指执行后造成两个及以上厂站有功注入变化的可控措施,针对非单一厂站类可控措施,将其执行后造成有功注入变化的受端或送端各个厂站分别采用与单一厂站类可控措施相同的建模方式生成可控措施,并将相应的受端或送端各个厂站的可控措施进行组合,作为非单一厂站类可控措施的模型,采用[(TY,$DN-1$,L,$P_{DN-1.L.i.j}$,

$S_{DN-1.k.j}$)，…，（TY，$DN-m$，L，$P_{DN-m.L.i.j}$，$S_{DN-m.k.j}$），…，(TY，$DN-M$，L，$P_{DN-M.L.i.j}$，$S_{DN-M.k.j}$)]序列加以标识，其中，M 为相应的受端或送端厂站数，$DN-m$ 为第 m 个厂站名，$P_{DN-m.L.i.j}$ 为 t_j 时刻接入 $DN-m$、优先级 L 为的第 i 个可控措施的有功控制量，$S_{DN-m.k.j}$ 为 t_j 时刻接入 $DN-m$ 的有功注入变化对设备 k 有功的灵敏度。

(2)若当前时刻 t_j 设备 k 电流监测点的电流大于设定的设备过载电流门槛值 I_{cr} 且持续时间超过设定时限 t_{cr}，则将 t_j 时刻流经设备 k 电流监测点的设备有功和无功分别记为 P_j 和 Q_j，设备 k 电流监测点所连接的母线电压记为 V_j，采用公式(6–32)计算出 t_j 时刻与 I_{cr} 对应的设备 k 过载有功门槛值 $P_{cr.j}$，并将 t_j 时刻可用于设备 k 过载控制的可控措施集合作为 t_j 时刻设备 k 过载控制的待选可控措施集 C，进入步骤(3)，否则，结束本方法。

$$P_{cr.j}=P_j\frac{\sqrt{3}\,V_jI_{cr}}{\sqrt{P_j^2+Q_j^2}} \tag{6-32}$$

(3)若 j 为 0，针对 C 中可控措施接入的各个厂站，当设置的 t_j 时刻 C 中可控措施接入厂站的有功注入变化对设备 k 有功的灵敏度取值方式为离线模式时，分别将其有功注入变化对设备 k 有功的灵敏度离线整定值作为 t_j 时刻该厂站的有功注入变化对设备 k 有功的灵敏度；当设置的 t_j 时刻 C 中可控措施接入厂站的有功注入变化对设备 k 有功的灵敏度取值方式为在线模式时，分别将根据 t_0 时刻之前的电网运行状态最新计算出的 C 中可控措施接入厂站的有功注入变化对设备 k 有功的灵敏度在线值作为 t_j 时刻该厂站的有功注入变化对设备 k 有功的灵敏度，进入步骤(4)；

若 j 不为 0，将 C 中可控措施接入的所有厂站的集合记为 SC，将 F 中可控措施接入的所有厂站的集合记为 SF，针对 SF 中各个厂站，将 F 中所有可控措施实施后设备过载变化程度与 F 中可控措施总量的比值作为 t_j 时刻这些厂站的有功注入变化对设备 k 有功的灵敏度；针对 SC 中除 SF 中厂站之外的各个厂站，分别将其 t_{j-1} 时刻有功注入变化对设备 k 有功的灵敏度作为其 t_j 时刻有功注入变化对设备 k 有功的灵敏度，进入步骤(4)；

进一步，若 j 为 0，针对 C 中各个可控措施，当设置的 t_j 时刻可控措施接入厂站的有功变化对设备 k 有功的灵敏度取值方式为离线模式时，则将相应可控措施的 $S_{DN.k.j}$、$S_{DN-m.k.j}$ 分别取为相应的可控措施接入 DN、$DN-m$ 的有功变化对设备 k 有功的灵敏度离线整定值，当设置的 t_j 时刻可控措施接入厂站的有功变化对设备 k 有功的灵敏度取值方式为在线模式时，则将相应可控措施的 $S_{DN.k.j}$、$S_{DN-m.k.j}$ 分别取为根据 t_0 时刻之前的电网运行状态最新计算出的可控措施接入 DN 和 $DN-m$ 的有功变化对设备 k 有功的灵敏度在线值，进入步骤(4)；

若 j 不为 0，计算出($P_{j-1}-P_j$)与 F 中所有单一厂站类可控措施 t_{j-1} 时刻的 $|P_{DN.L.i.j-1}|$ 及所

有非单一厂站类可控措施 t_{j-1} 时刻的 $\sum_{m=1}^{M}|P_{DN-m.L.i.j-1}|$ 之和的比值 $S_{a.k}$，针对 F 中可控措施接入的各个厂站，分别将 $Sgn(S_{DN.k.j-1})S_{a.k}$ 作为 t_j 时刻单一厂站类可控措施接入 DN 的有功注入变化对设备 k 有功的灵敏度 $S_{DN.k.j}$、Sgn（$S_{DN-m.k.j-1}$）$S_{a.k}$ 作为 t_j 时刻非单一厂站类可控措施对应的可控措施组合中各个可控措施接入 $DN-m$ 的有功注入变化对设备 k 有功的灵敏度 $S_{DN-m.k.j}$，并将除 F 中可控措施接入的各个厂站之外的 C 中可控措施接入的其他厂站 t_{j-1} 时刻有功注入变化对设备 k 有功的灵敏度，作为其 t_j 时刻有功注入变化对设备 k 有功的灵敏度，进入步骤(4)；

其中，P_{j-1} 为 t_{j-1} 时刻流经设备 k 监测点的设备有功，$P_{DN.L.i.j-1}$、$P_{DN-m.L.i.j-1}$ 分别为 t_{j-1} 时刻接入 DN、优先级为 L 的第 i 个可控措施的有功控制量和接入 $DN-m$、优先级为 L 的第 i 个可控措施的有功控制量，Sgn 为符号函数，$S_{DN.k.j-1}$、$S_{DN-m.k.j}$ 分别为 t_{j-1} 时刻可控措施接入 DN 的有功注入变化对设备 k 有功的灵敏度和可控措施接入 $DN-m$ 的有功注入变化对设备 k 有功的灵敏度。

(4)确定 C 中所有可控措施的有效性，将 C 中所有有效的可控措施组成的集合作为设备 k 过载控制的有效可控措施集 D，进入步骤(5)；

通过以下方法针对 C 中单一厂站类可控措施进行降低设备 k 过载程度的有效性判断：

对于发电机类可控措施，若其 $S_{DN.k.j}$ 大于 0 且 $P_{DN.L.i.j}$ 不等于 0，则确定为有效可控措施，否则，确定为无效可控措施；

对于负荷类可控措施，若其 $S_{DN.k.j}$ 小于 0 且 $P_{DN.L.i.j}$ 不等于 0，则确定为有效可控措施，否则，确定为无效可控措施；

通过以下方法针对 C 中非单一厂站类可控措施进行降低设备 k 过载程度的有效性判断；

按单一厂站类可控措施的有效性判断方法分别对非单一厂站类可控措施对应的可控措施组合中各个可控措施进行有效性判断，如对应的可控措施组合中所有可控措施都是有效可控措施，则确定相应非单一厂站类可控措施为有效可控措施，否则，确定相应非单一厂站类可控措施为无效可控措施；

(5)将 D 中大于设定的灵敏度门槛值 S_{cr} 的可控措施组成的集合作为优选可控措施集E，进入步骤(6)；

(6)若根据可控措施优先级按照由高到低的顺序，能够从 E 中搜索到 F，则进入步骤

(9),否则,进入步骤(7);

从 E 中搜索到的 F 应满足以下条件:

F中所有单一厂站类可控措施的 $|P_{DN.L.i.j}S_{DN.k.j}|$ 与所有非单一厂站类可控措施的 $\sum_{m=1}^{M}|P_{DN-m.L.i.j}S_{DN-m.k.j}|$ 之和最小且大于等于 $\lambda_j(P_j-P_{cr.j})$,同时针对 C 中单一厂站类可控措施所接入的各个厂站，除 F 之外 C 中余下的所有单一厂站类可控措施的 $|P_{DN.L.i.j}|$ 之和分别大于等于设定的各个厂站需要保留有功容量 $P_{DN.r}$ 或者余下的单一厂站类可控措施数分别大于等于设定的各个厂站需要保留的单一厂站类可控措施数 $n_{DN.r}$ 的要求；其中,λ_j 为设定的设备 k 过载控制程度系数,$0<\lambda_0<\cdots<\lambda_j\leq 1$。

(7)若根据可控措施优先级按照由高到低的顺序,能够从 D 中搜索到 F,则进入步骤(9),否则,进入步骤(8);

从 D 中搜索到的 F 应满足以下条件:

F 中所有单一厂站类可控措施的 $|P_{DN.L.i.j}S_{DN.k.j}|$ 与所有非单一厂站类可控措施的 $\sum_{m=1}^{M}|P_{DN-m.L.i.j}S_{DN-m.k.j}|$ 之和最小且大于等于 $\lambda_j(P_j-P_{cr.j})$,同时针对 C 中单一厂站类可控措施所接入的各个厂站，除 F 之外 C 中余下的所有单一厂站类可控措施的 $|P_{DN.L.i.j}|$ 之和分别大于等于设定的各个厂站需要保留有功容量 $P_{DN.r}$ 或者余下的单一厂站类可控措施数分别大于等于设定的各个厂站需要保留的单一厂站类可控措施$n_{DN.r}$ 数的要求;其中,λ_j 为设定的设备 k 过载紧急控制程度系数,$0<\lambda_0<\cdots<\lambda_j\leq 1$。

(8)若根据可控措施优先级按照由低到高的顺序,能够从 D 中搜索到需要保留的可控措施集 G,则将 D 中除 G 之外的可控措施组成的集合作为 F,结束本方法,否则,结束本方法;

从 D 中搜索到的 G 应满足以下条件:

G 中所有单一厂站类可控措施的 $|P_{DN.L.i.j}S_{DN.k.j}|$ 与所有非单一厂站类可控措施的 $\sum_{m=1}^{M}|P_{DN-m.L.i.j}S_{DN-m.k.j}|$ 之和最小,同时针对 G中单一厂站类可控措施所接入的各个厂站,G 中的所有单一厂站类可控措施的 $|P_{DN.L.i.j}|$ 之和分别大于等于设定的各个厂站需要保留有功容量 $P_{DN.r}$ 或者单一厂站类可控措施数分别大于等于设定的各个厂站需要保留的单一厂站类可控措施数 $n_{DN.r}$ 的要求。

需要保留的可控措施集 G 是指根据厂站的可控措施保留容量或数目要求实时生成的不允许实施的可控措施集合。

(9)对电网实施F中所有可控措施,并令j增1,返回步骤(2)。

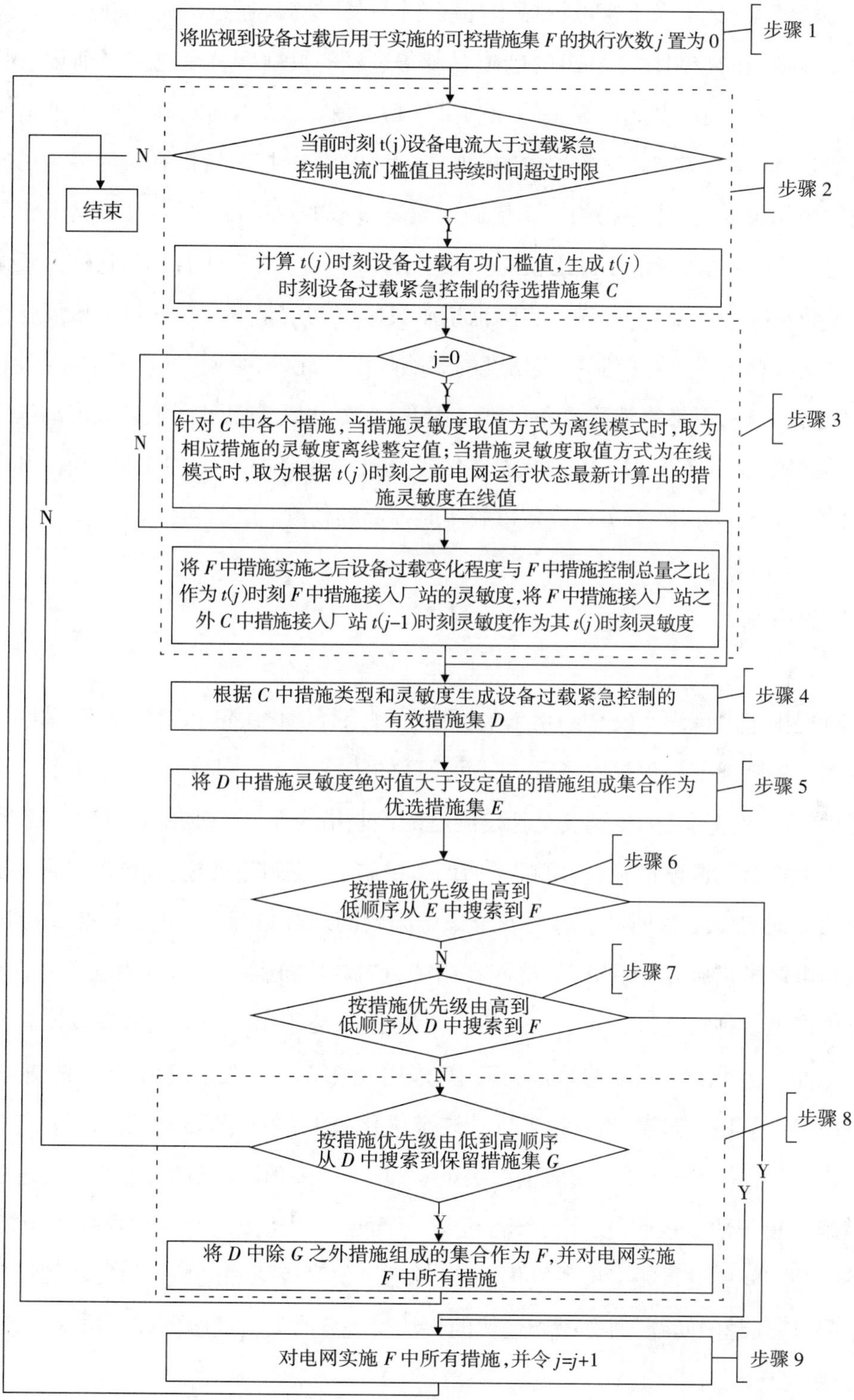

图6–3　基于灵敏度自动辨识的实时控制决策方法

即使作为措施灵敏度初值的离线设置的措施灵敏度或基于电网状态在线计算的措施灵敏度精度比较差，当所有可控措施都接在同一厂站时，通过措施实施后设备过载的影响程度和措施的控制量推算出的措施对设备过载的灵敏度就是电网当前运行状态下措施的灵敏度实际值，据此计算出的控制措施精度就很高；当初次确定的多个措施接在不同厂站时，将措施实施后设备过载的影响程度和措施的控制量推算出的多个措施对设备过载的平均灵敏度，作为相关厂站措施对设备过载的灵敏度，大多数情况下相对于措施灵敏度初值的精度，其精度也比较高。同时，引入了小于等于1且随迭代次数逐渐增大的设备过载控制程度系数，可进一步降低措施灵敏度初值精度和以平均灵敏度作为相关厂站灵敏度存在的误差对控制措施精度的影响程度。此外，采用“推算灵敏度-计算控制措施”的迭代策略，可最终消除设备过载。因此，本方法既克服了措施灵敏度离线设置适应性差的缺陷，又避免了基于电网状态在线计算灵敏度严重依赖电网在线模型和电网实时潮流的不足，综合保障了实现设备过载实时控制的精度、实时性和可靠性。

6.3 本章小结

本章提出了考虑多类安全约束下的预防控制综合优化决策和紧急状态优化决策，实现对电网实时工况下和预想故障后多时间尺度的防控。

通过设计和实现考虑多类安全稳定问题的控制措施综合性能指标。综合控制性能指标是指发电机有功调整措施、发电机无功调整措施、负荷调整措施、容抗器投退措施及直流调整措施对多个预想场景下多类安全稳定问题的综合指标，其中常规能源机组、新能源机组为电源类措施，直流调整为电网类措施，负荷、容抗器为负荷类措施。并在辅助决策计算中考虑多种安全稳定问题之间的协调优化，最终得出统一的辅助决策控制策略。

而在面对多类安全问题的综合决策中，采用“解耦优化-迭代协调”的方法进行，优先进行解决局部问题的过载/断面越限有功调整优化决策，在此基础上，进行电压越限无功调整优化决策，最后进行频率越限辅助决策。在频率越限辅助决策中，计及设备过载/断面越限措施的控制性能指标，剔除与设备过载/断面越限调整方向互斥的可控措施，在剩余的可控措施空间中进行频率越限优化决策，并通过仿真校核确定是否引发新的设备过载/断面越限、电压越限问题，通过循环迭代的方法实现各类安全问题的综合协调决策。

第 7 章　近电气距离三回超特高压直流近区无功优化技术

作为国内特有的两回超/特高压同送同受直流送端电网，某地区电网网架密集、多直流送端电气距离近、交直流电网耦合特性强，极易因受端电网交流线路故障，引发多回直流换相失败或闭锁故障；同时直流配套火电机组延期投运，新能源机组涉网保护门槛低，故障情况下发生大规模新能源脱网、进而引发电网发生大范围连锁故障风险增大，电网调度运行的难度越来越大。

7.1　计算模型及参数

7.1.1　计算模型信息

同步发电机采用考虑阻尼绕组的次暂态电势（Eq''、Ed''）变化的详细模型，发电机的阻尼系数 D=0。调速系统仍采用综合程序提供的典型模型参数。风电场采用双馈、直驱模型，光伏电站采用光伏通用模型。

发电厂用电模型为 40%恒阻抗，60%电动机；一般变电站（高耗能负荷比例小于 50%）按 70%恒阻抗，30%电动机考虑。

对高耗能变电站，铝厂高耗能负荷无功按 90%恒阻抗+10%电动机，铁合金高耗能负荷按10%电动机+90%恒阻抗。

7.1.2　故障类型及切除时间设定

故障切除时间为从故障开始到断路器断弧的时间，包括保护动作时间、中间继电器时间和断路器全开断时间等；失灵保护切除故障时间取失灵保护延迟时间加上开关跳闸时间，具体故障及切除时间如下：

（1）线路三永 N–1 故障。750 kV/330 kV 线路一侧发生三相永久短路故障，故障后 0.09 s 跳开线路近故障侧三相开关，0.1 s 跳开线路另一侧三相开关。220 kV 线路一侧发生三相永久短路故障,故障后 0.12 s 跳开线路近故障侧三相开关,0.12 s 跳开线路另一侧三相开关。

(2)线路三永 N–2 故障。750 kV/330 kV 线路一侧发生三相永久短路故障,故障后 0.09 s 跳开该线路近故障侧三相开关,0.1 s 跳开该线路另一侧三相开关，同时跳开另一回线路;220 kV 线路一侧发生三相永久短路故障，故障后 0.12 s 跳开线路近故障侧三相开关,0.12 s 跳开线路另一侧三相开关,同时跳开另一回线路。

(3)三相短路故障单相开关拒动。750 kV/330 kV 失灵保护切除故障时间取 0.4 s，220 kV 失灵保护切除故障时间取 0.6 s。

(4)重合闸时间。220 kV、330 kV 和 750 kV 单相重合闸时间一般取 0.6 s。

(5)直流单/双极闭锁故障。

0 s 发生直流单极闭锁故障,0.3 s 安控动作。

0 s 发生直流双极闭锁故障,0.2 s 安控动作切除全部滤波器,0.3 s 切除机组。

(6)直流换相失败。0 s 发生第一次换相失败,0.2 s 发生第二次换相失败。

(7)直流故障再启动。直流 1 设置两次全压再启动,再启动仿真时序如下:

0 s 故障,0.15 s 去游离,0.11 s 低压保护延时,第一次再启动;0.20 s 去游离,0.11 s 低压保护延时,第二次再启动。

对于再启动成功,故障结束时间设为第二次去游离结束前;对于再启动失败,故障结束时间设置为 100 s,闭锁时间设置为第二次再启动结束后 0.08 s。

7.1.3 新能源涉网性能规定

7.1.3.1 风电机组涉网性能规定

(1)电压运行控制目标。当公共电网电压处于正常范围内时,风电场应当能够控制风电场并网点电压在标称电压的 97%~107%。因此,对于 330 kV 风电场并网点而言,其电压控制范围为 320~353 kV,对于 220 kV 风电场并网场并网点而言,其电压控制范围为 213~235 kV,对于 110 kV 风电场并网场并网点而言,其电压控制范围为 107~117 kV。

(2)风电场运行电压适应性。当风电场并网点电压在标称电压的 90%~110%时,风电机组应能正常运行;当风电场并网点电压超过标称电压的 110%时,风电场的运行状态由风电机组的性能确定。

(3)风电场低电压穿越。根据《风电场接入电网技术规定》中风电场低电压穿越的标准。风电场并网点电压在图中电压轮廓线及以上的区域内时,场内风电机组必须保证不间断并网运行;并网点电压在图 7–1 中电压轮廓线以下时,场内风电机组允许从电网切出。

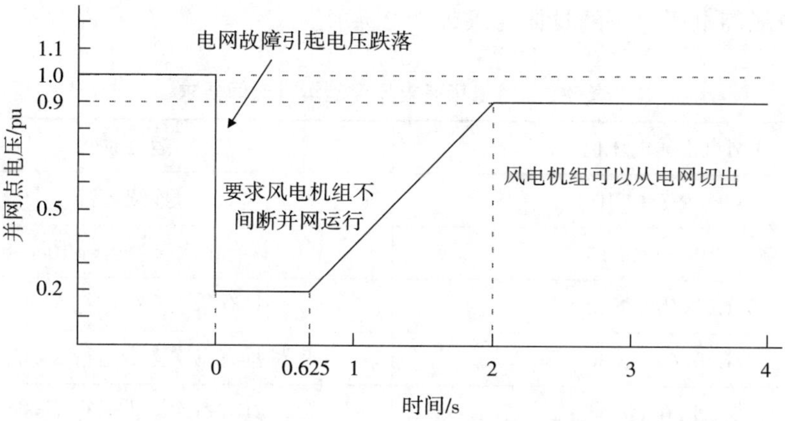

图 7–1　风电场低电压穿越的标准

图中风电场低电压穿越的标准为：

① 风电场并网点电压跌至 20%标称电压时，风电场内的风电机组应保证不脱网连续运行625 ms；

② 风电场并网点电压在发生跌落后 2 s 内能够恢复到标称电压的 90%时，风电场内的风电机组应保证不脱网连续运行。

根据中华人民共和国国家标准 GB/T 156—2017《标准电压》规定标称电压的交流三相系统及相关设备的标准电压如表 7–1 所示。

表 7–1　交流三相系统及相关设备的标准电压

设备最高电压/kV	系统标称电压/kV
7.2	6
12	10
40.5	35
72.5	66
126(123)	110
252(245)	220
363	330
550	500
800	750
1 100	1 000

注：表中数值为线电压，括号中的数值为用户有要求时使用。

（4）风电场高电压穿越的具体要求表 7–2所示。

表 7–2　风电场高电压穿越运行时间要求

并网点工频电压值/pu	运行时间
$0.9<UT\leqslant1.10$	连续运行
$1.10<UT\leqslant1.15$	具有每次至少运行 10 s 能力
$1.15<UT\leqslant1.20$	具有每次至少运行 5 s 能力
$1.20<UT\leqslant1.30$	具有每次至少运行 2 s 能力
$1.30<UT$	具有每次至少运行 1 s 能力

（5）故障类型及考核电压。电力系统发生不同类型故障（如表 7–3 所示）时，若风电场并网点考核电压全部在图7–1 中电压轮廓线及以上的区域内，风电机组必须保证不脱网连续运行，否则，允许风电机组切出。

表 7–3　风电场低电压穿越考核电压

故障类型	考核电压
三相短路故障	风电场并网点线电压
两相短路故障	风电场并网点线电压
单相接地短路故障	风电场并网点相电压

（6）风电场在电力系统频率范围内运行规定。风电场应在表 7–4 所示电网频率范围内按规定运行。

表 7–4　风电场在不同电网频率范围内的运行规定

电网频率范围	运行要求
低于 48 Hz	根据风电场内风电机组允许运行的最低频率而定
48~49.5 Hz	具有每次至少运行 30 min 的能力
49.5~50.2 Hz	连续运行
50.2~51 Hz	具有每次至少运行 5 min 的能力
51~51.5 Hz	具有每次至少运行 10 s 的能力
高于 51.5 Hz	具有每次至少运行 2 s 的能力

（7）无功装置（SVC、SVG）适应性。在电网正常运行情况下，风电场无功补偿装置应适应电网各种运行方式变化和运行控制要求。风电场无功动态调整的响应速度应与场内风

电机组高电压穿越能力相匹配，确保在调节过程中风电机组不因高电压而脱网。

风电场内动态无功补偿装置应按照下表中的要求运行。

表 7–5　不同电压水平下动态无功补偿装置运行时间要求

并网点工频电压值/p.u.	运行时间
0.2≤*UT*≤0.9	不少于低电压持续时间
0.9<*UT*≤1.10	连续运行
1.10<*UT*≤1.15	具有每次至少运行 5 min 能力
1.15<*UT*≤1.20	具有每次至少运行 1 min 能力
1.20<*UT*≤1.30	具有每次至少运行 5 s 能力
1.30<*UT*	具有每次至少运行 2 s 能力

7.1.3.2　光伏电站涉网性能规定

（1）低电压穿越

① 光伏发电站并网点电压跌至 0，并在 150 ms 内恢复至 0.2 pu 以上时，光伏发电站应能不脱网连续运行；

② 光伏发电站并网点电压跌至 0.2 pu 以下，光伏发电站应能不脱网连续运行 0.625 s；

③ 故障切除后，2 s 内电压由 0.2 pu 恢复至 0.9 pu 以上，光伏电站应能连续运行不脱网。

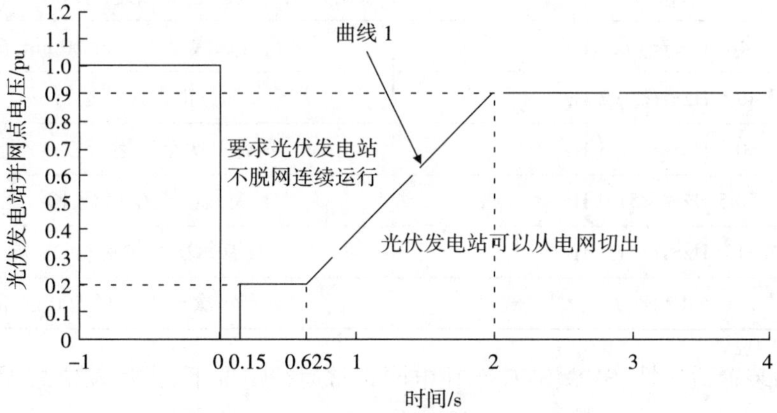

图 7–2　光伏发电站的低电压穿越能力要求

表 7-6 光伏发电站低电压穿越运行时间要求

并网点工频电压值/pu	运行时间
$UT \leqslant 0$	具有每次至少运行 150 ms 能力
$UT \leqslant 0.2$	具有每次至少运行 625 ms 能力
$UT \leqslant 0.9$	具有每次至少运行 2 s 能力
$0.9 < UT \leqslant 1.1$	正常连续运行

（2）高电压穿越

表 7-7 光伏发电站高电压穿越运行时间要求

并网点工频电压值/pu	运行时间
$1.10 < UT \leqslant 1.20$	具有每次至少运行 10 s 能力
$1.20 < UT \leqslant 1.30$	具有每次至少运行 2 s 能力
$1.30 < UT$	具有每次至少运行 500 ms 能力

（3）频率运行范围。按照《光伏发电站接入电网技术规定（Q/GDW 1617—2015）》要求，对于特高压直流近区光伏发电站以及与其接入到同一汇集站的光伏发电站，其频率适应性要求应结合光伏发电站实际接入情况分析确定。某电网光伏发电站应按照表 3-8 规定运行。

表 7-8 光伏发电站在不同电力系统频率范围内的运行要求

频率范围	运行要求
$f < 48$ Hz	根据光伏发电站逆变器允许运行的最低频率而定
48 Hz $\leqslant f <$ 49.5 Hz	具有每次至少运行 10 min 能力
49.5 Hz $\leqslant f <$ 50.2 Hz	正常连续运行
50.2 Hz $\leqslant f <$ 50.5 Hz	具有每次至少运行 2 min 能力
50.5 Hz $\leqslant f <$ 51.0 Hz	具有每次至少运行 10 s 能力
51.0 Hz $\leqslant f <$ 51.5 Hz	具有每次至少运行 2 s 能力
51.5 Hz $< f$	具有每次至少运行 500 ms 能力

（4）无功装置适应性（SVC、SVG）。在电网正常运行情况下，光伏发电站无功补偿装置应适应电网各种运行方式变化和运行控制要求。无功动态调整的响应速度应与光伏发电站电压适应性要求相匹配，确保在调节过程中光伏发电站不因高电压而脱网。

光伏发电站内动态无功补偿装置应按照如下要求运行。

表 7–9　不同电压水平下动态无功补偿装置运行时间要求

并网点工频电压值/pu	运行时间
$0.2 \leqslant UT \leqslant 0.9$	不少于低电压持续时间
$0.9 < UT \leqslant 1.10$	连续运行
$1.10 < UT \leqslant 1.20$	具有每次至少运行 1 min 能力
$1.20 < UT \leqslant 1.30$	具有每次至少运行 5 s 能力
$1.30 < UT$	具有每次至少运行 1 s 能力

7.2　近电气距离多回超/特高压直流送端近区电网无功电压特性研究

7.2.1　直流系统近区火电机组及新能源场站无功提供能力

7.2.1.1　火电机组提供无功能力

当同步电机的转子视作刚体时，转子运动方程式为：

$$\begin{cases} \dfrac{d\delta}{dt}=(\omega_*-1)\omega_N \\ \dfrac{d\omega_*}{dt}=\dfrac{1}{T_j}\left(-D_{\omega_*}+\dfrac{P_{m*}}{\omega_*}-\dfrac{P_{e*}}{\omega_*}\right) \end{cases} \tag{7-1}$$

发电机输出的无功功率的表达式为：

$$Q_{Eq}=-\frac{U^2}{X_d}+\frac{E_q U}{X_d}\cos\delta \tag{7-2}$$

火电机组的电压平衡方程如下：

$$\dot{E}_q=\dot{U}+r\dot{I}+jX_d\dot{I} \tag{7-3}$$

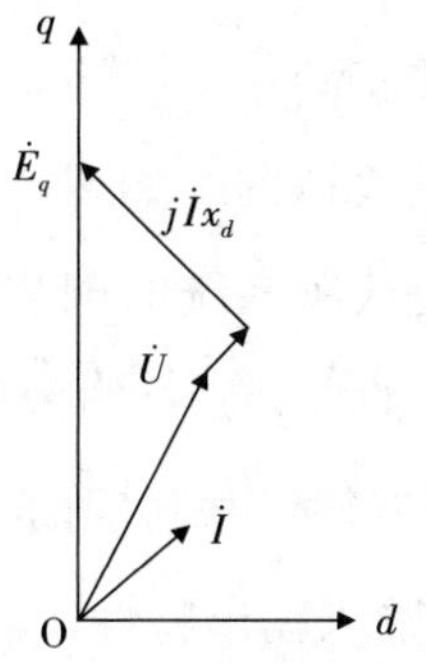

图 7–3　火力发电机的向量图

设发电机以滞后功率因数运行，其端电压向量为$\dot{U}$、定子电流向量为$\dot{I}$。由于火力发电机组一般是隐极式发电机，所以正、交轴同步电抗相等，即 $X_d=X_q$，取正、交轴正方向分别与实、虚轴正方向一致，则稳态下：

$$Q=U_qI_d-U_dI_q \tag{7-4}$$

$$Q=\frac{E_qU}{X_d}\cos\delta-\frac{U^2}{X_d} \tag{7-5}$$

由式(7–5)可得图7–4：

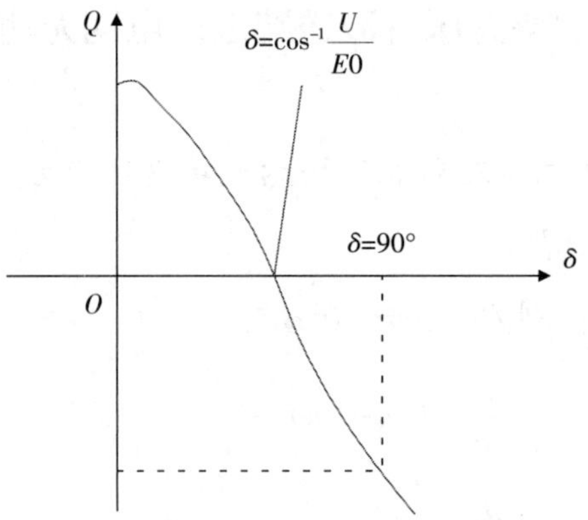

图 7–4　火力发电机无功功率的功角特性曲线

发电机励磁系统的基本功能是为发电机励磁绕组提供励磁电流，以便在发电机定子空间产生磁场，且起着调节电压、保持发电机端电压或枢纽点电压恒定的作用，控制并列运行发电机的无功功率分配。它对发电机的动态行为有很大的影响。现代电力电子技术的发展，使快速响应、高放大倍数的励磁系统得以实现，极大地改善了电力系统的稳定性。电力系统稳定器（Power System Stabilizer，PSS）的提出和应用进一步扩展了励磁系统对提高电力系统稳定性的作用。

1 型 AVR 为它励式常规励磁系统或采用可控硅调节器的它励式快速励磁系统，即通常具有励磁机的励磁调节系统，其模拟框图如图 7–5。

反馈环节采用并联校正，目的是改善系统的调节特性。

2 型 AVR 为采用可控硅调节器的自并励和自复励快速励磁系统，系统的模拟框图如图 7–6 所示。该模型用串联校正环节替代并联反馈校正。

图 7–6 示给出了自并励系统的输入输出特性。

图中纵坐标 E_{fd} 为励磁电压标幺值，横坐标为机端电压标幺值（以初始稳态机端电压

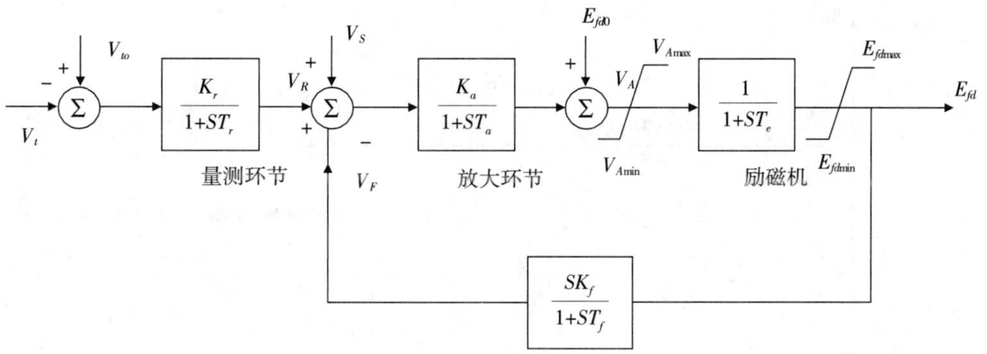

图 7-5　1 型励磁调节器框图

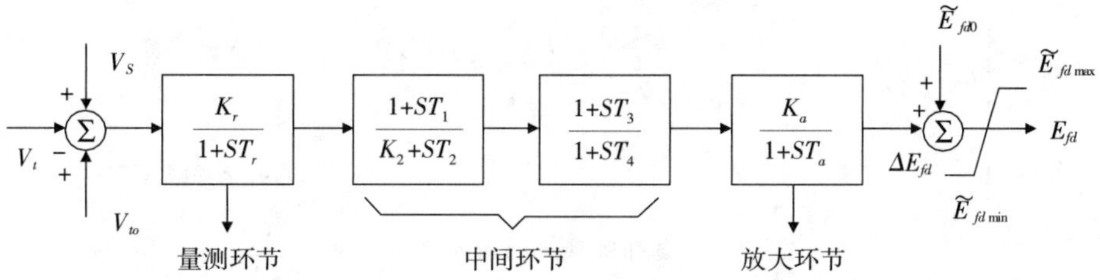

图 7-6　2 型励磁调节器框图

V_{t0} 为基准)。图中过 O 点直线 Oa 和 Ob 分别为自并励系统的强励和强减工作线,模拟机端电压变化时,可控硅整流器开放角 $\alpha=\alpha_{\min}$ 时所能提供的强励顶值电压以及逆变情况下 $\beta=\beta_{\min}(\beta=180°-\alpha)$ 时所能提供强减最大值电压与端电压变化的关系。不难看出,随着机端电压变化,强励顶值电压与强减顶值电压都呈现线性关系发生变化。

图 7-7 中直线 ab 表示调节器工作段特性。它是一通过正常运行点 N 的直线,其斜率取决于励磁调节系统的放大倍数 K_a。该线与强励强减工作线分别交于 a、b 两点。其中 a 点的坐标(V_{ta},$E_{fd\max}$)表示在机端电压下降到 V_{ta} 可达实际强励顶值 $E_{fd\max}$;而 b 点的坐标(V_{tb},$E_{fd\min}$)则表示在机端电压升高到 V_{tb} 时可达实际强减电压 $E_{fd\min}$。实际上,V_{ta} 和 V_{tb} 为给定数值,它们与 $E_{fd\max}$、$E_{fd\min}$ 一起,给定 Oa,Ob 两条直线的斜率。当放大倍数 K_a 变化时,正常工作点 N 不变,但调节器工作段直线斜率变化,此时工作段直线与强励、强减线的交点 a、b 的坐标并不一定同给定点坐标(V_{ta},$E_{fd\max}$)及(V_{tb},$E_{fd\min}$)重合。

发电机运行中,还应考虑配套机组的电压调节能力。系统电压较高时,发电机会进相吸收无功功率,从而降低电压水平。发电机自动电压调节器(AVR)通常设有低励限制(UEL)功能,其目的是防止发电机进相过深时因励磁水平过低而失稳或定子铁芯端部过热、厂用电电压过低等。在计算稳态过电压时,应考虑机组低励限制的影响。

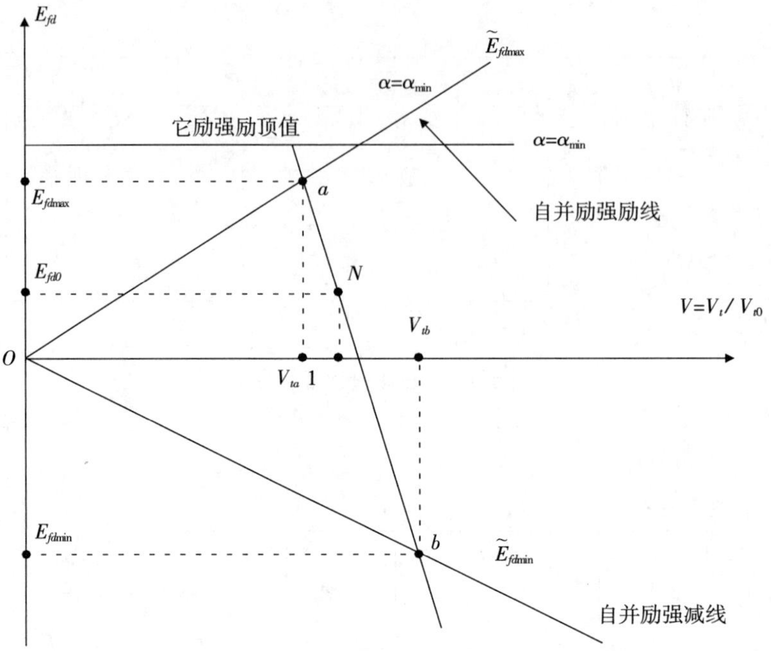

图 7–7　自并激系统的输入输出特性

3 型励磁系统调节器的模拟框图如图 7–8 所示。本模型用来模拟由副励磁机向调节器供电的不可控整流交流励磁机励磁系统。励磁调节器带并联校正和串联校正环节，并

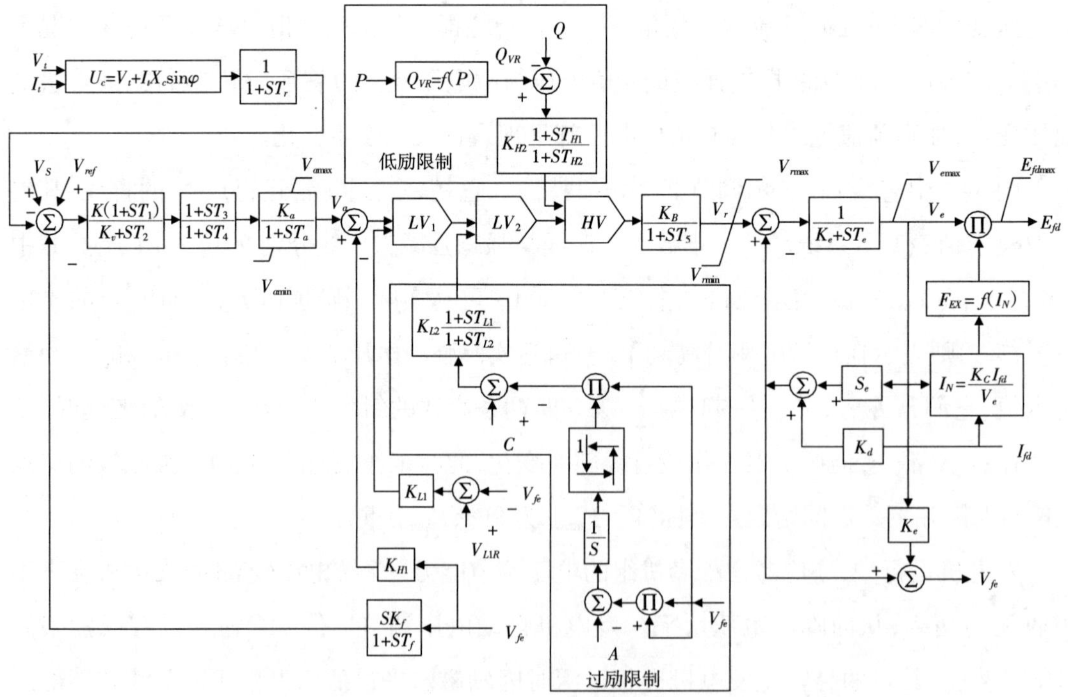

图 7–8　自并激系统的输入输出特性

采用两级调节结构。并联校正的信号、时间常数补偿信号均取自调节器的输出电流(即交流励磁机的励磁电流)。它主要应用于无刷励磁系统。

低励限制典型结构原理模型如下图所示。其原理为:由发电机当前功率 P_t 和电压 U_t 得出此时最大允许的无功功率参考值 Q_{ref},并将其与实测无功功率 Q_t 求差值后,经过一个控制环节 V_{UEL} 至 AVR 电压控制主环。

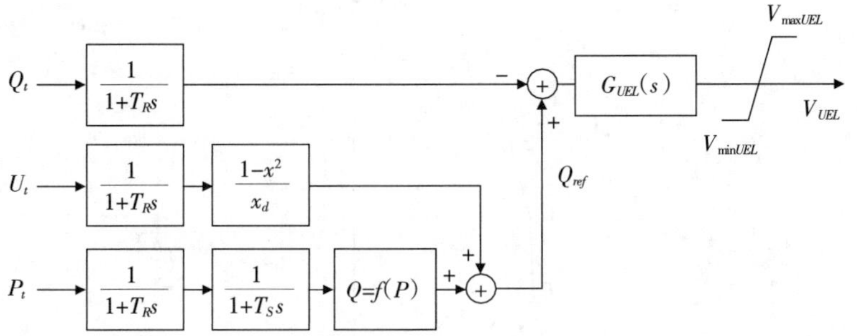

图 7-9　火力发电机无功功率的功角特性曲线

低励限制器按照接入励磁调节系统的方式可分为两种类型:后高比门接入方式类型和电压信号叠加点接入方式类型。

而欠励限制用于限制同步发电机进相运行时允许的无功功率,防止深度进相造成不稳定运行,欠励限制应与失磁保护相配合,确保限制先于保护动作。

欠励限制原理为:装置实时检测发电机有功功率和无功功率,根据点与直线位置,判断实际允许点离欠励限制曲线的远近(模值)和内外(符号),当运行点越过欠励限制曲线,装置立即禁止减磁操作,同时以无功功率作为被调节量,调节偏差为运行点至欠励曲线的距离,从而保证发电机运行点回到安全允许区域。

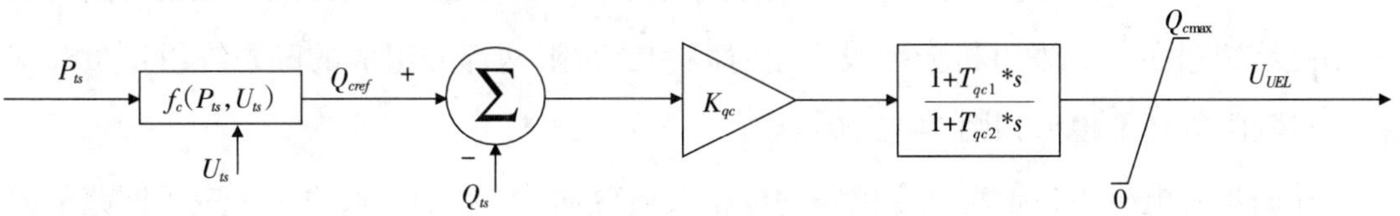

图 7-10　欠励限制模型

NES6100 的欠励限制模型如图 7-10,为一阶超前滞后校正环节,以无功的偏差作为输入,输出经过限幅,叠加到 AVR 电压环的给定值上。

根据发电机保护整定计算导则,发电机欠励失磁保护包含定子侧阻抗判据。静稳阻抗圆在 $P-Q$ 平面上的映射是一个圆,圆外为动作区。该圆的圆心及半径均与机端电压的平方成正比关系。在 P–Q 平面上，欠励限制线、静稳边界线应合理配合，欠励限制曲线距静稳边界保证一定的裕度。

因此，标准 DL/T 843–2010 的 6.5.10 条规定：自动电压调节器的欠励限制特性应由系统静稳定极限和发电机端部发热限制条件确定。欠励动作特性应计及发电机端电压的变化。

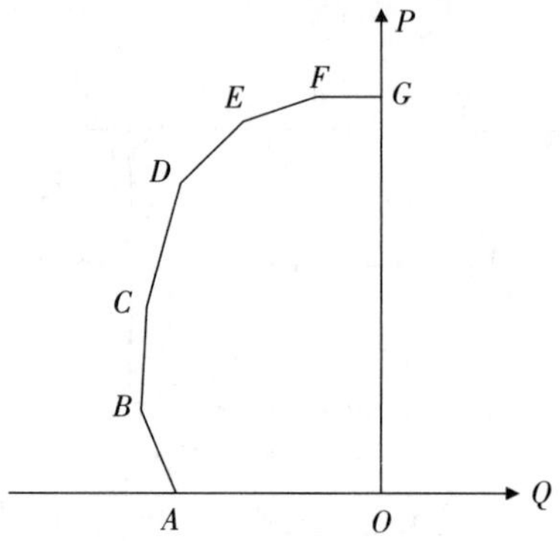

图 7–11　欠励 P/Q 曲线图

NES6100 励磁调节器的欠励限制曲线为七点折线，用七个无功功率值对应七个有功功率水平来设定限制曲线。如图 7–11 所示，图中 OABCDEFG 围成的区域为机端电压为额定时的进相允许范围，超出 OABCDEFG 区域为深度进相，发电机正常运行应避免进入该范围。

发电机过励限制环节通过限制调节器输出以限制发电机转子电流，达到保护发电机转子的目的。产生过励的原因主要有以下两种：系统电压长期过低，AVR 作用于增励；AVR 故障引起过励磁。

GB/T 14285—2006《继电保护和安全自动装置技术规范》规定，为应对强励时间过长的励磁绕组过负荷，发电机应装设由定时限和反时限两部分组成的励磁绕组过负荷保护。过励限制环节模型如图 7–12 所示。

在同步发电机中，走直轴主磁路的电枢反应磁通 Φ_{ad} 和漏磁通决定了定子回路的等值电抗，乃至电流大小。不论短路前是什么运行状态，短路到稳态后，恒定的励磁电流 $i_{f|0|}$ 依旧产生穿过主磁路的主磁通 Φ_0，Φ_0 在定子三相绕组感应空载电动势 $E_{q|0|}$。短路稳态时，每相空载电动势与走主磁路的磁通 Φ_{ad} 和走漏磁路径的 Φ_σ 所对应的电抗压降相平衡，则如果令电流向量为 i_d，x_d 为直轴同步电抗，则有：

$$\dot{E}_{q|0|}=j(\Phi_{ad}+\Phi_{\sigma})\dot{I}_d=jx_d\dot{I}_d \tag{7-6}$$

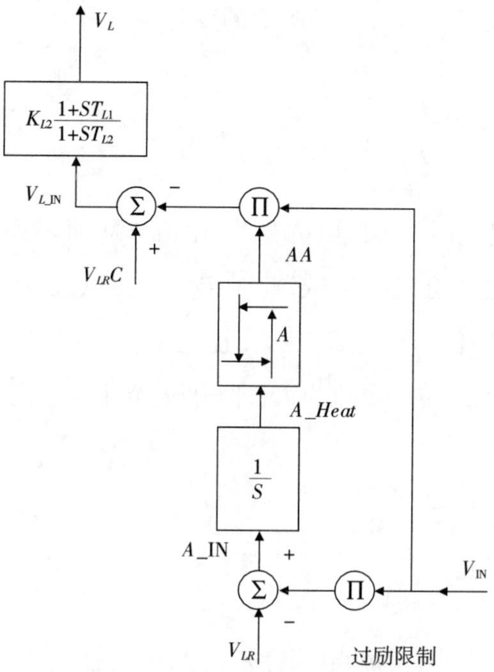

图 7-12　发电机过励限制传递函数图

在不计及阻尼回路时，短路瞬间定子回路突然出现三相交流电流，其合成磁动势企图形成穿越主磁路的磁通，但转子上的励磁绕组为保持自身磁链守恒而感生直流电流 i_{fa}，其相应的磁动势就抵制电枢反应磁通的穿入，而迫使后者走漏磁路径，而励磁绕组中感生的直流 i_{fa} 会产生一部分漏磁通 $\Delta\Phi_{f\sigma}$ 和另一部分走主磁路的 $\Delta\Phi_0$，与短路稳态时相比，短路瞬间的电枢反应磁通的磁路变成励磁绕组漏磁路径、气隙和定子铁芯，磁路的磁阻增大了，磁导减小了，由于电抗正比于磁导，所以直轴暂态电枢反应电抗为：

$$x_{ad}^{'}=\frac{1}{\frac{1}{x_{ad}}+\frac{1}{x_{f\sigma}}} \tag{7-7}$$

加上定子漏电抗后，每项定子的等值电抗为：$x'_d=x_\sigma+x'_{ad}$ 称之为直轴暂态电抗。暂态电动势为：

$$\dot{E}_{q|0|}=jx'_d\dot{I}'_d \tag{7-8}$$

在计及阻尼回路作用时候，由于阻尼绕组 D 也要维持其磁链不变，Φ_{ad} 也被挤至 D 绕组的漏磁路径。因此 Φ_{ad} 磁路的磁阻为 $R_{ad}+R_{D\sigma}+R_{f\sigma}$。对应的每项定子的等值电抗为：$x''_d=x_\sigma+x''_{ad}$。

通常情况下，次暂态电抗<暂态电抗<稳态电抗

综上所述，可以描述短路电流分量幅值的变化与三种状态的电抗间的关系，可得到下式：

$$I_m(t)=\sqrt{2}\,E_{q|0|}\left[\left(\frac{1}{x''_d}-\frac{1}{x'_d}\right)e^{-t/T''_d}+\left(\frac{1}{x'_d}-\frac{1}{x_d}\right)e^{-t/T'_d}+\frac{1}{x_d}\right] \tag{7-9}$$

短路瞬间，对应的定子回路等值电抗 x_d 小，电流 I 大，此状态称为次暂态状态。接着，由于 D 和 f 均有电阻，电流会随后衰减，此时定子等值电抗 x'_d 比 x_d 大，定子电流 I' 比 I 大，即暂态状态。此后随着 i_{fa} 逐渐衰减为 0，电枢反应磁通最终全部穿入直轴，此时磁导最大，对应的定子电抗为 x_d，定子电流为 I_∞，即短路稳定状态，上述过程可描述为图 7-13。

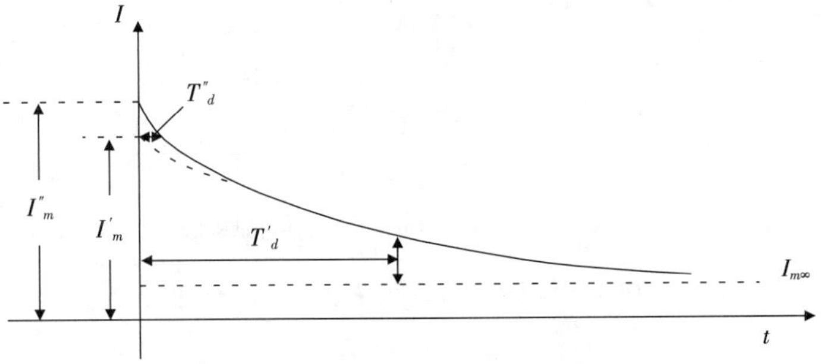

图 7-13　短路电流波形分解

暂态情形下，发电机在有功出力不变，无功出力和机端电压增加的情况下，发电机内电势E 增加，这将造成发电机初始功角的将减小，如下：

$$P_1=\frac{E_1U_1}{X_{1\Sigma}}\sin\delta_1=P_2=\frac{E_2U_2}{X_{1\Sigma}}\sin\delta_2 \tag{7-10}$$

由于机端内电势 E 增大，同时为了保证发电机有功功率保持不变，发电机的功角将由 δ_1 减小到 δ_2。

又因 $\eta=\int_{\delta}^{\delta dsp}(P_e-P_m)d\delta$ 可见，由于初始功角减小，系统的功角稳定裕度提高，因此系统的暂态功角稳定性提高。

(1)电抗参数对发电机动态无功能力影响

同样的机组额定容量下，暂态过程中机组对系统的无功支撑与其暂态电抗密切相关，发电机暂态电抗越小，故障期间机组的无功出力越大，对系统的支撑能力越强。

(2)初始工况对发电机动态无功能力的影响

① 初始有功功率对发电机动态无功能力的影响。发电机初始工况下，如果保持无功功率相同，则有功功率接近 0 时在故障情况下对系统的无功支撑作用最好。其原因在于

此时主变压器损耗最小，机端电压和内电势相对最高。

② 初始无功功率对发电机动态无功特性的影响。初始工况下如保持发电机有功功率不变，则所发无功功率越大，在故障情况下对系统无功支撑作用越好。其原因在于机组多发无功功率时，机端电压和内电势相对最高，故障情况下与系统的电压差越大，无功支持能力越强。同时可见不同初始无功功率下，故障时机组无功功率的变化量趋势基本一致。

(3)励磁系统对发电机动态无功能力的影响

① 调差系数对发电机动态无功能力的影响。调差系数的定义为：

$$\delta\%=\frac{U_{G0}-U_{Ge}}{U_{Ge}} \tag{7-11}$$

式中，U_{G0}、U_{Ge} 分别为空载运行和带额定无功电流时的发电机电压；调差系数 δ 表示无功电流从零增加到额定值时发电机电压的相对变化。

图 7-14 为三种类型的发电机调节特性曲线，具有正调差系数($\delta>0$)的特性曲线向下倾，即发电机端电压随无功电流的增大而降低，具有负调差系数($\delta<0$)的特性曲线上翘，发电机端电压随无功电流的增大而上升，具有无差特性($\delta=0$)的发电机电压为恒定值。

前述分析中，发电机调差系数均按零考虑，励磁系统按机端电压恒定来控制其励磁电压和电流。如果采用负调差，则在故障时发电机无功功率增加的情况下，励磁系统抬高机端电压，则可以增加发电机所发无功功率。负调差特性，相当于控制主变压器内某一点或主变压器高压侧电压恒定。减小机组的调差系数，可以较明显的增加机组在故障后的无功出力。

② 励磁调节器放大倍数对发电机动态无功能力的影响。增大机组励磁调节器的放

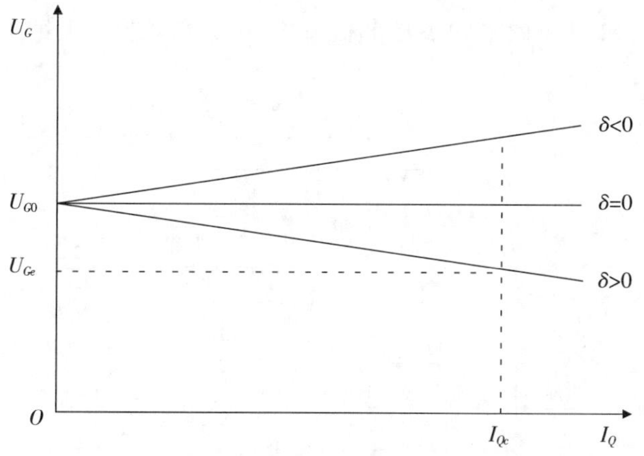

图 7-14　三种类型的发电机调节特性曲线

大倍数,可以增加机组在故障后的励磁电压和无功出力。但当放大倍数增加到一定程度时,该作用不再明显,且机组对外界扰动的敏感性增强,因此放大倍数也不是越大越好,宜通过优化整定。

(4)不同运行方式下直流近区火电机组无功支撑能力。

7.2.1.2　直流近区火电机组无功支撑能力

直流近区火电机组无功支撑能力主要分为稳态机组无功支撑能力和直流故障期间暂态无功支撑能力。

7.2.1.3　风机提供无功能力

(1)考虑低穿特性的风机模型。风机类型主要包括鼠笼、双馈、直驱三种,鼠笼风机投运较早且数量较少,双馈和直驱风机是目前风电主力机型而应用广泛,因此本节介绍的风机模型主要针对双馈和直驱风机。

需要注意的是,目前机电暂态仿真程序中的风机基础模型,以 PSASP 程序 10 型(双馈)、11 型(直驱)模型或 PSD-BPA 程序 GE(双馈或直驱)模型为例,见下图所示,没有独立的低压穿越控制环节,无法精确模拟低穿期间风机功率特性变化,在风机并网容量较大时仿真结果可能会与实际情况有所偏离。

为了进一步提升仿真的准确性,需要在原有风机模型基础上,加入与常规控制环节相互独立的低压穿越控制环节,可以计及风机低穿期间有功/无功特性。

然而由于不同厂家的风机逆变器低穿特性不尽相同,甚至部分厂家之间的差别较大,风机改进模型还需要具备可以灵活模拟不同低穿有功/无功特性的能力。

因此,目前机电暂态仿真程序中考虑低穿特性的风机改进模型,以 PSASP 程序 12 型(双馈)、13 型(直驱)模型为例,见图 7-16 所示,结构上具有独立的低压穿越控制环节,通过设置不同控制参数可以模拟不同类型的低穿有功/无功特性,对风机暂态过程的仿真精度明显提高。

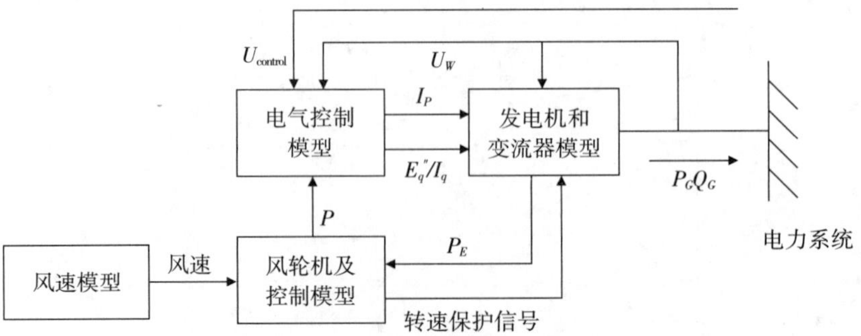

图 7-15　风机基础模型总体结构

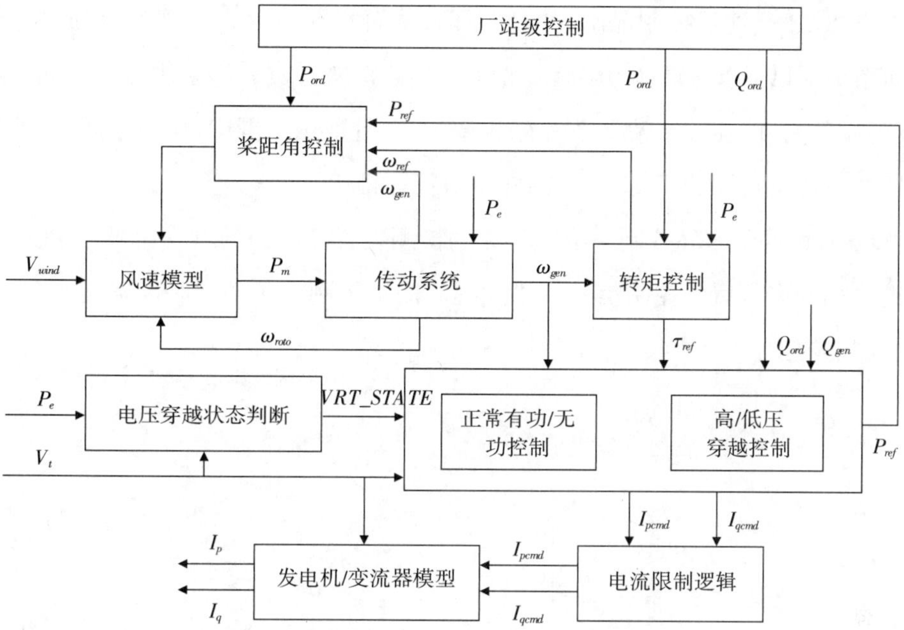

图 7-16　风机改进模型总体结构

(2)风机无功补偿设备。除了风机自身的无功调节能力外,在风电场中安装有载调压变压器(OLTC)、静止无功补偿装置(SVC)和投切电容器组等无功补偿设备。不同设备的特点如表 7-10 所示。

表 7-10　风电场无功电压调节设备及特点

类型	调节手段	调节特性	调节限制	无功容量
电容	产生容性无功功率	离散控制	调节时间间隔、次数	与端电压平方成正比
电抗	产生感性无功功率	离散控制	—	同上
OLTC 分接头	改变无功分布	离散控制	调节次数	—
SVC	产生感、容性无功功率	连续控制	无	与端电压平方成正比
STATCOM	产生感、容性无功功率	连续控制	无	与电压无关
双馈风电机组	产生感、容性无功功率;必要时改变有功出力	连续控制	无	随有功出力增大而减小

其中,SVC 一般安装在风电机组的出口母线处, 然后利用无功检测装置检测风电场处的电压电流信号,与 PCC 点的电气信号进行比较,比较得到的偏差作为 SVC 的控制信号,从而控制晶闸管的导通角。通过控制晶闸管的导通角从而实现 SVC 从容性到感性的无功调节。SVC 的构成形式有多种,一类是具有饱和电抗器的静止无功补偿装置(SR);第二类是晶闸管控制电抗器(TCR)、晶闸管投切电容器(TSC),其中,TSC 是按照分组投切

的方式工作，TCR 是通过控制晶闸管的导通角，从而实现 TCR 的平滑控制通过并联接入节点并向系统提供或者吸收无功功率。TSC+TCR 型 SVC 具有许多优点，比如反应时间快、运行可靠性高、能连续平滑调节和分相调节、而且适用范围广、价格较便宜，能更有效地补偿风电系统所需要的无功功率，因此调节特性很优。

风电场 SVC 采用闭环控制系统，将无功检测装置检测到的电气信号与 PCC 点的电气信号进行比较作差后的控制信号，以此提高闭环控制系统的控制准确度。图 7–17 为 SVC 的控制器框图。

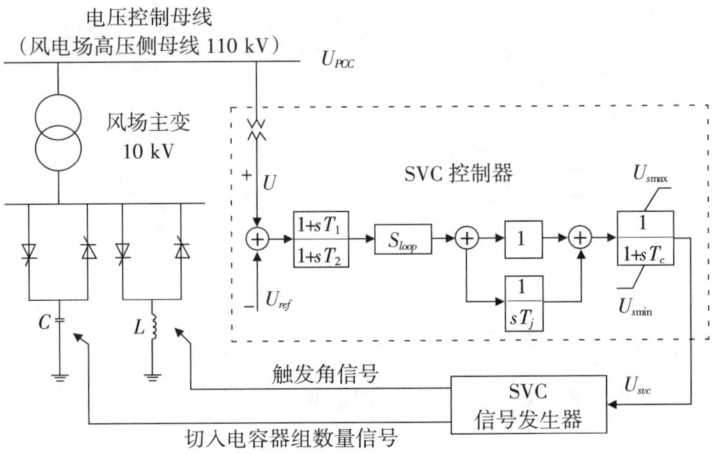

图 7–17　SVC 结构及控制器框图

（3）风机无功支撑能力。随着海上风电接入容量的增加，极端恶劣天气风功率波动引发的电压波动程度增大，对电网形成较大的扰动，对直流运行的影响也势必增大。风电场对交流系统及直流逆变侧交流母线电压的影响主要与风电场的出力水平和提供无功的能力有关，采用风电场短路比 K_w 的概念：

$$K_w = \frac{P_w}{S_w} \times 100\% \tag{7–12}$$

式中，P_w 为风电场额定容量；S_w为与风电场接入系统连接点的短路容量。

风电场短路比的大小决定了该节点与系统联系的强弱，反映风电场汇集母线电压对风电场注入功率变化的敏感程度，风电场短路比越小，表明直流逆变侧交流系统抵抗风电随机变化扰动能力越强，因此 K 值的大小一定程度上反映了风电场的无功波动对受端电网特高压直流运行的影响。

一般而言，当 K 小于 4%时，交流系统承受风电无功波动能力较强，大于 12.5%时，海上风电所承载的交流电网较弱。尤其要关注风电接入供电网络末端、较薄弱环节时对电网电压的影响。

（4）不同风机模型低穿特性。由于现行国标对风机低穿性能的规定较为宽泛，并且风机逆变器厂家众多，导致目前已并网风机的低穿特性差别较大。在尚无法做到风机实测建模的情况下，在仿真分析时一般根据风机类型和逆变器厂家选用不同的风机模型和参数。因此，需要研究不同风机模型低穿特性对故障后暂态电压的影响。以国内机电暂态程序 PSASP 为例，共有 7 型（鼠笼）、8 型（通用）、10 型（双馈）、11 型（直驱）、12 型（新双馈）、13 型（新直驱）6 种风机模型，目前主要使用的是后 4 种模型。

由前文可知，10 型、11 型风机是基础模型，没有独立的低穿控制环节，低穿有功特性采用低压有功限制近似模拟，低穿无功特性采用正常无功控制。而 12 型、13 型风机是改进模型，具有独立的低穿控制环节，可以根据实际灵活设置不同的低穿有功和无功特性。综上，不同风机模型的低穿特性见表 7-11 和图 7-18 所示。

其中，I_p、I_q 为风机有功和无功电流，I_{p0} 为风机初始有功电流，K_{vi}、K_{qi} 为风机内环控制电压和无功增益，P_{gw}、Q_{gw} 为风机有功和无功出力。

表 7-11　不同风机模型低穿特性

风机模型	低穿特性	
	有功特性	无功特性
10 型	I_p=0.1，斜率恢复	K_{vi}=0.0，K_{qi}=0.8
11 型	I_p=2.44U_w–0.976，迅速恢复	K_{vi}=120，K_{qi}=0.1
12 型	I_p=0.25，斜率恢复	I_q=0.7（0.9–U_w）+0.47
13 型	I_p=U_w+0.2I_{p0}，迅速恢复	I_q=2（0.9–U_w）

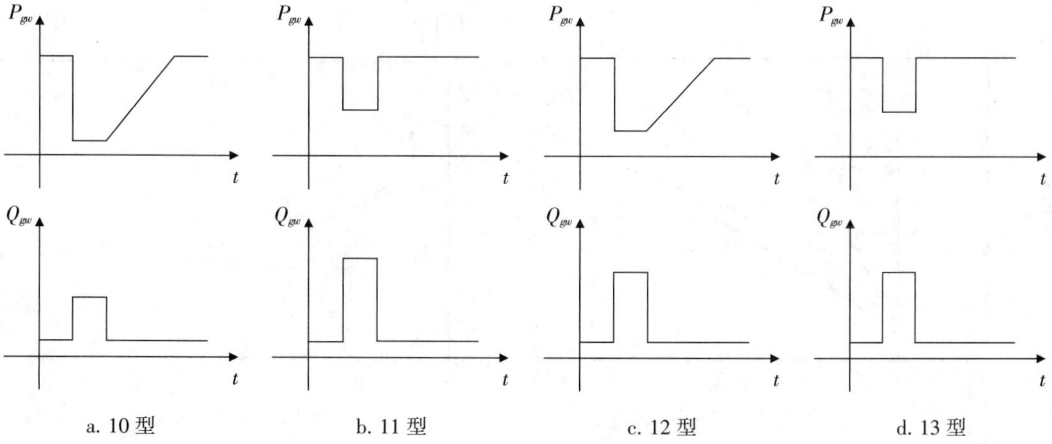

图 7-18　不同风机模型低穿特性

由于风机低穿期间有功出力减少和无功出力增加将使得故障后电压进一步抬升。低穿期间风机有功出力越小、无功出力越大,近区暂态电压越高。

从以下方面对比不同风机模型的低穿特性:

① 从风机低穿期间有功出力而言,11 型/13 型>12 型>10 型;

② 从风机低穿结束后有功恢复速率而言,11 型/13 型>10 型/12 型;

③ 从风机低穿期间无功出力而言,11 型>12 型/13 型>10 型。

因此,考虑到某一风机模型低穿期间的有功和无功特性对故障后暂态电压可能起不同的作用,需要采用理论结合仿真的方法,具体分析不同风机模型低穿特性下近区暂态电压的相对高低。

以西北某特高压直流送端系统为例, 直流近区风机分别采用 10 型、11 型、12 型、13 型模型,直流发生换相失败,风机侧电压和风机出力对比见图 7–19 所示。由图 7–19 可见,直流换相失败后,11 型风机得益于低穿期间无功出力最大,暂态电压最高;12 型风机低穿期间有功出力较小、无功出力较大,暂态电压仅低于 11 型;10 型风机得益于低穿期间有功出力最小,暂态电压高于 13 型;13 型风机低穿期间有功出力较大、无功出力较小,

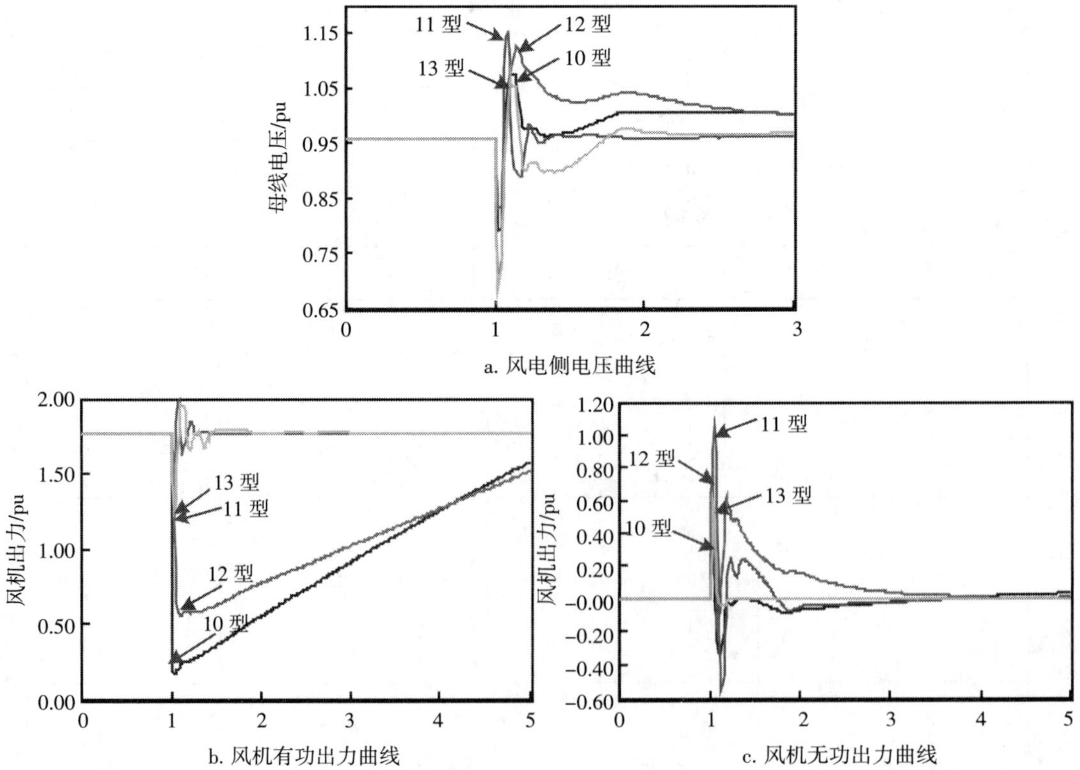

a. 风电侧电压曲线

b. 风机有功出力曲线

c. 风机无功出力曲线

图 7–19 不同风机模型风机侧电压和风机出力对比

暂态电压最低。

7.2.1.4　光伏提供无功能力

（1）光伏基础模型。用于机电暂态仿真的光伏基础模型主要包括光伏电池阵列模型和并网逆变器控制系统模型，其中，并网逆变器控制系统是模型核心环节，采用电流内环、电压外环的双环控制方式，将光伏阵列发出的直流电变换成为交流有功电流，再经网络变换注入电网中。

需要注意的是，目前机电暂态仿真程序中的光伏基础模型，以 PSASP 程序 9 型模型或PSD-BPA 程序 PV/BC 模型为例，没有独立的低压穿越控制环节，无法精确模拟低穿期间光伏功率特性变化，在光伏并网容量较大时仿真结果可能会与实际情况有所偏离。

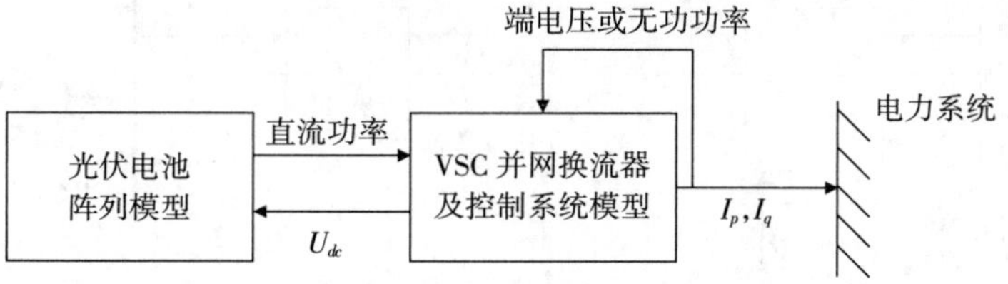

图 7–20　光伏基础模型总体结构

（2）光伏低穿期间有功/无功特性。近区系统故障使得光伏机端电压低于阈值时（典型值为 0.9 pu），光伏将会进入低压穿越过程。

低穿期间，为了防止逆变器过电流，光伏会控制有功电流迅速减小（典型值为 0.1~0.5 pu）；为了防止电压过低，光伏也会控制无功电流按照电压降低幅度成一定比例增加（典型值为 1~2 倍），光伏低穿期间有功/无功特性典型曲线见图 7–21 所示。

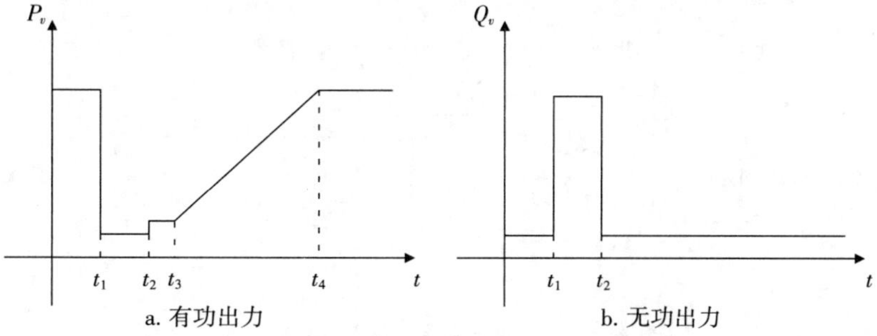

图 7–21　光伏低穿期间有功/无功典型曲线

图 7–21 中，P_v、Q_v 分别为光伏有功和无功出力，t_1~t_2 阶段为低压穿越中状态，t_2 之后阶段为低压穿越恢复及稳定运行状态。

（3）考虑低穿特性的光伏改进模型。为了进一步提升仿真的准确性，需要在原有光伏模型基础上,加入与常规控制环节相互独立的低压穿越控制环节,可以计及光伏低穿期间有功/无功特性。

然而由于不同厂家的光伏逆变器低穿特性不尽相同,甚至部分厂家之间的差别较大,光伏改进模型还需要具备可以灵活模拟不同低穿有功/无功特性的能力。

因此,目前机电暂态仿真程序中考虑低穿特性的光伏改进模型,以 PSASP 程序 14 型模型为例,见图 7–22 所示,结构上具有独立的低压穿越控制环节,通过设置不同控制参数可以模拟不同类型的低穿有功/无功特性,对光伏暂态过程的仿真精度明显提高。

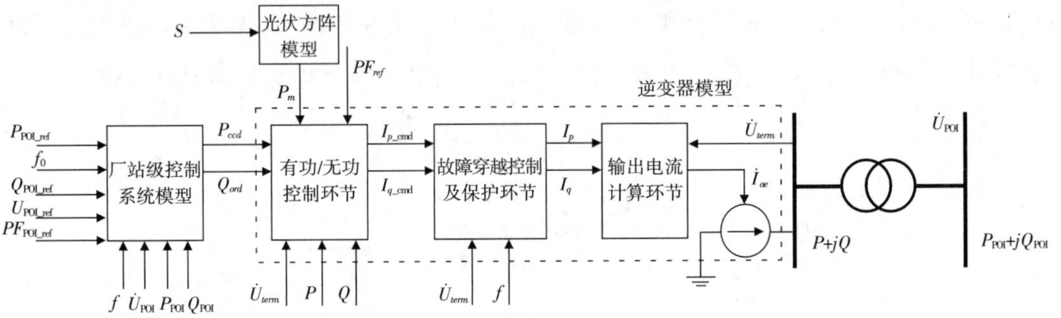

图 7–22　光伏改进模型总体结构

7.2.2　稳态条件下直流无功特性及对系统的影响

7.2.2.1　不同运行方式下直流系统无功吸收能力

高压直流输电系统运行时,换流站的无功功率交换情况如图 7–23 所示,图中:U_{ac} 为交流母线电压;I_d 为直流电流;Q_{ac} 为换流站与交流系统间交换的无功功率;Q_f 为当前状态下已投入的无功功率补偿设备提供的无功功率容量;Q_l 为换流器消耗的无功功率,当 Q_{ac} 为负时,表示交流系统吸收无功功率,反之则表示交流系统发出无功功率。

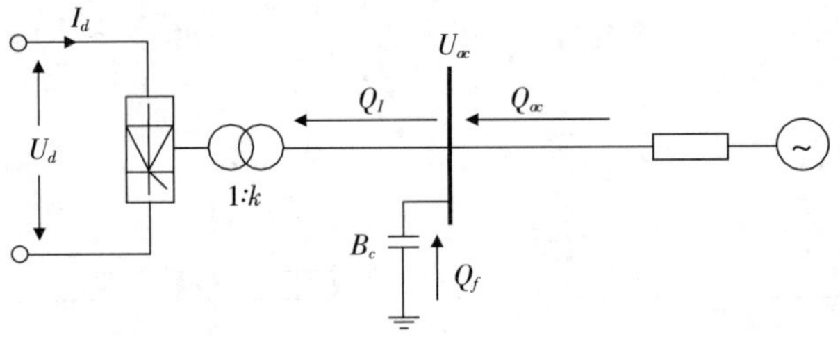

图 7–23　换流站无功交换示意图

换流变站的无功功率平衡公式为:

$$V_{do}=\frac{3\sqrt{2}}{\pi}BkU_{ac} \tag{7–13}$$

$$V_d=V_{do}\cos\alpha-\frac{3}{\pi}X_cI_dB \tag{7-14}$$

$$\Phi\approx\arccos(\frac{V_d}{V_{do}}) \tag{7-15}$$

$$P=V_dI_d=P_{ac} \tag{7-16}$$

$$Q=P\tan\Phi \tag{7-17}$$

由上式(7–13)至(7–17)可以推出直流系统无功功率为

$$Q=P*\tan\left[\arccos\left(\cos\alpha-\frac{I_dX_c}{\sqrt{2}\,kU_{ac}}\right)\right] \tag{7-18}$$

式中，P 为直流系统传输的有功功率；Φ为换流器的功率因数角；α 为换流阀点燃角；k 为换流变变比；B 为串联的桥数；X_c 为每桥换相电抗。

通过上述分析可见，直流系统无功损耗主要受直流输送功率、换流变交流母线电压、直流电流以及熄弧角大小等的影响。

7.2.2.2　直流过补偿和欠补偿方式对系统影响

考虑直流系统无功过补偿和欠补偿两种情况下，通过火电机组和低容低抗进行无功补偿，研究无功流动方向对对系统影响，由于某电网风电较多，而风电受电网过电压影响较大，因此需重点关注不同无功流动方向对系统暂态过电压的影响。

同情况下，欠补偿方式暂态压升小于过补偿方式下的暂态压升，这主要是因为在故障发生前欠补偿方式比过补偿方式投的滤波器较少，因此在换相失败过程中过补偿方式的无功盈余更大，暂态压升也更高。在过补偿方式下，通过近区电容电抗补偿暂态压升小于火电机组补偿时的暂态压升，这主要是由于在故障发生前通过火电机组进行无功补偿造成机组无功出力较小，因此在故障发生时其进相能力也更弱，暂态压升更大。在欠补偿方式下，通过近区电容电抗补偿暂态压升大于火电机组补偿时的暂态压升，这主要是由于在故障发生前通过火电机组进行无功补偿造成机组无功出力较大，因此在故障发生时其进相能力也更强，暂态压升更小。通过上述可见，直流运行在欠补偿方式，且通过近区火电机组进行无功补偿，更有利于对直流故障期间直流近区暂态压升的抑制。

7.2.2.3　交直流无功流动方向对电压影响机理

(1)交直流无功流动对暂态电压影响机理解释。图 7–24 给出了交直流混联电网中的直流送端系统示意图。令直流从系统吸收无功时 Q_{ex} 为正。

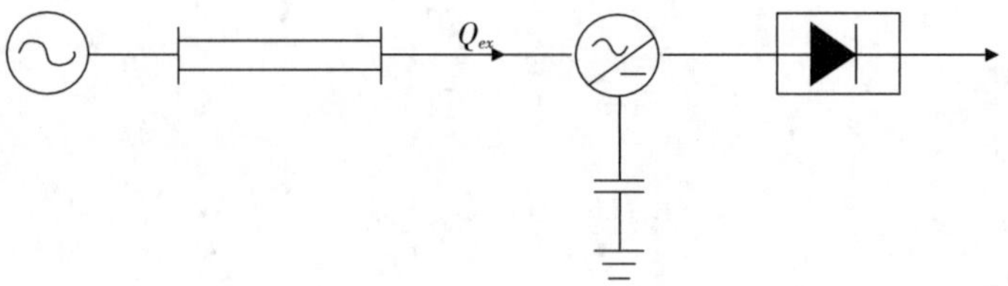

图 7-24　交直流混联电网示意图

考虑系统中发生直流闭锁故障后，滤波器尚未切除的暂态过程，或发生直流换相失败扰动过程中系统的等值电路如图 7-25 所示。

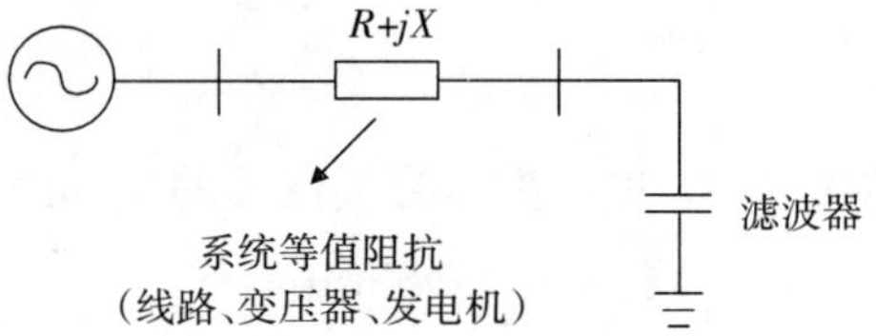

图 7-25　等值电路

根据直流与系统间的无功交换，可以分为如下三种情况：

① 若 $Q_{ex}=0$，滤波器提供的无功为 Q_1；

② 若 $Q_{ex}=Q_{ref}-Q_0$，最大欠补偿方式，滤波器提供的无功为 Q_2；

③ 若 $Q_{ex}=Q_{ref}+Q_0$，最大过补偿方式，滤波器提供的无功为 Q_3。

显然 $Q_3>Q_1>Q_3$。

那么上述三种情况下对应的滤波器等值电抗 X_0 关系为：

$$X_{30}<X_{10}<X_{20} \tag{7-19}$$

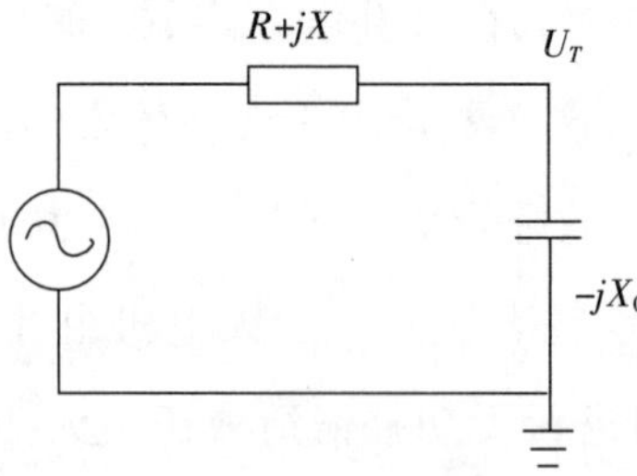

图 7-26　直流故障期间尚未切除滤波器时系统简化等值电路

系统整体等值阻抗

$$Z=R+j(X-X_0) \tag{7-20}$$

$$U_T=U-(R+jX)\frac{U}{R+j(X-X_0)} \tag{7-21}$$

不失一般性，$R\approx0$，则

$$U_T=\frac{j(X-X_0)U-jXU}{j(X-X_0)}=\frac{X_0}{X_0-X}U \tag{7-22}$$

交流系统等值电压 U=1,则

$$U_T=\frac{X_0}{X-X_0}=1+\frac{X_0}{X_0-X} \tag{7-23}$$

根据上式可得到 X_0 与 U_T 间的函数关系如图 7-27所示：

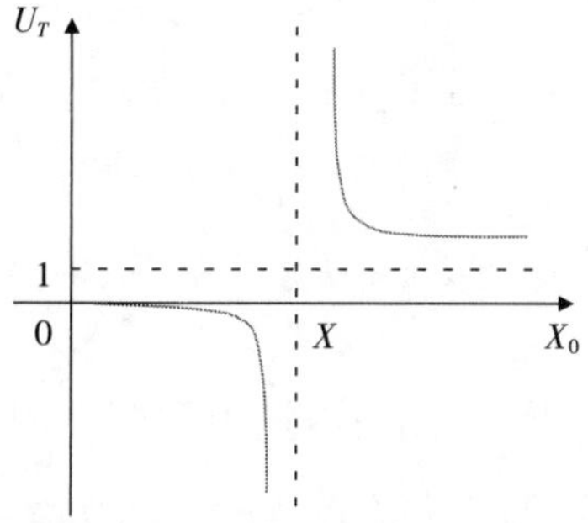

图 7-27　直流故障期间尚未切除滤波器时系统简化等值电路

从图中结果可知，当 $X_0<X$ 及 $X_0>X$ 两个区间内,X_0 均与 U_T 呈现单调递减趋势。若 $X_0<X$,则滤波器容量非常大,此时换流站电压为负,实际中此种情况不存在。

直流采用最大过补方式时，与零无功交换及最大欠补方式相比，滤波器等值电抗 $X_{30}<X_{10}<X_{20}$,那么有：

$$U_{T3}>U_{T1}>U_{T2} \tag{7-24}$$

因此,与其他两种补偿方式相比,最大欠补偿方式在直流故障后造成的暂态压升更小,系统暂态稳定性更高。

(2)交直流无功流动对稳态电压影响机理解释。直流双极闭锁后的电压动态过程大致可分为三个阶段,如图 7-28 所示。

第一阶段:扰动后很短时间(<200 ms),换流站内交流滤波器未切除,发电机电压调节器和交流系统的其他电压控制装置还未来得及响应,发电机内部电势不突变。换流站母线电压大幅升高。

第二阶段:扰动后数百毫秒到数秒,换流站交流滤波器已经快速切除,发电机电压调节器动作,维持机端电压为设定值。换流站母线电压下降。

第三阶段:系统中的其他慢速电压控制装置开始动作。换流站母线电压进一步降低。

换流器在运行中需消耗大量的无功功率，在换流站配置交流滤波器提供无功功率。令 Q_{ref} 表示直流系统与交流系统间的无功交换参考值。由于直流系统设计时的无功交换

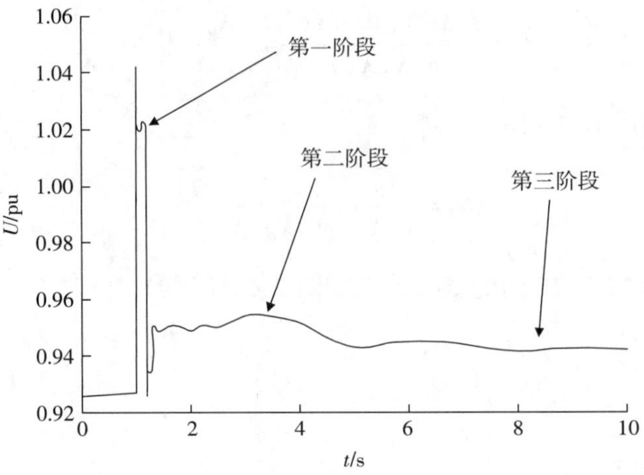

图 7-28　直流双极闭锁后的电压动态过程三阶段

原则是尽量多从交流系统吸收无功(无功尽量由配套电源等提供,降低滤波器造价),因此 Q_{ref} 通常为非负数。如果换流站与交流系统的无功功率交换值 Q_{ex} 超过下列限制值,控制系统就会发出命令,投入或切除 1 小组滤波器或并联电容器(为根据滤波器容量确定的死区)。

$$Q_{ex}>Q_{ref}+Q_0 \tag{7-25}$$

$$Q_{ex}<Q_{ref}-Q_0 \tag{7-26}$$

直流双极闭锁后稳态过电压影响因素复杂,一般通过时域仿真获取,可定性分析如下。直流送端系统可采用图 7-29 所示的戴维南等值电路表示。

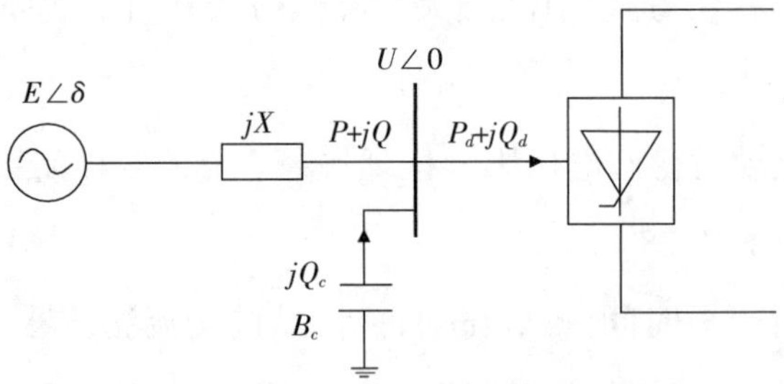

图 7-29　直流送端系统戴维南等值电路

等值模型可用以下方程表示:

$$
\begin{cases}
P=\dfrac{EX}{X}\sin\delta \\
Q=\dfrac{EU\cos\delta-U^2}{X} \\
P_d=P \\
Q_d=Q+Q_c \\
Q_c=B_cU^2
\end{cases}
\tag{7-27}
$$

假设直流闭锁前 U=1.0 pu，直流闭锁快速切除滤波器后，发电机内电势不变。则滤波器切除时刻的电压为：

$$
U=\sqrt{(P_dX)^2+(1+QX)^2}
\tag{7-28}
$$

由上式可得：

① 直流输送功率越大，稳态过电压水平越高；

② 从交流系统吸收的无功越小，稳态过电压水平越低；

③ 戴维南等值电抗越大（短路比越低），稳态过电压水平越高。

当直流系统从交流系统吸收的无功为下式中定义的 Q_{ex} 时称直流系统为最大过补方式，实际计算中可手动调节交直流系统无功交换值接近 Q_{ex}：

$$
Q_{ex}=Q_{ref}+Q_0
\tag{7-29}
$$

由上可知，相比于其他两种方式，在最大过补偿工作方式下，稳态过电压水平最低。

7.2.3　暂态条件下系统无功电压分布及电压特性

7.2.3.1　交直流故障后系统无功特性变化机理

从某大规模风电基地来看，一般通过“风火打捆”的方式将风电与火电汇集后就近通过大容量特高压直流送至远方负荷中心，典型的风火打捆直流外送系统结构见图 7–31 所示。

由图可见，一般每个风电场通过两级升压变由 0.69 kV 升压到 220 kV/330 kV，然后各自通过本地 220 kV/330 kV 线路将风电输送到汇集站，再通过汇集站主变升压到 500 kV/750 kV，与配套电源或主网汇集火电一起通过特高压直流外送。

为便于理论分析，可将图 7–30 所示的风火打捆直流外送系统通过戴维南等值简化为图 7–31 所示的两机等值系统。

其中，P_{gw}、Q_{gw} 为风机有功和无功出力；P_w、Q_w 为风机侧送出有功和无功功率；P_s、Q_s 为

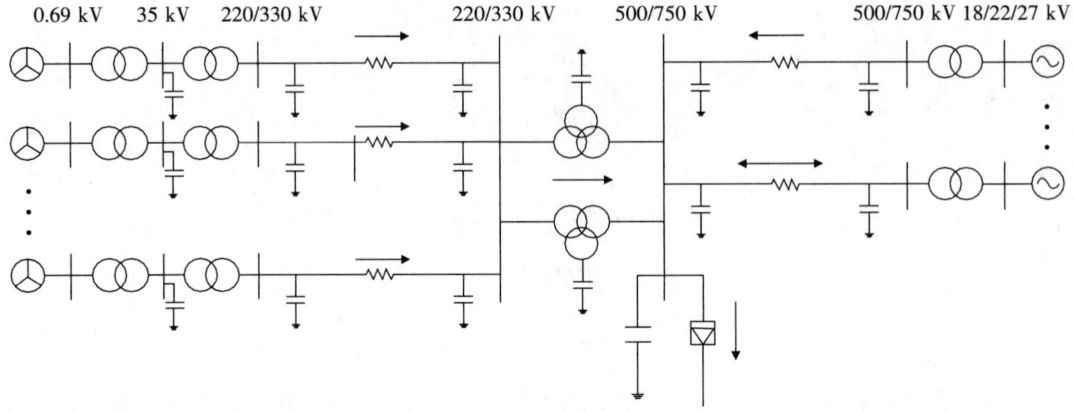

图 7-30　风火打捆直流外送系统结构

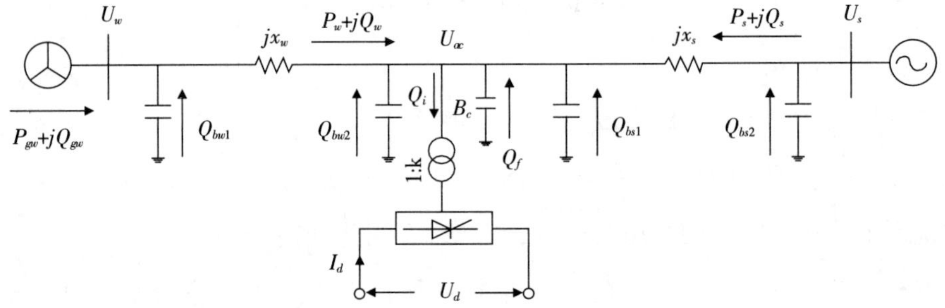

图 7-31　两机等值系统

系统侧受入有功和无功功率；P_d、Q_d 为换流站消耗有功和无功功率；Q_{bw1}、Q_{bw2} 为风机侧充电无功；Q_{bs1}、Q_{bs2} 为系统侧充电无功；Q_c 为换流站并联补偿无功；U_w、U_s、U_d 为风机侧、系统侧和换流站母线电压；x_w、x_s 为风机侧和系统侧电抗。

右侧发电机组是火力发电组，可得到：

$$Q_s=-\frac{U_s^2}{X_d}+\frac{E_q U_s}{X_d}\cos\delta \tag{7-30}$$

根据换流变站的无功功率平衡公式和有功、无功的潮流方向，可以推出整流侧的平衡公式，分别为：

$$Q_i=Q_{gw}+Q_{bw1}-Q_{hw}+Q_{bw2}+Q_s-Q_d+Q_{bs}-Q_{1s}+Q_f \tag{7-31}$$

$$U_{ac}=\sqrt{\left(U_s-\frac{Q_s x_s}{U_s}\right)^2+\left(\frac{P_s x_s}{U_s}\right)^2}\ U_{ac}=\sqrt{\left(U_s-\frac{Q_s x_s}{U_s}\right)^2+\left(\frac{P_s x_s}{U_s}\right)^2} \tag{7-32}$$

$$V_{d0}=\frac{3\sqrt{2}}{\pi}BkU_{ac}\ V_{d0}=\frac{3\sqrt{2}}{\pi}BkU_{ac} \tag{7-33}$$

$$V_d=V_{d0}\cos\alpha-\frac{3}{\pi}X_cI_dB \tag{7-34}$$

$$\Phi=\arccos(\frac{V_d}{V_{d0}}) \tag{7-35}$$

$$P=V_d*I_d=P_{ac} \tag{7-36}$$

$$Q=P\tan\Phi \tag{7-37}$$

根据有功和无功潮流方向，可以推出风机侧送出功率和系统侧受入功率分别为：

$$P_w=P_{gw} \tag{7-38}$$

$$Q_w=Q_{gw}+Q_{bw1}-Q_{lw} \tag{7-39}$$

$$P_s=P_{gw}-P_d \tag{7-40}$$

$$Q_s=Q_{gw}+Q_{bw1}-Q_{lw}+Q_{bw2}+Q_c-Q_d+Q_{bs1}-Q_{ls} \tag{7-41}$$

$$Q_{lw}=\frac{P_w^2+Q_w^2}{U_d^2}x_w \tag{7-42}$$

$$Q_{ls}=\frac{P_s^2+Q_s^2}{U_s^2}x_s \tag{7-43}$$

式中，Q_{lw}、Q_{ls} 为风机侧和系统侧消耗无功。

系统发生直流闭锁、直流换相失败、交流短路等故障后，暂态过程中直流和风机控制系统动态响应将大幅改变系统原有的有功和无功潮流分布。根据线路电压损耗公式，故障后两机等值系统换流站、系统侧和风机侧的电压矢量关系见图所示。其中，P_w'、Q_w' 为故障后风机侧送出功率，P_s'、Q_s' 为故障后系统侧受入功率。

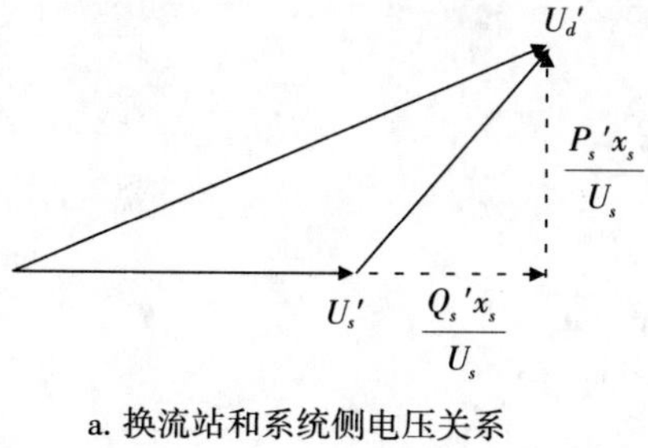

a. 换流站和系统侧电压关系

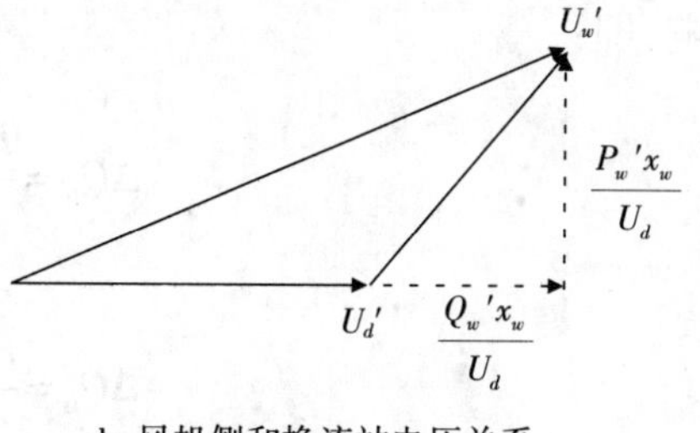

b. 风机侧和换流站电压关系

图 7-32　电压矢量关系图

由图 7-32a 可见，故障后换流站电压 U_d' 可通过系统侧电压 U_s' 及故障后系统侧受入功率 P_s'、Q_s' 求得：

$$Q_s'=\Delta Q_{gw}+Q_d-\Delta Q_{lw}-\Delta Q_{ls}+Q_s \tag{7-44}$$

$$P_s'=\Delta P_{gw}+P_d+P_s \tag{7-45}$$

$$U_d'=\sqrt{\left(U_s'+\frac{Q_s'x_s}{U_s'}\right)^2+\left(\frac{P_s'x_s}{U_s'}\right)^2} \tag{7-46}$$

由图 7–32b 可见，故障后风机侧电压 U_w' 可通过换流站电压 U_d' 及故障后风机侧送出功率 P_w'、Q_w' 求得：

$$Q_w'=\Delta Q_{gw}-\Delta Q_{lw}+Q_w \tag{7-47}$$

$$P_w'=\Delta P_{gw}+P_w \tag{7-48}$$

$$U_w'=\sqrt{\left(U_d'+\frac{Q_w'x_w}{U_d'}\right)^2+\left(\frac{P_w'x_w}{U_d'}\right)^2} \tag{7-49}$$

式中，ΔQ_{gw} 为故障后风机无功出力变化；ΔQ_{lw}、ΔQ_{ls} 为故障后风机侧和系统侧消耗无功变化；ΔP_{gw} 为故障后风机有功出力变化。

风机低穿期间控制逻辑一般为：风机无功出力与机端电压跌落幅值成正比（电压不太低的情况），风机有功出力限制为某一较小值（额定功率的某一比例）。因此，故障后风机有功和无功出力变化为：

$$\Delta Q_{gw}=\lambda_w(U_0-U_w')-Q_{gw} \tag{7-50}$$

$$\Delta P_{gw}=k_w P_{gw0}-P_{gw} \tag{7-51}$$

式中，λ_w 为低穿期间风机无功出力比例系数（典型值为 1.6~2.0）；k_w 为低穿期间风机有功出力比例系数（典型值为 0~0.6）；U_0 为额定电压；P_{gw0} 为额定功率。

考虑到无功功率难以远距离传输，风机侧和系统侧输送的无功功率一般均远小于有功功率，因此，为简化理论分析，故障后风机侧和系统侧消耗无功变化可忽略无功部分 Q_w、Q_s 影响，即：

$$\Delta Q_{lw}=\frac{P_w'^2-P_w^2}{U_d^2}x_w \tag{7-52}$$

$$\Delta Q_{ls}=\frac{P_s'^2-P_s^2}{U_s^2}x_s \tag{7-53}$$

综上所述，由上式可联立求得交直流故障后换流站和风机侧母线暂态电压。

不同交直流故障引发换流站及新能源暂态过电压机理不同，分别进行研究。

（1）直流闭锁故障。直流发生闭锁故障，换流站无功消耗瞬时降为 0，但是极控系统要经过一定延时（一般为200 ms 左右）才能切除所有滤波器。在滤波器被切除之前的短时间内，滤波器发出的大量盈余无功可能造成换流站及近区暂态过电压。在滤波器被切除时刻，换流站及近区电压瞬时下降。因此，直流闭锁故障期间送端近区电压呈现“先升高后降低”的特性。

直流闭锁故障期间将会引起换流站及近区电压迅速升高，不会引发风机进入低穿。因此，换流站是直流闭锁故障期间送端暂态过电压的唯一“无功源”，风机低穿特性对此没有影响。

以某直流送端系统为例，直流发生双极闭锁，近区风机典型出力见图 7–33 所示。由图 7–33 可见，直流闭锁后，近区风机没有进入低穿，有功出力变化很小，无功出力有所减小。

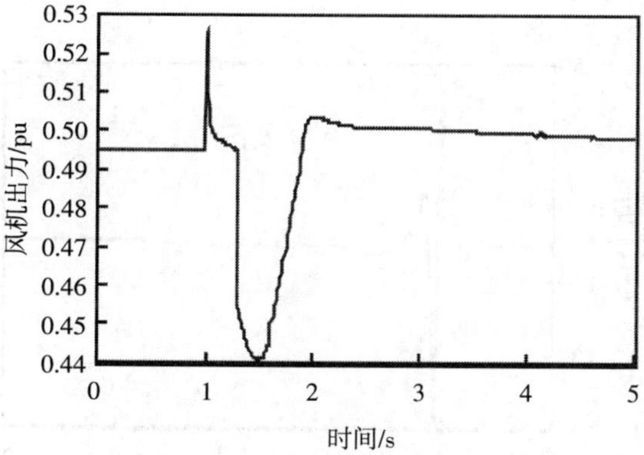

a. 风机有功出力曲线

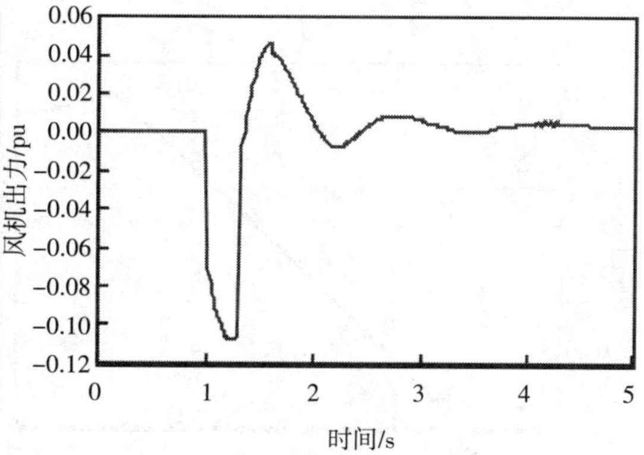

b. 风机无功出力曲线

图 7–33　某直流双极闭锁风机出力

直流发生换相失败（未引起保护闭锁直流之前），直流电流将会迅速增大，极控系统随即拉大触发角抑制直流电流增大。由于定电流控制（CCA）存在延时，开始阶段直流电流和触发角同时增大，换流器无功消耗激增，反而会造成换流站及近区暂态低电压（一般跌落到 0.6 pu 左右）。但是随着触发角持续拉大使得直流电流在增大后迅速减小直至 0，换流器无功消耗也随之降为 0，又将造成换流站及近区暂态过电压。因此，直流换相失败期间送端近区电压呈现“先降低后升高”的特性。

直流换相失败期间，换流站母线电压将跌落到 0.6 pu 左右，引发周围大量风机进入低穿。由式（7–50）、（7–51）和 λ_w、k_w 的典型值可知，低穿期间风机有功出力大幅度减小（$\Delta P_{gw}<0$），而无功出力大幅增加（$\Delta Q_{gw}>0$）。由式（7–52）、（7–53）可知，低穿期间风机侧无功消耗明显减少（$\Delta Q_{lw}<0$）。

由上述分析可知，风机低穿有功特性将使得风机侧盈余无功 $-\Delta Q_{lw}$ 明显增加，风机低穿无功特性将使得风机无功出力 ΔQ_{gw} 也大幅增加。由式(7–46)、(7–49)可知,风机低穿特性将使得故障后风机侧送出无功功率 Q_w' 和系统侧吸收无功功率 Q_s' 相应增大。若初始无功功率传输方向均为正($Q_w>0$、$Q_s>0$),由式(7–48)、(7–50)可知,风机进入低穿过程后的有功和无功特性将使得故障后风机侧电压 Q_w' 和换流站电压 Q_d' 进一步抬升。

因此,直流换相失败引发大量风机进入低穿后,风机低穿特性将使得风电场成为换流站之外的另一个"无功源",两个"无功源"共同作用,进一步加剧直流换相失败期间送端近区暂态过电压。

以某直流送端系统为例,近区直流发生换相失败,近区风机典型出力见图 7–34 所示。由图7–34 可见,直流换相失败后,近区风机进入低穿,有功出力大幅下降(低穿结束后斜率恢复),无功出力有所增加。

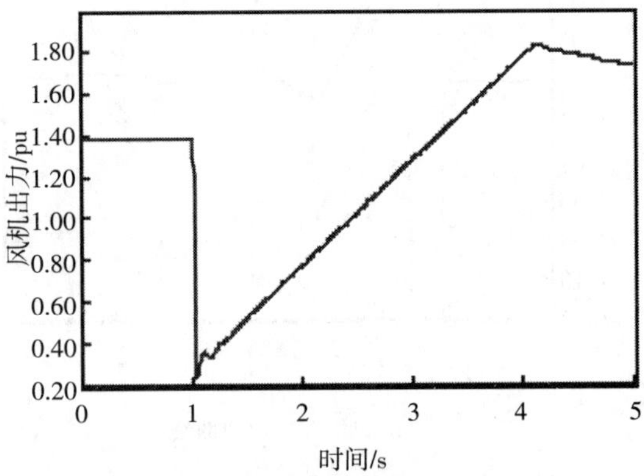

a. 风机有功出力曲线

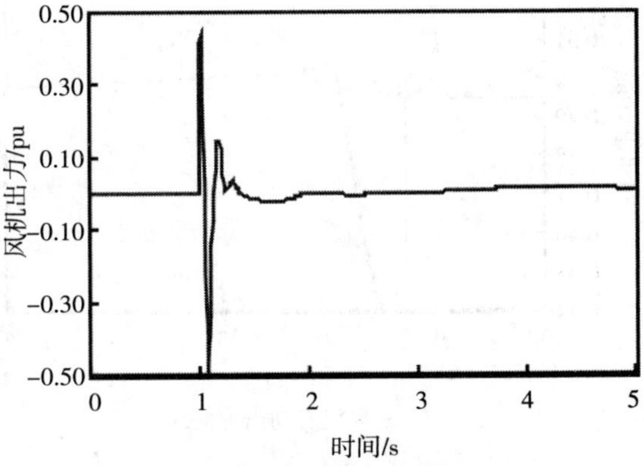

b. 风机无功出力曲线

图 7–34　某直流换相失败风机出力

(2)近区交流短路。送端换流站近区发生交流短路故障,换流站及近区电压迅速降低(跌落幅值与短路类型、接地阻抗大小、短路点距离等因素有关),极控系统随即减小触发角抑制直流电流减小,但受到最小触发角限制(一般为 5°),直流电流仍将迅速减小。短路故障清除之后,换流站及近区电压迅速恢复,但是直流电流恢复受限于低压限流环节(VDCOL)而存在延时,滤波器发出的大量盈余无功可能造成换流站及近区暂态过电压。因此,交流短路故障期间送端近区电压也呈现"先降低后升高"的特性。

交流短路故障期间,换流站母线电压将发生不同程度跌落(换流站出口三相短路则降至0),引发周围大量风机进入低穿。与直流换相失败情况类似的是,低穿期间风机有功出力大幅度减小($\Delta P_{gw}<0$),故而使得风机侧无功消耗明显减少($\Delta Q_{lw}<0$)。但与直流换相失败情况不同的是,低穿期间风机无功出力与换流站母线电压跌落幅度有关。

若换流站母线电压跌落不是很大，使得风机侧母线电压不是很低（比如 0.4 pu 以上）时，低穿期间风机无功出力与机端电压跌落幅值成正比（$\Delta Q_{gw}>0$），满足式（7–50），即风机机端电压越低，风机无功出力越大。若换流站母线电压跌落很大，使得风机侧母线电压很低（比如0.4 pu 以下）时，尽管低穿期间风机机端电压很低，但是风机无功出力受限于电压过低而无法增发（$\Delta Q_{gw}=0$），不满足式（7–50），即风机机端电压过低，风机无功出力反而很小。

因此，与直流换相失败类似，风机低穿特性同样将使得风电场成为换流站之外的另一个“无功源”，两个“无功源”共同作用，进一步加剧交流短路故障期间送端近区暂态过电压。但与直流换相失败不同的是，若近区发生交流短路故障使得电压过低，造成风机无功出力受限，反而使得暂态过电压有所缓解。

以某直流送端系统为例，当送端换流站近区发生交流短路，近区风机典型出力见图 7–35 所示。由图可见，直流近区交流短路后，近区风机进入低穿，有功出力大幅度减小（低穿结束后斜率恢复），无功出力有所增加。

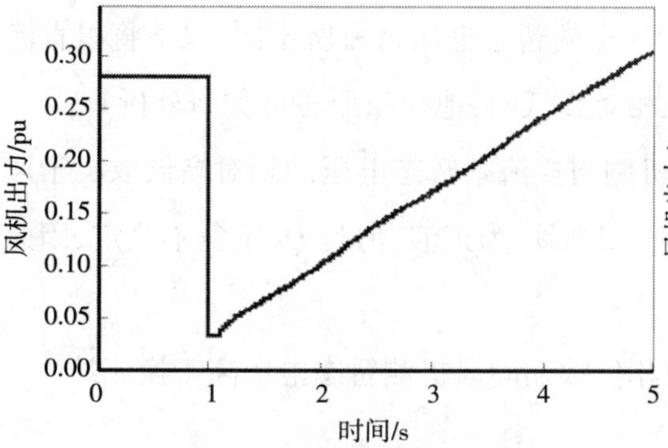

a. 风机有功出力曲线

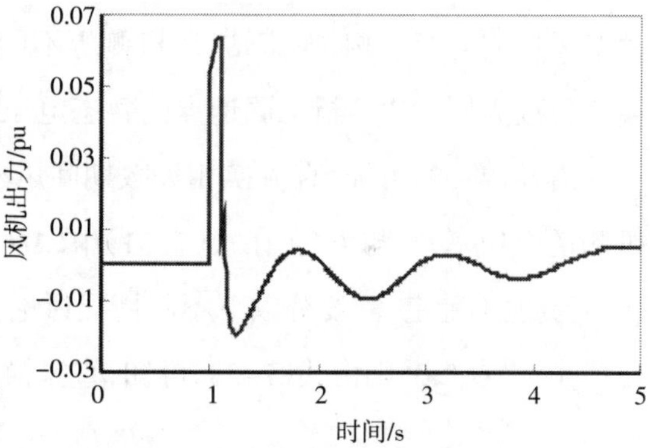

b. 风机无功出力曲线

图 7–35　直流换流站近区交流短路风机出力

7.2.3.2　交直流故障后系统无功分布特性影响因素

（1）不同故障形态暂态电压对比。直流闭锁、直流换相失败、交流短路等交直流故障均可能引起换流站或者风机侧暂态过电压，以下将对比分析不同故障形态的暂态电压相对高低，便于甄别对系统影响最大的约束故障。

① 直流闭锁与直流换相失败。直流闭锁不会引起风机进入低穿，而直流换相失败则会引起周围大量风机进入低穿，风机低穿期间有功出力大幅减少和无功出力大幅增加的特性，将使得风电场与换流站的无功盈余“叠加”从而进一步抬升系统电压。因此，直流换相失败期间送端近区暂态电压一般高于直流闭锁。

② 直流换相失败与交流短路。由于直流换相失败和交流短路均会引起周围大量风机进入低穿，进一步抬升系统电压。但是不同的交流短路故障引起的母线电压跌落幅值不尽相同，因此直流换相失败和交流短路引起的暂态电压相对高低需要分以下情况：

a. 若交流短路引起的换流站母线电压最低值高于直流换相失败（比如 0.6~0.9 pu），则式(7–47)、式(7–51)中 ΔQ_{gw} 更小，由式(7–50)、式(7–53)可知，换流站和风机侧母线电压也更低，故而交流短路期间送端近区暂态电压低于直流换相失败。

b. 若交流短路引起的换流站母线电压最低值低于直流换相失败但不影响风机无功出力（比如 0.4~0.6 pu），则式(7–47)、式(7–51)中 ΔQ_{gw} 更大，由式(7–50)、式(7–53)可知，换流站和风机侧母线电压也更高，故而交流短路期间送端近区暂态电压高于直流换相失败。

c. 若交流短路引起的换流站母线电压最低值低于直流换相失败但限制了风机无功出力（比如 0~0.4 pu），考虑到式(7–47)、式(7–51)中 $\Delta Q_{gw}=0$，由式(7–50)、式(7–53)可知，换流站和风机侧母线电压更低，故而交流短路期间送端近区暂态电压低于直流换相失败。

(2)不同地点暂态电压对比。发生交直流故障，受初始无功潮流分布和直流、风机等动态无功响应等影响，换流站、风机侧等不同地点的暂态电压将有所不同，以下将以直流换相失败为例对比分析不同地点的暂态电压相对高低(其他故障形态可类似分析)。

由式(7–53)可知，直流换相失败期间风机侧与换流站暂态电压的相对高低取决于风机侧送出功率 Q_w' 与 P_w'。在式(7–51)中，ΔQ_{gw}、$-\Delta Q_{lw}$ 均为正值，但是 Q_w 正负不确定，因此 Q_w' 正负也不确定，需要分以下不同情况讨论：

① 若 $Q_w'>0$，则由式(7–53)可知，直流换相失败期间风机侧暂态电压高于换流站。

② 若 $Q_w'<0$ 且 $P_w'<-\left(Q_w'^2+\dfrac{2Q_w'U_w^2}{x_w}\right)$，则由式(7–53)可知，直流换相失败期间风机侧暂态电压低于换流站。

③ 若 $Q_w'<0$ 且 $P_w'>-\left(Q_w'^2+\dfrac{2Q_w'U_w^2}{x_w}\right)$，则由式(7–53)可知，直流换相失败期间风机侧暂态电压高于换流站。

以某直流送端系统为例，直流分别发生换相失败，换流站和风机侧电压见图 7–36 所示，由于直流换相失败后满足上述条件，因此风机侧暂态电压低于换流站。

(3)不同系统条件暂态电压对比。由于直流换相失败暂态电压一般应高于直流闭锁，但是在实际系统仿真计算中，发现存在直流闭锁电压更高的反例。

究其原因，从直流发生闭锁故障到滤波器切除期间，通常情况下送端近区电压曲线

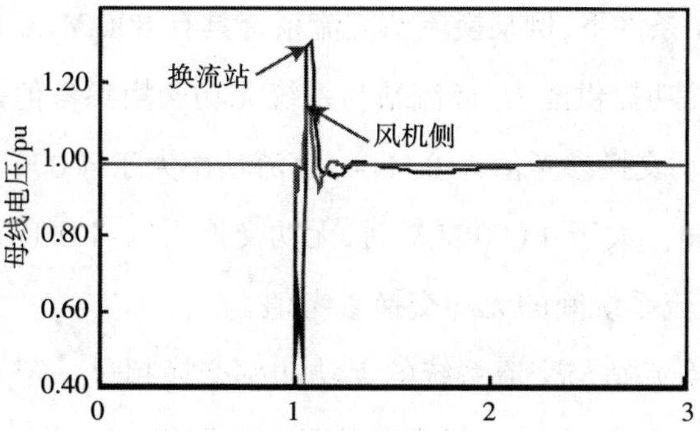

图 7–36　直流换相失败换流站和风机侧电压对比

呈“下凹”波形，故而在理论分析中一般都对比直流闭锁时刻的暂态电压相对高低。但在某些情况下(取决于系统条件)电压曲线也可能呈“上凸”波形，这就导致了仿真计算中滤波器切除时刻暂态电压最高。

典型风火打捆直流外送系统均有多条通道汇集主网功率，为简化理论分析，假设存在 2 条汇集通道，经研究发现以下规律：

① 汇集通道功率总和越大，直流闭锁故障后系统侧无功盈余越多，电压曲线就越趋向于“上凸”波形，滤波器切除时刻暂态电压越高。

② 汇集通道分配越不均匀(1 条通道功率越大、另 1 条通道功率越小)，直流闭锁故障后系统侧无功盈余越多，电压曲线就越趋向于“上凸”波形，滤波器切除时刻暂态电压越高。

因此，当直流从主网汇集较大功率或功率分配严重不均时，即使直流闭锁时刻的暂态电压低于换相失败，之后电压曲线不断“上凸”使得滤波器切除时刻的暂态电压最终反而高于换相失败。

7.2.4　直流无功控制采用动态定值的可行性研究

7.2.4.1　不同负荷条件下直流无功控制参数的影响

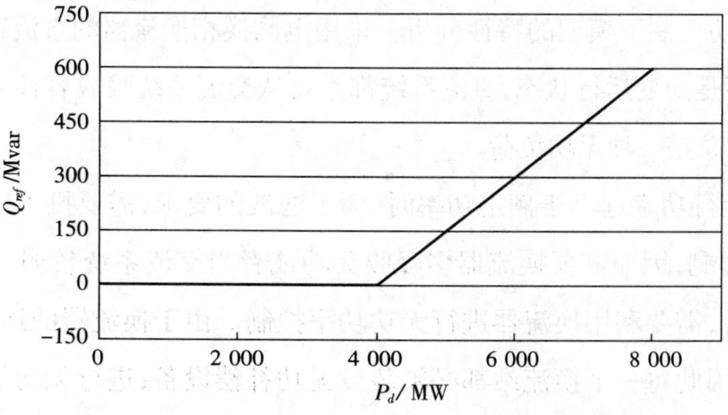

图 7–37　直流系统与交流系统间的无功交换参考值

直流不同运行功率条件下，例某换流站交流系统具有 800 Mvar 的无功提供能力。考虑到换流站具有较大的无功提供能力，换流站与系统无功交换参考值按下图，即在直流功率小于 4 000 MW 时，无功交换参考值为 0 Mvar，直流功率大于 4 000 MW 后，逐渐增加无功交换参考值至 600 Mvar。大于 4 000 MW 时，无功交换为(x–4 000)×600/4 000 Mvar，即用 Q_{ref} 表示直流系统与交流系统间的无功交换参考值。

无功控制死区即换流站与交流系统的无功功率交换超过一定限制值，那么控制系统就会发出命令，投入或切除一个滤波器或者并联电容器组。

直流其送端侧无功控制公式表示如下：

$$Q>Q_{ref}+236\ \text{Mvar} \tag{7-54}$$

$$Q<Q_{ref}-236\ \text{Mvar} \tag{7-55}$$

在直流系统大负荷运行时，可以利用交流系统的部分无功电源，以达到少装容性无功补偿设备的目的；在直流系统小负荷运行时，可以利用发电机的进相能力，吸收换流站的部分过补偿无功，以达到少装感性无功补偿设备的目的。交流系统这种帮助换流站进行无功平衡的能力，叫做无功支持能力。充分利用交流系统无功支持能力可以减少换流站无功补偿容量，节省无功补偿设备如电容器和电抗器的投资，还可以减少无功补偿设备的分组，节省相应的变电设备和控制保护设备的投资，在直流系统突然停运时，可以降低甩负荷过电压水平，相应降低换流站设备造价。因此，充分合理地利用交流系统的无功能力是十分重要的。

7.2.4.2　直流无功控制采用动态定值的可行性

以直流并网启动时为例分析无功控制死区设置影响滤波器反复投切的问题。采用当提升光伏出力，降低常规机组出力时出现了系统无功反复投切的情况。当将如下值修改为 30 时，该现象消失。

(1)常规无功控制下模型的特性分析。采用电网换相换流器的直流输电换流站，不管处于整流运行还是逆变运行状态，直流系统都需要从交流系统吸收容性无功，即换流器对于交流系统而言总是一种无功负荷。

当换流器运行功率远小于额定功率时，为了滤波的要求，需要投入一定的滤波器，使得换流站无功过剩，因而需要换流器多吸收无功或者当交流系统较弱，对换流站不平衡无功特别敏感时，需要利用换流器进行无功功率控制。由于换流器的运行总是伴随着无功功率的消耗，因此每一个换流站都必须装设无功补偿设备，进行无功平衡和无功补偿。在常规的换流站中，无功补偿设备仅为可投切的无源设备，包括在基波频率下提供容性

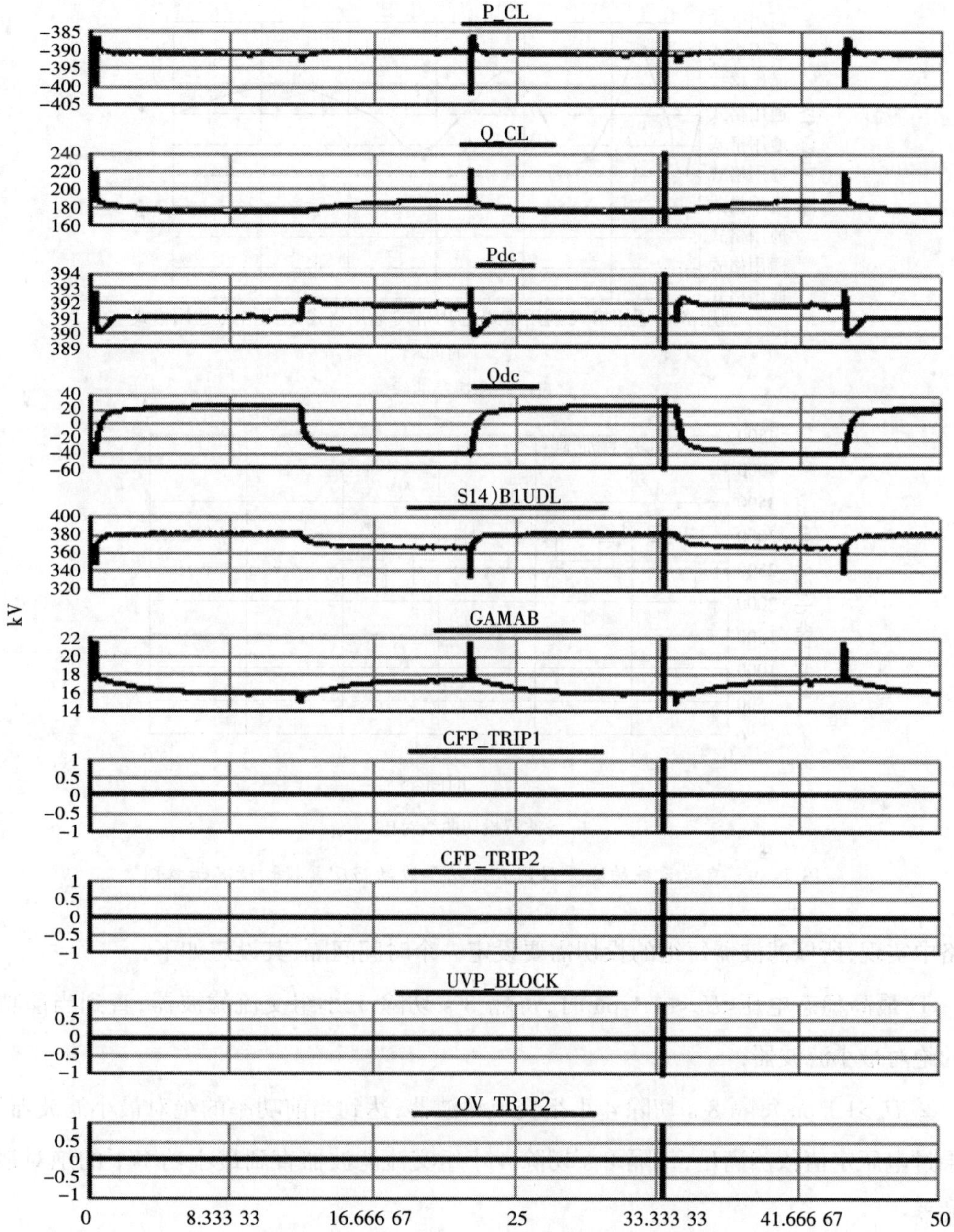

图 7-38　无功死区修改前后滤波器动作情况

无功的滤波器组、并联电容器组和提供感性无功的并联电抗器组。

图 7-39 是直流功率低频振荡时滤波器反复投切的情况示意图，图 7-39b 中绿色曲线表示为不考虑投切时间限制的滤波器补偿无功曲线，红色曲线表示考虑投切时间限制的滤波器补偿无功曲线。在理论分析下，滤波器的投切曲线如上图 7-39a 所示，由图 7-39b 绿色曲线可见滤波器在短时间高频率投切，而在实际工程中，该情形无法在无功控制

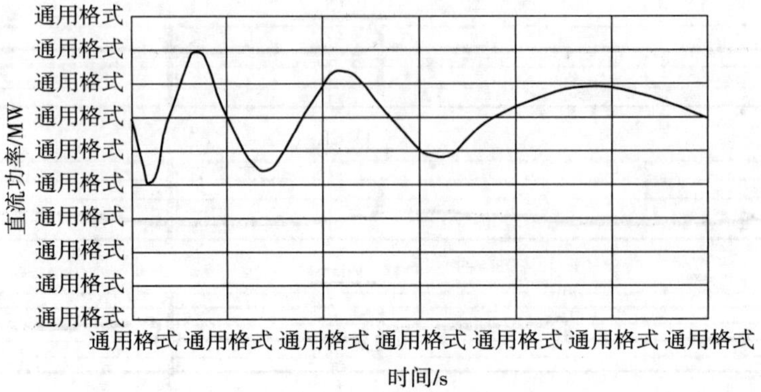

a. 直流功率振荡曲线

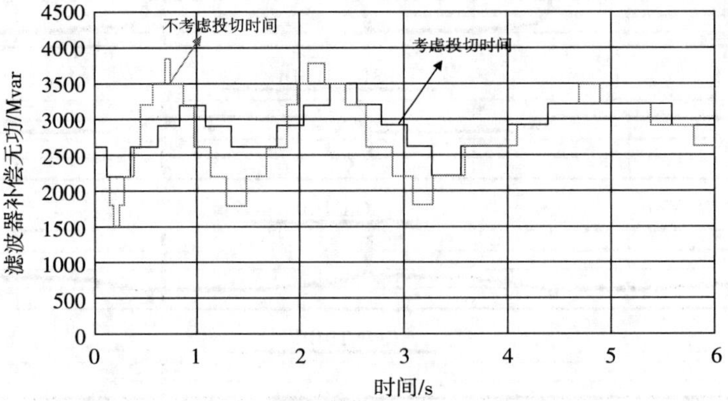

b. 滤波器投切曲线对比

图 7–39 直流系统的滤波器因直流功率波动而反复投切情况示意图

策略中实现，所以滤波器每组的投切需要设定一个时间间隔，其设定如下：

① 最高稳态电压<U_{ac}≤1.1 pu 时，每隔 3 s 切除 1 小组交流滤波器，直到当前功率下的绝对最小滤波器；

② U_{ac}>1.1 pu 每隔 8 s 切除 4 小组交流滤波器，达到当前功率的绝对最小滤波器后，如果过电压定值依然满足，每隔 8 s 切除 4 小组交流滤波器直到最小功率下的绝对最小滤波器；

③ U_{ac}>1.2 pu 每隔 1 s 切除 4 小组交流滤波器，达到当前功率的绝对最小滤波器后，如果过电压定值依然满足，每隔 1 s 切除 4 小组交流滤波器直到最小功率下的绝对最小滤波器；

④ U_{ac}>1.3 pu 每隔 250 ms 切除 4 小组交流滤波器，达到当前功率的绝对最小滤波器后，如果过电压定值依然满足，每隔 250 ms 切除 4 小组交流滤波器直到最小功率下的绝对最小滤波器；

根据如上规定，实际情况下的滤波器投切曲线如上图 7-39b 红色曲线所示，可见在考虑投切时间限制的策略下，滤波器投切频率大幅度减少，一定程度上降低了系统的损坏几率，但基于原先的无功控制策略发生直流功率低频振荡时，滤波器多组反复投切依然对系统有不利影响，所以下面将优化滤波器控制器死区，并且给出仿真曲线并与原先的无功控制方式进行对比。

(2)优化后无功控制下模型的特性分析

可通过拓展换流站与交流系统的无功功率交换功率宽限值来达到优化无功控制的目的，根据不同直流功率下的无功功率控制的拓展值，如下：

直流功率为 5 000 MW 时，换流站与交流系统的无功功率交换功率可拓展为：$-277\ \text{Mvar}<Q<671\ \text{Mvar}$。

直流功率为 6 000 MW 时，换流站与交流系统的无功功率交换功率可拓展为：$-187\ \text{Mvar}<Q<986\ \text{Mvar}$。

直流功率为 7 000 MW 时，换流站与交流系统的无功功率交换功率可拓展为：$-1\ \text{Mvar}<Q<949\ \text{Mvar}$。

直流功率为 8 000 MW 时，换流站与交流系统的无功功率交换功率可拓展为：$230\ \text{Mvar}<Q<1\,177\ \text{Mvar}$。

考虑到某换流站具有较大的无功提供能力，在直流功率小于 4 000 MW 时，无功交换参考值为 0 Mvar，直流功率大于 4 000 MW 后，逐渐增加无功交换参考值。

因为直流功率为 5 000 MW、6 000 MW、7 000 MW、8 000 MW 时参考无功 Q_{ref} 分别为 150 Mvar、300 Mvar、450 Mvar、600 Mvar，根据 4 种功率下的无功功率拓展值和无功控制公式 $\begin{cases} Q>Q_{ref}+Q_{ex} \\ Q<Q_{ref}-Q_{ex} \end{cases}$，可以计算并设计出合理的无功控制公式，$Q_{ex}$ 是需要求得的无功控制定值。

直流功率为 5 000 MW 时，Q_{ex} 的值为 420 Mvar；

直流功率为 6 000 MW 时，Q_{ex} 的值为 480 Mvar；

直流功率为 7 000 MW 时，Q_{ex} 的值为 450 Mvar；

直流功率为 8 000 MW 时，Q_{ex} 的值为 370 Mvar。

若采用定值无功控制，Q_{ex} 应选取 4 个值中最小的一个值使电网系统在所有工况下都符合安全稳定运行的规定，直流功率位于 4 000 MW~8 000 MW 时，Q_{ex} 恒等于 370 Mvar。

若采用动态定值无功控制，直流功率位于 4 000 MW~5 000 MW 时，Q_{ex} 等于 420 Mvar。直流功率位于 5 000 MW~6 000 MW 时，Q_{ex} 等于 480 Mvar。直流功率位于 6 000 MW~7 000 MW 时，Q_{ex} 等于450 Mvar。直流功率位于 7 000 MW~8 000 MW 时，Q_{ex} 等于 370 Mvar。

根据上述优化后的无功控制策略，在直流功率低频振荡的情况下，可得到优化后的滤波器投切曲线，如图 7-40 所示：

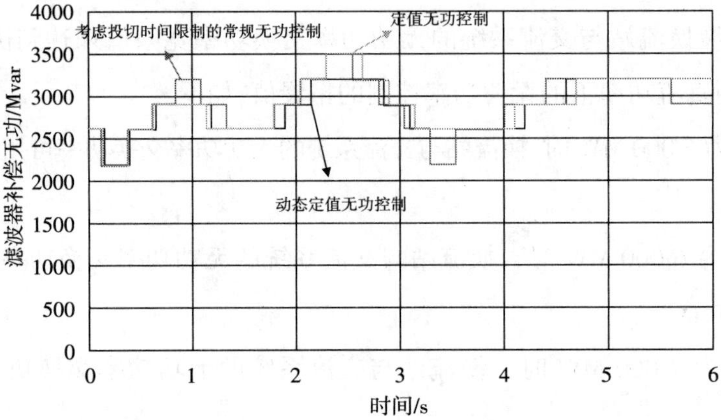

图 7-40　优化后直流系统的滤波器因线路故障而投切情况示意图

由图 7-40 可见，在0~3 s 内优化后的动态定值无功控制策略一共投切了 7 组，优化后的定值无功控制策略一共投切了 9 组，常规无功控制策略一共投切了 11 组，同时间内优化后的动态定值无功控制策略的投切组数明显少于常规无功控制策略和优化后的定值无功控制策略，结果表明动态定值的无功控制策略能有效降低了同时间内滤波器的投切次数。

三种无功控制策略中，采用常规无功控制和定值无功控制的控制策略一共投切了 8 组滤波器，而采用动态定值无功控制的无功控制策略一共投切了 6 组滤波器，可见优化后的动态定值无功控制策略在滤波器投切组数上优于常规无功控制和优化后的定值无功控制，能有效降低补偿装置损坏的几率。

动态定值的无功控制策略在直流功率从 6 000 MW 上升到 8 000 MW 期间，投切滤波器的频率要明显低于定值无功控制策略。由此可见，因线路发生故障而出现直流功率大幅度振荡时，采用优化后的动态定值无功控制策略可使滤波器投切曲线避免短时间内发生高频率反复投切，能有效降低甩负荷过电压水平并且合理地利用交流系统的无功能力。相比于定值无功控制策略，动态定值无功控制策略拥有更强的灵活性，使直流系统可以最大限度地利用交流系统中的无功功率，但控制策略设计上更加复杂。

7.3　近电气距离多回超/特高压直流换流站滤波器与近区火电机组协调控制策略

7.3.1　直流换流站滤波器投切控制策略

7.3.1.1　直流换流站滤波器类型

交流滤波器可以分为:无源滤波器、有源滤波器和连续调谐滤波器三种。无源滤波器由电阻、电感、电容等元件构成,在特定的谐波频率范围内或高通频带下呈现低阻抗特性,从而减少注入交流系统的谐波。滤波器通常应用在高压直流输电工程中,在高压直流侧与交流侧分别安装无源直流滤波器与交流滤波器。下面介绍作为无功补偿装置应用的滤波器。换流站附近交流系统的无功补偿设备,指的是装设在换流站内的电力变压器的第三绕组(一般是35 kV变低侧绕组)上的低压电容器、低压电抗器。但是在实际运行中,该类低压设备由调度员或者运行值班人员根据调度规程或者给定的母线电压运行曲线进行操作。换流站无功补偿以站内装设的交流滤波器为主。研究无功控制的策略,对于换流站而言,主要就是研究交流滤波器的投入与退出策略。除了补偿无功外,直流滤波器是一种主要用于阻碍并短路交流信号的滤波器。可用电容进行滤波使输出波形更平稳。通过电容串联提高耐压,并联加大容量来使输出的直流更平稳。直流滤波器作为换流站的重要设备,并联装设在直流高压母线和中性母线之间,是抑制高压直流输电系统(HVDC)直流侧谐波的最有效手段。

7.3.1.2　滤波器投切对系统影响

(1)交流滤波器频繁投切的问题。当换流变压器分接开关的定角度控制与直流系统无功控制的配合存在问题时,会引起交流滤波器频繁投切,交流滤波器频繁投切将严重影响断路器的电寿命和机械寿命。目前的运行中处理方法是通过认真监盘及时发生的滤波器频繁投退的现象后,通过申请调整直流系统的输送功率来临时解决。

另一方面在无功功率控制软件参数设置不合理,也会导致滤波器频繁投切。发出投入1组滤波器的指令信号展宽1 s,在这期间如果下令最先投入的滤波器组已投入信号还未返回至无功控制(RPC),那么RPC就会下令还要继续投入滤波器,当RPC收到已投入的滤波器组信号时,RPC发现在当时的功率水平下,已经多投入了几组滤波器,于是下令切除多余的滤波器,因而造成滤波器频繁投切。

(2)滤波器投切的控制逻辑优化。特高压直流输电系统主要通过对无功单元的投切实现无功控制,系统在满足换流站谐波和无功条件的同时,投切策略设计还应考虑不同类型无功单元投切的均衡性,这样可以避免对某些滤波器组过分使用。

在实际优化开工至中,可修改极控系统送给直流站控系统的电压,由参考电压改为实际电压,同时增加一个判断逻辑判断每极是否有效解锁,以避免所有滤波器投入来满足谐波性能需求;加入滤波器小组电流判断逻辑,以消除滤波器小组无功功率取值问题,避免系统过多投入滤波器。

由于目前控制系统的滤波器状态判别存在设计缺陷,该设计缺陷会导致直流站控系统误判小组滤波器在投入或者退出状态,从而影响系统无功控制,并针对性地提出了相应的改进建议,该建议同样适用于其他高压直流工程。

7.3.1.3　滤波器均衡投切与其他装置配合

(1)滤波器投切与继电保护装置的配合。滤波器组的非同步投切引起的暂态大电流,虽然滤波器组的采用比率差动保护(当不平衡电流增大时,增大差动保护的动作值),若差动速断元件整定值不当时,会引起差动保护误动(差动速断元件:当系统故障时引起的不平衡电流大于最大涌流值时,差动速断应动作)。实际运行过程中,低丘背靠背换流站于某日 19:00 将该组滤波器投入运行后,差流速断保护动作,跳开开关将刚投入的波器组的问题进行了分析。为了避免这种情况的发生,提出严格校核滤波器小组开关的动作时间特性,合理整定开关过零点投切装置定值;在差流速断中增加一定的延时,躲过非同步投切时的尖峰电流(10 ms)。

(2)滤波器投切与 SVC 装置协调控制。在弱交流系统中,换流站滤波器投切将引起较大的电压变化,影响直流系统的正常运行。此时可以通过换流站内的滤波器投切与动态无功补偿装置协调控制来减少电压变化对系统的影响。

为了尽量减小由于滤波器小组投切引起的电压波动,可通过协调 SVC 响应速度,SVC 可在得到滤波器投切信号后,在原有定电压输出保持基础上,立即增大或减小 TCR 的导纳控制命令,即减小或增加 TCR 触发角。这样 SVC 就能在接到滤波小组投切信号后,直接对由滤波器投切将要引起的电压波动进行预判断,做出快速响应。

7.3.2　滤波器投切优化控制策略及无功控制死区整定策略

7.3.2.1　计及暂态和稳态过电压的滤波器优化控制方法

随着我国特高压直流工程不断投运和新能源发电迅速发展,给电网系统认知、运行控制及故障防御带来了深刻影响和诸多挑战。除了常规的交流短路故障外,直流系统发生大功率扰动冲击,如闭锁故障、换相失败、再启动等,将会引发直流换流站及新能源场站暂态过电压和稳态过电压，导致大量新能源机组高压脱网风险加大，进而限制直流输送功率。

目前减少直流大扰动冲击后暂态和稳态过电压的应对措施主要包括：直流闭锁或再启动失败后，通过优化直流控制、测量、通信等相关缓解加快滤波器切除速度，抑制近区暂态电压升高；在直流近区的风电场加装 SVC、调相机等动态无功补偿装置，快速进行自动电压调节；改善直流在换相失败期间的控制保护特性，减缓直流电流的下降速度进而抑制近区暂态电压升高等；增加配套火电机组开机，提供故障后恢复稳定运行时的电压支撑，减少稳态过电压等。上述研究通常就直流大功率扰动后的暂态或稳态过电压独立进行优化控制，并未考核限制性故障，对过电压的限制性因素进未区分，且控制措施也并没有考虑二者的协调。

在弱交流系统中，换流站滤波器投切将引起较大的电压变化，其中，交流滤波器的投入与退出策略分为交流电压控制和无功功率控制两种，通过监视控制换流设备与交流系统的无功交换是否平衡，或监视控制交流母线电压是否达到目标要求，滤波器控制会按事先所设定的程序自动执行投/切交流滤波器/并联电容组的命令。初始滤波器投入的组数极大的影响暂态过电压和稳态过电压程度，主要是由于交直流无功流动方向及大小对直流大扰动冲击后暂态电压及稳态电压的影响不同，其中，直流采用最大欠补偿方式在直流故障后造成的暂态压升更小，系统暂态稳定性更高，而在最大过补偿工作方式下，稳态过电压水平最低。即直流采用不同补偿方式下对暂态及稳态过电压的影响是矛盾的，需要通过判断限制直流输送能力的主要因素，进而确定直流需采取的补偿方式，指导滤波器控制策略，以达到减小直流扰动后暂态过电压或稳态过电压的目的。

本次研究了一种减少直流大功率扰动后暂态和稳态过电压的滤波器优化控制策略，解决直流大扰动冲击后过电压问题，提高新能源送出型交直流电网电压稳定性，策略控制流程如图 7-41 所示。

控制策略具体步骤如下：

步骤一，首先仿真计算直流换相失败、再启动、闭锁等故障后换流站及新能源机端母线电压稳定裕度，包括暂态过电压稳定裕度和稳态过电压稳定裕度；

其中，暂态过电压稳定裕度计算公式：

$$\eta_z = \sum_{i=1}^{n} \partial_i \left(\frac{U_z^i - U_{z,\mathrm{lim}}^i}{U_{z,\mathrm{lim}}^i} \right) \tag{7-56}$$

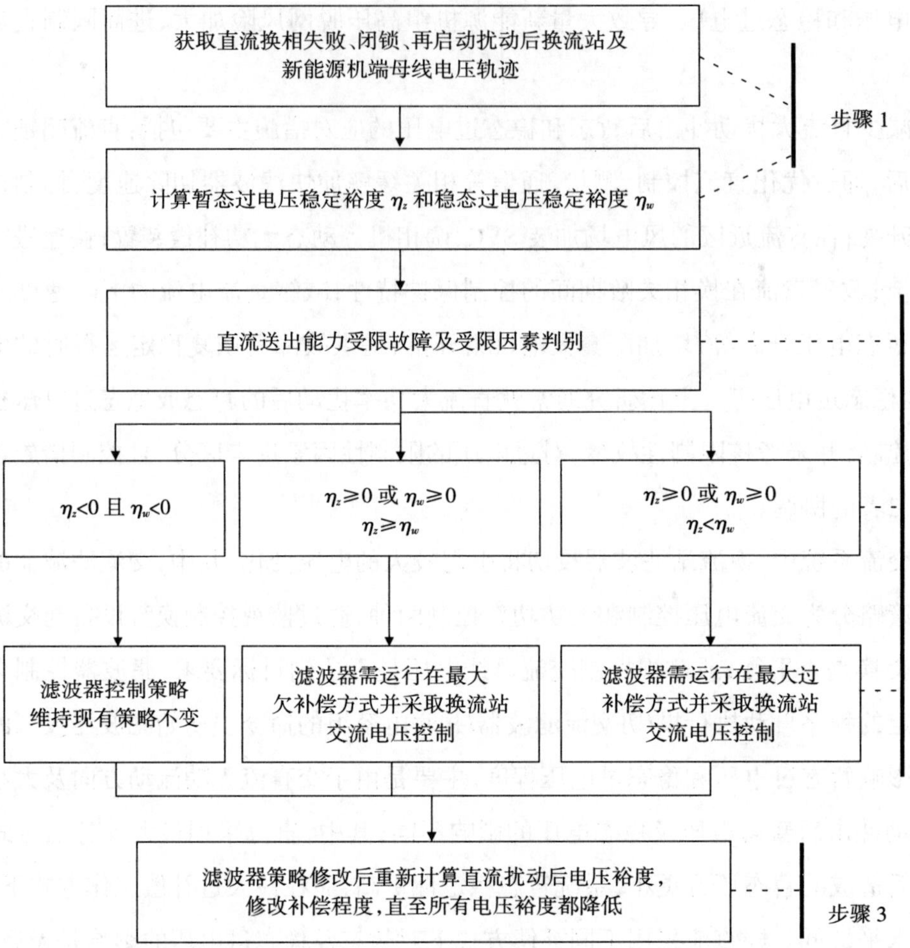

图 7-41　一种减少直流大功率扰动后暂态和稳态过电压的滤波器优化控制方法流程图

式中，∂_i 为换流站或新能源暂态电压权重系数，如无特别说明，一般取均值 $1/n$；γ 为考核的换流站和新能源个数；U_z^i 为考核的换流站或新能源机端暂态最高电压；$U_{z,\lim}{}^i$ 考核的换流站或新能源机端暂态临界电压，其中换流站暂态临界电压一般是设备最高耐压能力，为运行电压的 1.3 倍；新能源机端暂态临界电压受不同地区不同类型新能源耐压能力不同，一般有 1.15 倍、1.2 倍、1.3 倍额定电压。

稳态过电压稳定裕度计算公式：

$$\eta_w=\beta_1\frac{U_w-U_{w,\lim}}{U_{w,\lim}}+\beta_2\frac{(U_w-U_0)-\Delta U_{w,\lim}}{\Delta U_{w,\lim}} \tag{7-57}$$

式中，U_w 为考核的换流站稳态电压；U_0 为考核的换流站初始电压；$U_{w,\min}$ 考核的换流站稳态临界电压；$\Delta U_{w,\min}$ 考核的换流站稳态临界压升；β_1、β_2 为考核的换流站稳态过电压权重系数和稳态压升权重系数；当换流站仅存在稳态过电压时，β_1=1、β_2=0；当换流站仅存在稳态压升超过稳态临界压升时，$\beta_1=0$、$\beta_2=1$；当换流站既存在稳态过电压又存在稳态压升超过稳态临界压升时，$\beta_1=\beta_2=0.5$。

步骤二，根据步骤一中计算得到的暂态过电压稳定裕度和稳态过电压稳定裕度判断直流送出能力受限故障及受限因素，针对不同的过电压受限情况安排对应的滤波器控制策略；

直流送出能力受限故障是通过时域仿真，分别计算不同故障下暂态过电压稳定裕度和稳态过电压稳定裕度，选取暂态过电压稳定裕度和稳态过电压稳定裕度最大值对应的故障为受限故障。受限因素是通过暂态过电压稳定裕度 η_z 和稳态过电压稳定裕度 η_w 大小比较确定：

当 $\eta_z<0$ 且 $\eta_w<0$ 时，直流大扰动冲击下不受电压稳定限制，滤波器控制策略维持现有策略不变；

当 $\eta_z\geqslant 0$ 或 $\eta_w\geqslant 0$ 时，直流大扰动冲击下存在暂态过电压或稳态过电压问题。其中：当 $\eta_z>\eta_w$，直流送出能力主要受直流大功率扰动下暂态过电压约束限制，滤波器需运行在最大欠补偿方式并采取换流站交流电压控制；当 $\eta_z<\eta_w$，直流送出能力主要受直流大功率扰动下稳态过电压约束限制，滤波器需运行在最大过补偿方式并采取换流站交流电压控制；当 $\eta_z=\eta_w$，直流送出能力同时受直流大功率扰动下暂态过电压及稳态过电压约束限制，为减少新能源脱网风险，滤波器需运行在最大欠补偿方式并采取换流站交流电压控制。

步骤三，根据步骤二中计算结果调整滤波器控制策略通过时域仿真校验适应性，以确定过补偿或欠补偿的程度。将滤波器策略修改后仿真计算直流换相失败、再启动、闭锁等故障后换流站及新能源机端母线电压稳定裕度，当电压稳定裕度升高时需要减少过补偿或欠补偿程度，直到所有直流扰动后过电压稳定裕度都有所降低。

本方法通过直流扰动后换流站暂态和稳态过电压稳定裕度大小，确定限制直流送端输送能力的主要故障及因素，结合直流与系统间的无功交换对暂态及稳态过电压的影响程度，确定当限制因素为暂态过电压时，直流静态时采用最大欠补偿方式，减少滤波器投入组数；当限制因素为稳态过电压时，直流静态时采用最大过补偿方式，增加滤波器投入组数，暂态过程中滤波器统一采用定交流电压控制。本方法可有效抑制直流故障时暂态及稳态过电压，避免发生大规模新能源脱网以及设备因过电压而损坏，提高了系统的稳定性，保证了直流的送出能力。

7.3.2.2 大小滤波器组协调控制策略

针对不同运行方式下，直流控制保护系统无功控制实现各类大小组滤波器的均衡投切策略及实现方式。

在高压直流输电系统中，无功控制系统负责完成对交流滤波器的控制，目前大多采用的是定无功控制方式，控制目标是直流系统（含交流滤波器）与交流系统之间的无功平衡，该平衡由换流器消耗的无功功率及交流滤波器产生的无功功率共同确定。定无功控制方式是在满足换流器的谐波滤波要求的前提下，通过投切无功元件和调整换流变抽头来尽可能地将直流系统与交流系统之间的无功交换控制在预定的范围内。无功功率控制有两种模式：自动模式和手动模式。正常情况下在自动模式运行，严禁改为手动模式。当无功功率控制设定为自动模式时，小组交流滤波器可以选择自动控制和手动控制。当选择为自动控制时，小组交流滤波器由无功功率控制投切；当选择为手动控制时，小组交流滤波器可以由运行人员决定其投退，在该方式下，如果该小组交流滤波器未投入运行，无功功率控制就认为该小组不可用，从而可能引起直流负荷受到限制。正常情况下，小组交流滤波器选择自动控制运行，在某小组交流滤波器检修时可选手动控制进行操作。

无功控制功能最重要的组成部分为小组交流滤波器的投切控制，其由直流站控控制。小组交流滤波器投切的判据如下：① 交流母线电压的设定值；② 所连接的滤波器的性能；③ 整个站无功的设定值。每组交流滤波器还可以提供一定容量的无功功率。直流系统两端换流站在进行无功需求设计时，送端可以考虑利用相邻电厂的无功补偿，所以交流滤波器在充分满足谐波要求后，并不要求直流系统在满负荷运行方式下的无功完全得到补偿，但受端通常临近负荷中心，交流滤波器不仅要满足谐波要求，同时还必须保证在满负荷运行方式下有一定的无功裕度。滤波器投入运行后，其无功出力由间隔控制单元 6MD66 实时计算后，通过现场总线传送至直流站控（DCSC）系统。当滤波器的投切控制设定为无功控制模式时，直流站控系统将根据换流站与交流系统的无功交换情况进行滤波器的投切。

先讨论无功控制的上限 Q_{max} 与下限 Q_{min} 的计算。换流站与交流系统的无功交换 Q_{sys} 可以表示为：

$$Q_{sys}=Q_{t}-Q_{filteract} \tag{7-58}$$

式中，Q_{c} 为换流器吸收的无功；$Q_{filteract}$ 为投入运行的滤波器实际提供的无功。

直流系统正常运行时，无功控制功能就通过投切滤波器将换流站与交流系统的无功

交换 Q_{sys} 控制在一定范围内。

实际上，交流电网的电压是随着全网的负荷水平不同而不断变化的，这就导致了投入运行的滤波器的无功出力也不是一成不变的。根据上式可计算出小组交流滤波器的实际无功出力 $Q_{filteract}$：

$$Q_{filteract}=Q_{filternom}*\frac{U_{ACact}^2}{U_{ACnom}^2} \tag{7-59}$$

式中，$Q_{filternom}$ 为小组交流滤波器额定值；Q_{ACact} 为交流母线实际电压；Q_{ACnom} 为交流母线额定电压。

根据上式，分别按照最低母线电压水平和最高母线电压水平计算出小组滤波器的无功出力情况，同时为了防止在交流电压变化的情况下，滤波器无功出力在投切控制临界点造成滤波器频繁投切，在无功出力的计算值基础上再增加无功裕度 Q_{margin}，可计算出换流站的无功交换设定上限和下限。

除此之外，高压直流输电系统运行时，无论是整流器还是逆变器，都要消耗一定的无功功率，并且随着运行方式和直流输送功率的增减而发生变化。通常在额定负荷运行时，换流器所消耗的无功功率可达到额定输送功率的 40%~60%，并且换流器的无功消耗与额定输送功率的关系虽然是正相关但并不是线性的，而是指数相关，随着输送功率的升高，换流器的无功消耗曲线的斜率也随之升高。

不同换流站对于不同小组的滤波器的投切都有着不同的规则。无功控制能够根据当前工况以及每组滤波器的状态确定哪一类型的滤波器以及该类型中哪一组滤波器将被投入或者切除。同一类型的滤波器组循环投入。无功控制具有完善的逻辑保证所有可用的无功设备的投切任务尽可能相等。

以南方电网某直流换流站为例，该换流站共有 11 小组交流滤波器，包含双调谐滤波器有 6 组，其中 4 组 A 型（12/24 次）、2 组 B 型（3/36 次）；单调谐滤波器有 5 组，其中 1 组 36 次、4 组 48 次。滤波器组的投切顺序：投入顺序：直流解锁时首先按照最小滤波器配置要求投入 1A+1B 组，接下来根据系统需要再依次投入 2A、2B 组；伴随着直流功率提升、无功消耗增大，逐步投入 3A、4A、1C36、2C、3C 各组，保证无功交换或母线电压在要求的范围内。切除顺序：在直流功率下降、无功消耗减小的过程中，根据无功需求逐步切除 2C、3C、1C36、1A、2A 各组，接下来根据系统需要依次切除 3A、1B 组，在直流闭锁时切除 4A、2B 组。同一种型号交流滤波器自动进行投切时，遵循“先投先退”原则。

虽然不同换流站投切不同小组滤波器的策略不尽相同，但是都是要保证换流站与交流系统的无功交换值在合理范围内。由于随着输送功率的升高，换流器的无功消耗曲线的斜率也随之升高，存在这样一种情况，Q 约等于或略小于$(U_{ac}/U_{acN})2Q_{sub}/2S$ 时，其中 Q_{sub} 为正在进行投切的交流滤波器在设计电压下的容量，投入和切除滤波器的公式交替满足，造成振荡性投切——交流滤波器不停地循环投入和切除。还有一种情况，此时的交流系统无功交换正好满足死区切换且处于临界值，若此时加上一组较大容量的滤波器则会造成交流系统无功交换过大，不利于电网安全运行。所以有些换流站会配置不同容量的滤波器以适应变化的换流器无功消耗。

因此，不同运行方式下，直流控制保护系统无功控制实现各类大小组滤波器的均衡投切策略为：

(1)设定换流站交流母线电压基准值，根据所连接的滤波器的性能，整定滤波器无功控制设定值，对于送端换流站而言，可以利用相邻电厂的无功补偿，交流滤波器在充分满足谐波要求后，并不要求直流系统在满负荷运行方式下的无功完全得到补偿。

(2)滤波器组的投切顺按照最小滤波器配置要求先投入小容量滤波器，伴随着直流功率提升、无功消耗增大，逐步投入大组，保证无功交换或母线电压在要求的范围内。同一种型号交流滤波器自动进行投切时，遵循“先投先退”原则。

(3)根据直流不同滤波器组数和容量，存在大小组的滤波器分组方式，且大小组滤波器容量相差较大时，无功投切死区考虑大小组滤波器不同的容量采用不同的值，通常情况下，死区小于滤波器单组容量，一般为 0.75~0.90 倍的滤波器单组容量。

(4)为了避免交直流无功交换处在大小组死区之间造成的小组滤波器频繁的投切操作，可提供了一个限制频繁投切的功能，滤波器/并联电容器组的“投-切”或“切-投”操作之间直流功率变化量应不小于一定功率，该功率值由直流消耗无功功率计算确定。

(5)滤波器投切实现方式当无功功率控制设定为自动模式时，小组交流滤波器可以选择自动控制和手动控制。当选择为自动控制时，小组交流滤波器由无功功率控制投切；当选择为手动控制时，小组交流滤波器可由运行人员决定其投退。

7.3.2.3 直流无功控制死区定值分段整定策略

上文分析了不同负荷条件下，直流无功控制采用动态定值的可行性，本节就如何优化直流无功控制死区定值，减少滤波器投退次数，并降低直流闭锁、换相失败、再启动等大功率扰动冲击下的暂态过电压或稳态过电压，提高系统的稳定性。

随着我国特高压直流工程不断投运，给电网系统认知、运行控制及故障防御带来了深刻影响和诸多挑战。直流系统发生大功率扰动冲击，如闭锁故障、换相失败、再启动等，将会引发直流换流站暂态过电压和稳态过电压，换流站作为实现电能交直流转换的重要电站，其站内设备的可靠性将直接影响整个直流系统的安全稳定运行。机械投切的并联电容器与交流滤波器作为站内直流系统的一个重要组成部分，主要用于滤除换流器在整流过程中产生的谐波和为直流系统提供无功补偿，直接影响着直流输送功率的大小和电能质量。送端换流站站内无功消耗占相应直流输送功率的50%左右。因为站内无功消耗随着直流输送功率的上升而增大，所以当直流输送功率由于负荷的随机性或新能源发电的不可控性等原因而频繁变化时，无功补偿设备需要频繁投切以控制系统的无功平衡，导致无功补偿设备用断路器频繁投切于运行环境恶劣的高压容性电路，严重缩短断路器的使用寿命，甚至威胁直流系统安全运行。

直流无功控制死区作为直流系统重要参数，其大小不仅影响直流无功补偿设备动作情况，而且还对交直流系统无功流动方向和大小产生影响，由于交直流无功流动方向及大小对直流大扰动冲击后暂态电压及稳态电压的影响不同，其中，直流采用最大欠补偿方式在直流故障后造成的暂态压升更小，系统暂态稳定性更高，而在最大过补偿工作方式下，稳态过电压水平最低。因此直流无功控制死区是否合理不仅影响无功补偿设备动作情况，进而影响无功补偿设备的使用寿命，而且还会对直流故障后换流站暂态电压和稳态电压产生影响。

为了解决直流无功控制死区整定的问题，避免直流故障后引发换流站发生暂态过电压和稳态过电压，降低直流无功补偿装置动作次数，提升无功补偿设备的使用寿命，提出一种直流无功控制死区整定方法。

具体地说，该方法是采用以下技术方案实现的，一种直流无功控制死区整定方法，包括以下内容：

（1）直流无功控制死区整定中考虑暂态电压和稳态电压影响，根据直流发生换相失败、再启动、闭锁故障时换流站母线电压暂态压升和稳态压升为约束，确定交直流系统无功交换范围，结合交流系统无功支撑能力，确定直流无功控制死区大小，所得到的无功控制死区在保证直流发生故障时换流站母线电压不会发生暂态过电压和稳态过电压的前提下，最大限度的拓展无功控制死区，尽可能降低直流换流站无功补偿设备的动作次数，提高无功补偿设备的使用寿命。

(2)直流换流站无功控制死区整定步骤如下。

步骤1:针对需要进行无功死区整定的直流,获取该直流换相失败、再启动、闭锁扰动后的换流站母线电压轨迹,提取各扰动后的换流站母线电压暂态压升 V 暂态和稳态压升 V 稳态,一般而言,暂态最高电压一般出现在故障开始或故障切除时刻,稳态电压一般在故障开始后10 s以后取值,通过对比三种扰动下的暂态压升和稳态压升,确定暂态电压的受限故障 S_1 和稳态电压的受限故障 S_2。

步骤2:考虑到在直流输送功率水平 P 不同,直流近区配套机组开机情况不同,直流换流站近区交流系统无功支撑能力 Q_{ref} 不同,可根据"直流成套设计书"确定直流输送不同功率下交流系统的无功支撑能力 $Q_{refi}(i=1,2,\cdots,N)$。

步骤3:考虑到换流站内设备对系统暂态最大电压均有要求,因此以换流站内设备的最高耐压能力 $U_{Z\lim}$ 为暂态临界电压对直流故障后的换流站暂态母线电压进行限制,通过调节直流滤波器投入组数 N_1,改变交直流无功交换量 Q,确定受故障 S_1 发生后暂态电压 $U_{Z\lim}$ 约束下的交直流无功交换极限值 Q_Z。

步骤4:考虑到电力系统对换流站稳态电压要求,以电力系统对换流站稳态电压要求 $U_{W.\lim}$ 为稳态临界电压对直流故障后的换流站稳态母线电压进行限制,通过调节直流滤波器投入组数 N_2,改变交直流无功交换量 Q,确定受故障 S_2 发生后稳态电压 $U_{W.\lim}$ 约束下的交直流无功交换极限值 Q_W。

步骤5:通过步骤3和步骤4可得到受暂稳态过电压和稳态过电压约束的交直流无功交换量 Q_Z 和 Q_W,(考虑到在直流系统欠补偿方式下有利于暂态过电压,但不利于稳态过电压;在直流系统过补偿方式下有利于稳态过电压,但不利于暂态过电压,假设以直流系统受入无功为正方向,则 Q_W 恒大于 Q_Z),因此受暂态过电压和稳态过电压约束的交直流无功交换范围为[Q_Z,Q_W]。

步骤6:结合步骤2中得到的直流不同输送功率下近区交流系统无功支撑能力 Q_{ref} 及步骤五中得到的受暂态过电压和稳态过电压约束交直流系统无功交换范围[Q_Z,Q_W],交直流无功交换量 Q 应满足式。

$$\begin{cases} Q>Q_{ref}-Q_{ex} \\ Q<Q_{ref}+Q_{ex} \end{cases} \tag{7-60}$$

式中,Q 为交直流系统无功交换量;Q_{ref} 为直流近区交流系统无功支撑能力;Q_{ex} 为直流无功控制死区。

结合受暂态过电压和稳态过电压约束交直流系统无功交换范围[Q_Z,Q_W]可得式:

$$\begin{cases} Q_Z=Q_{ref}-Q_{ex} \\ Q_W=Q_{ref}+Q_{ex} \end{cases} \tag{7-61}$$

式中，Q_Z 为受换流站稳态过电压约束的交直流无功系统交换限值；Q_W 为受换流站稳态过电压约束的交直流无功系统交换限值；

最终可计算得到无功控制死区 Q_{ex}。

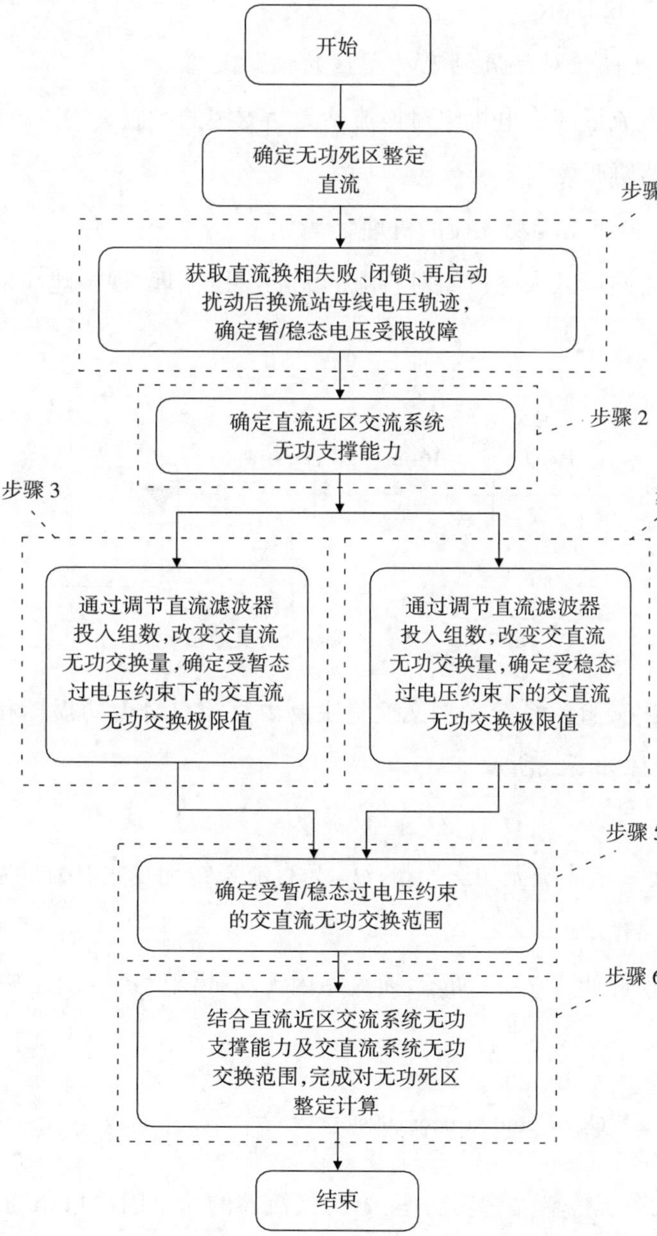

图 7-42 一种直流无功控制死区整定方法流程图

$$Q_{ex}=\min(|Q_W-Q_{ref}|,|Q_Z-Q_{ref}|) \tag{7-62}$$

此外,(所述步骤 3)中考虑换流站受直流故障扰动后暂态过电压约束,确定交直流系统无功交换下限值;所述步骤 4)中考虑换流站受直流故障扰动后稳态过电压约束,确定交直流系统无功交换上限值;所述步骤 6)中综合考虑直流近区交流系统无功支撑能力、换流站受暂态过电压和稳态过电压约束下交直流系统无功交换范围,最终得到直流系统无功控制死区。

具体方法如图 7-42 所示。

7.3.3 直流近区火电机组对换流站无功支援的控制策略

本节主要针对直流近区火电机组对换流站无功支援的控制策略进行研究,实现火电机组与换流站滤波器协调控制。

7.3.3.1 火电机组对换流站无功支援的机理

为研究直流换流站近区火电机组对直流的无功支援原理,现构建简单电力系统等值系统如图 7-43 所示:

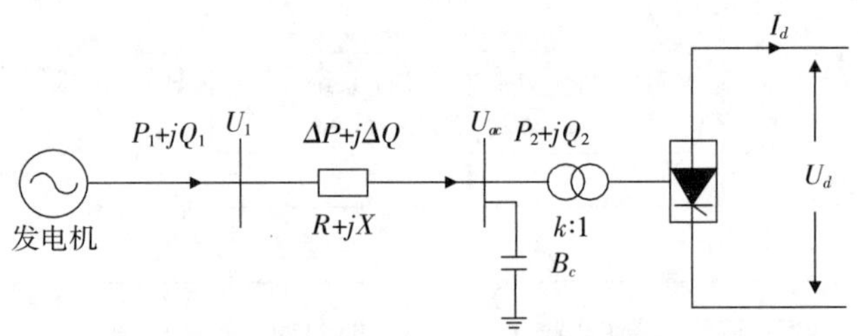

图 7-43 交直流系统无功交换图

由上图可以看出交直流系统无功交换量主要由直流自身无功损耗和换流站内无功补偿情况所决定,具体如下式所示

$$Q_{交换}=Q_{损}-Q_C \tag{7-63}$$

式中,$Q_{交换}$为交直流系统无功交换量;$Q_{损}$为直流系统无功损耗;Q_C 为直流系统无功补偿装置的无功补偿容量;

其中直流无功损耗如式 7-63 所示,换流站内无功补偿设备所发无功情况如式 8-64 所示。

$$Q_{损}=P^*\tan\left[\arccos\left(\cos\alpha-\frac{I_dX_c}{\sqrt{2}\,kU_{ac}}\right)\right] \tag{7-64}$$

式中,P 为直流系统传输的有功功率;Φ 为换流器的功率因数角;α为换流阀点燃角;k 为换流变变比;B 为串联的桥数;X_c 为每桥换相电抗;U_{ac} 为换流站母线电压。

$$Q_C=U_{ac}^{2}*B \tag{7-65}$$

式中，B 为直流系统无功补偿设备电纳。

可得交直流系统交换公式(7-65)，由式(7-65)可以看出在直流输送功率 P 一定时，直流电流 I_d、换相电抗 X_c、换流变变比 K、无功补偿设备电纳 B_c 均为定值，而换流站母线电压 U_{ac} 受交流系统影响存在变化，由此可见，在直流功率一定、无功补偿设备投入一定时，交直流系统无功交换主要受交流母线电压影响。

$$Q_{交换}=P*\tan\left[\arccos\left(\cos\alpha-\frac{I_d X_c}{\sqrt{2}\,kU_{ac}}\right)\right]-U_{ac}^{2}B_c \tag{7-66}$$

结合电力系统分析中输电线路无功损耗公式，由式(7-66)(7-67)可见，线路电阻和线路电抗与线路长度成正比关系，因此在输电始端有功和无功功率及母线电压相同情况下，当系统等效电源离换流站越远，输电线路无功损耗越大，电压降也越大，对换流站的无功支撑能力越差。

$$\Delta Q=\frac{P_1^2+Q_1^2}{U_1^2}X \tag{7-67}$$

其中 $Q_1=Q_2+\Delta Q$

$$\Delta U=\frac{\sqrt{P_1^2+Q_1^2}}{U_1}X \tag{7-68}$$

其中 $U_2=U_1-\Delta U$

7.3.3.2　火电机组对换流站无功支援控制策略

目前换流站无功控制主要依靠站内无功设备，当检测换流站电压超过电压控制死区或交直流无功交换量超过控制死区时，通过投退滤波器进行无功电压控制将其控制在死区范围内。但换流站电压或交直流交换无功在死区范围内波动时，单纯地依靠滤波器是无法进行调节的，需要通过近区火电机组实现对无功电压控制。

通过上文分析可知，在直流输送功率一定时，直流换流站无功功率变化主要是由于电压变化引起，且考虑到换流站内直流设备为电力电子器件，其最佳运行功率为其额定电压，在当前换流站无功控制中主要依靠换流站内的无功设备进行调节，但每组无功补偿设备容量较大，无法实现对换流站母线电压的精确控制，在直流滤波器电压控制中，换流站电压偏移在设定值$\pm\Delta U$ 范围内时滤波器不动作，因此需采用发电机组进行换流站电压小范围波动时的精确控制。考虑到电网无功调节中的“分层分区，就地平衡”原则，因此在进行无功调节时，优先调节同电压等级的近区机组，当同电压等级机组调节完毕时，再调节近区低电压等级机组，直到所有可调节机组调节完毕为止。现制定近区机组对换流站无功支援的控制策略，流程如下所示。步骤如下：

（1）提取换流站母线额定电压及母线电压可偏移量，确定火电机组对换流站母线电压调节上下限范围；

（2）判断换流站母线电压是否在上下限范围内，如果在上下限范围内，步骤结束；否者步骤继续向下进行；

（3）针对直流近区机组，按照预先对该直流近区机组对换流站无功支撑灵敏度分析结果，完成对机组调节顺序排序，并对各机组进行编号；

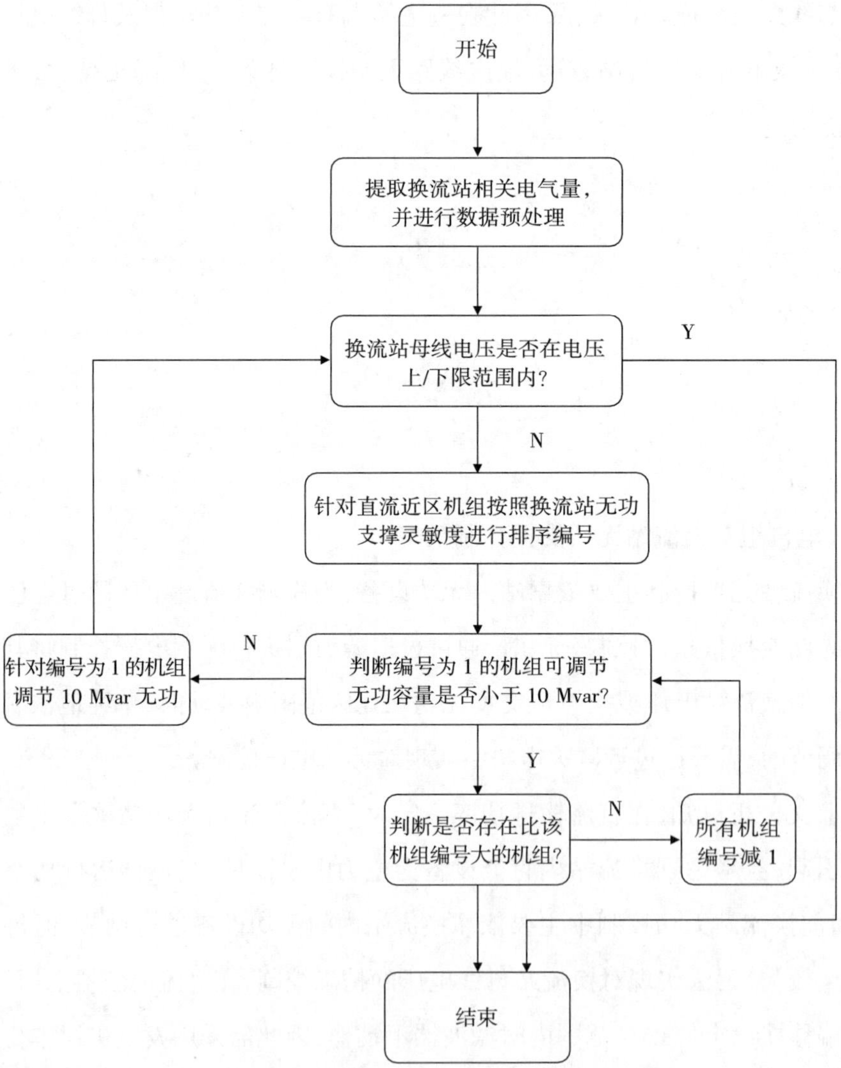

图 7-44　火电机组对换流站无功支援控制流程图

(4)判断编号为 1 的机组是否可调节无功容量小于 10 Mvar,如果小于,继续向后续机组进行判断,直到存在大于 10 Mvar 无功调节容量或所有机组均不满足为止,步骤结束;如果大于,对该机组调节 10 Mvar 的无功功率,调节完毕后重新判断换流站母线电压,如果满足要求,步骤结束,如果不满足,重复上述步骤。

7.3.4　直流滤波器与交流系统无功源协调优化策略

7.3.4.1　交流系统无功源参与紧急控制的可行性

在暂态过程中,发电机组在进行励磁无功控制时,可以表示为内电势恒定的电压源,如图 7–45 所示:

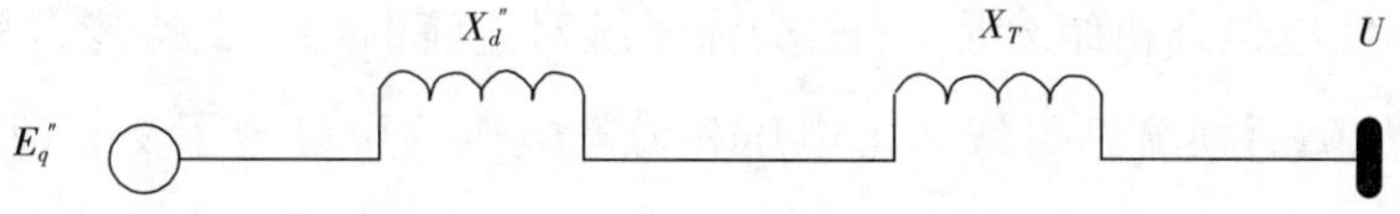

图 7–45　发电机次暂态简化模型

根据图 7–45,在交流系统出现暂态过电压时,发电机吸收的无功功率可以用式 7–67 表示:

$$\Delta Q_{SC}=\frac{U^2-U_H^2+E_q''(U_H-U)}{X_d''+X_T} \tag{7-69}$$

式中,ΔQ_{SC} 为出现暂态过电压时发电机出力变化量;U 为故障前交流母线电压;U_H 为故障后暂态过电压值;E_q''为发电机内电势,由故障前发电机运行状态决定;E_d''为发电机直轴次暂态电抗;X_T 为发电机升压变阻抗。

以上分析主要针对暂态过程较短,发电机励磁系统没有动作时的情况。实际上,在交流系统电压波动时,发电机励磁系统将做出响应。低励控制对于抑制交流系统暂态过电压效果并不明显。这主要有两个方面的原因。一方面是在交流系统出现较高的暂态过电压时,励磁电流很快衰减,采用紧急低励控制对励磁电流的减小作用十分有限。另一方面,即使低励控制本身降低励磁电压速度极快,由于发电机励磁绕组时间常数较长,采用紧急励磁控制对暂态过电压的影响也较小。因此,发电机本体响应特性是对暂态过电压抑制的最主要因素。

7.3.4.2　交直流无功交换参考值优化策略

交直流无功交换参考值一般为直流设计规划阶段,根据所接入交流电网的实际无功支援能力制定,在直流系统大负荷运行时,可以利用交流系统的部分无功电源,以达到少装容性无功补偿设备的目的;在直流系统小负荷运行时,可以利用发电机的进相能力,吸收换流站的部分过补偿无功，以达到少装感性无功补偿设备的目的。交流系统这种帮助换流站进行无功平衡的能力，叫做无功支持能力。充分利用交流系统无功支持能力可以减少换流站无功补偿容量，节省无功补偿设备如电容器和电抗器的投资，还可以减少无功补偿设备的分组，节省相应的变电设备和控制保护设备的投资，在直流系统突然停运时，可以降低甩负荷过电压水平，相应降低换流站设备造价。

因此，充分合理地利用交流系统的无功能力，根据直流近区配套电源及其他动态无功补偿装置逐渐投产情况，对交直流无功交换参考值进行合理优化是十分有必要的。本节首先通过灵敏度分析，验证交流系统不同直流负载条件下以及交流系统不同发电机开机容量下、不同发电机开机组合形式下，交流系统对直流的无功支持能力是不同的，进而综合考虑直流故障后换流站母线暂态电压和稳态电压约束确定了交直流系统无功交换范围，同时结合直流无功控制死区，优化直流不同输送功率下近区交流系统无功支撑/吸收参考值。

7.3.5 直流换流站滤波器与近区火电机组的协调控制策略

以换流站交直流无功交换量和电压为量化指标，评估各直流无功电压调节需求，每次只针对无功调节需求最大直流进行调节。当换流站交直流无功交换量超过滤波器动作死区时通过滤波器调节，否者通过近区火电机组进行调节，将换流站无功电压控制在较小的波动范围，以此实现多直流无功电压协调控制。

在电网实际运行过程中，各直流换流站内滤波器容量、滤波器动作无功死区、电压运行限值存在差异。如相同的电压越限幅度下，不同的换流站越限程度不相同，难以用调整前后电压有名值评价换流站无功调节需求度大小。

为了便于统一计算和反应换流站无功调节需求程度，通过制定换流站无功电压量化指标，以实现对不同换流站无功电压调节需求度的统一量化。

定义第 i 个直流量化指标函数的正常边界（上下限值）为（X_{mini}，X_{maxi}），越限限值为X_{maxi}和 X_{mini}，即指标 X_i 落在区间（X_{mini}，X_{maxi}）时表示正常（N），由于直流换流站内均为电力电子器件，运行在额定值附近时可保证较好的运行状态，因此，指标 X_i 落在区间（X_{mii}，X_{mai}）时

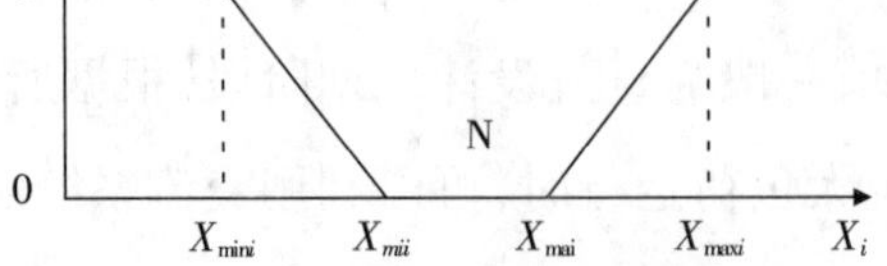

图 7-46　量化指标梯形图

表示直流运行在较好的运行状态，而大于阈值 X_{mai} 或小于阈值 X_{mii} 表示直流未运行在最优的运行状态,可进行调节。

$$\eta_i=\begin{cases}0, X_{mii}<X_i<X_{mai}\\ 1, X_i\leqslant X_{\mathrm{mini}} \text{或} X_i\geqslant X_{\mathrm{maxi}}\\ \dfrac{X_{mii}-X_i}{X_{mii}-X_{\mathrm{mini}}}, X_{\mathrm{mini}}<X_i\leqslant X_{mii}\\ \dfrac{X_i-X_{mai}}{X_{\mathrm{maxi}}-X_{mai}}, X_{mai}\leqslant X_i<X_{\mathrm{maxi}}\end{cases} \tag{7-70}$$

本次多直流无功电压协调控制以换流站交直流无功交换量和换流站母线电压为换流站无功电压调节量化指标,考虑到在换流站交直流无功交换量越限时只能通过投退滤波器进行调节,当电压未运行在限值范围内时可通过投退滤波器或近区火电机组调节来完成,步骤如下。

步骤 1:实时采集各直流换流站交直流无功交换量 Q 和换流站母线电压 U;

步骤 2:基于下式计算各直流量化指标 $\eta_{\text{无功}}$ 和 $\eta_{\text{电压}}$;

$$\eta_i=\begin{cases}0, X_{mii}<X_i<X_{mai}\\ 1, X_i\leqslant X_{\mathrm{mini}} \text{或} X_i\geqslant X_{\mathrm{maxi}}\\ \dfrac{X_{mii}-X_i}{X_{mii}-X_{\mathrm{mini}}}, X_{\mathrm{mini}}<X_i\leqslant X_{mii}\\ \dfrac{X_i-X_{mai}}{X_{\mathrm{maxi}}-X_{mai}}, X_{mai}\leqslant X_i<X_{\mathrm{maxi}}\end{cases} \tag{7-71}$$

步骤 3:判断各直流量化指标 $\eta_{\text{无功}}$ 和 $\eta_{\text{电压}}$ 是否大于 0,如果存在大于 0 情况进入步骤4;如果均小于 0,进入步骤 1;

步骤 4:判断各直流量化指标 $\eta_{\text{无功}}$ 是否大于 0,如果存在大于 0 情况进入步骤 5;如果均小于 0,进入步骤 6;

步骤 5:针对 $\eta_{\text{无功}}$ 最大的直流,根据该直流无功交换量投退 1 组滤波器,动作结束后进入步骤 1;

步骤 6:针对 $\eta_{\text{电压}}$ 最大的直流,根据该直流电压偏移设定值调节近区火电机组无功出力,动作结束后进入步骤 1。

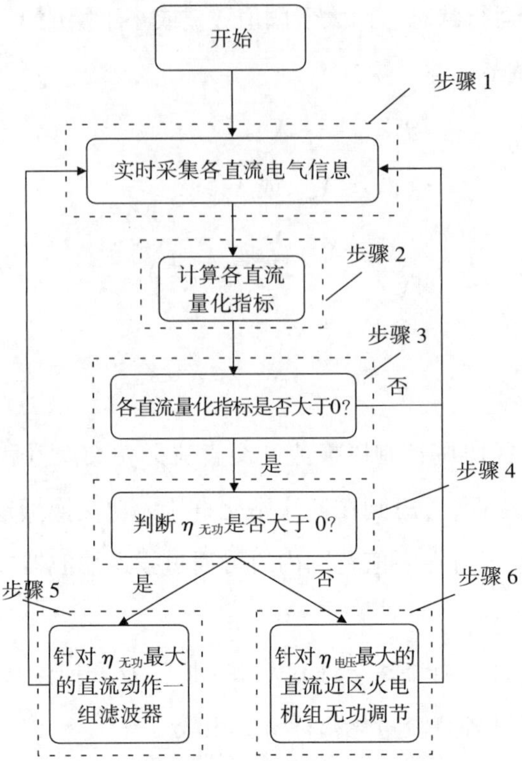

图 7-47　多直流无功电压协调控制流程

7.4　新能源集中汇入的超/特高压直流送端近区电网静态电压安全域

7.4.1　N-1 预想事故扫描选择

7.4.1.1　安全预想事故分析

传统确定型的安全性分析构想由 DyLiacco 提出。该构想针对一组预想事故来检验电力系统承受扰动的能力，预想事故集包含了下一时刻可能发生的而且后果比较严重的扰动，对于预想事故集中的每一种扰动情况均利用潮流方程进行静态安全分析。这一构想也可扩展到利用暂态稳定程序进行动态安全分析。这一类"逐点法"在线应用的最大的困难在于其计算过于复杂。

安全性是系统运行的一个条件，它是相对于即将来临扰动的系统强度的函数。这些扰动包括负荷扰动和事故扰动。负荷扰动是指负荷较小的随机波动；事故扰动则指系统元件运行状态出现急剧的变化（如发电机停运、线路切改等）。事故扰动和负荷扰动都由一定的不确定性，本质上属于概率事件，因此在安全分析中应该考虑这些扰动的概率分布。加州大学 Berkeley 的 Felix F. Wu 教授提出了概率的安全性分析构想，这一构想考虑了电力系统的负荷扰动和事故扰动的随机性以及电气元件的动态特性，提出了电力系统的两层模型，引入了注入空间上的静态安全域和动态安全域的概念。

电力系统的安全性分析从大的方面可以分为：确定型的安全分析和概率的安全性分析；静态安全性分析和动态安全性分析。静态安全分析的实质是考察系统内各元件过负荷的情况以及电压越限的情况；动态安全性分析则是检验在大扰动下系统能否保持同步的能力，主要是暂态稳定性。

传统的确定型的安全性分析构想由 DyLiacco 于 1967 年提出。该构想将电力系统的安全性定义为“系统的设备不过负荷，而且在网络上的变量不偏离允许范围的条件下，满足系统负荷的能力”。在这个构想中，电力系统处于两种约束下运行：负荷约束和运行约束。负荷约束要求所有的负荷都必须被满足；运行约束则给出了网络运行参量的上下限。根据这两种约束，系统被分为三种状态：正常状态、紧急状态和恢复状态。正常状态是指负荷约束和运行约束都被满足的状态；紧急状态时指对运行约束有重大破坏的状态；恢复状态是指负荷约束被破坏的状态。三种状态的关系如图 7-49 所示。系统的安全性是相对于一组被称为下一个偶然事故集（Sets of Next Contingence，SNC），它是一个可能发生的扰动的集和的随机事件定义的：如果系统处于正常状态，且没有任何一个偶然事故会使它转移到紧急状态，则称这个系统是安全的，反之系统则是不安全的。

基于这一构想给出一种安全监控和安全分析框架：电力系统的运行参量由测量机构上传至调度中心，经过滤环节处理后，剔除其中的坏数据，在由状态估计环节给出系统状态变量（母线电压和角度）的估计值，并由这些状态变量推算出各母线的可信注入功率和各支路的潮流，随后把他们一起传给极限校和环节，该环节依据系统是否违反负荷约束和运行约束，将其分为紧急状态、恢复状态和恢复状态。前两者表明系统已经处于非正常状态，分别需要对其施加紧急控制和恢复控制，以便将系统拉回正常状态。如果系统属于正常状态，则还需要对其进行下一个偶然事故（Next Contingence，NC）的校验，如果对于每一个 NC 系统都不会离开正常状态，则系统是安全的，反之，系统是不安全的。在不安全的情况下，需要根据所违反的 NC 的具体情况实施相应的预防性控制，以便系统恢复到安全状态。对全部可能的 NC 进行详细分析是不必要的，因而上述过程中涉及对 NC 的选择和对有威胁的可能事故的详细分析，即预想事故选择环节和预想事故分析环节。这两个环节需要系统在对应的 NC 过程中的母线负荷信息和整个网络的拓扑连接情况。前者由母线负荷预测环节提供，后者由网络拓扑分析环节提供。由于现代电力系统网络结构一般都很复杂，完全掌握全网信息不现实也没必要，因此需要对系统研究区域以外的网络进行合理的外部等值处理。传统静态安全性分析有直流潮流法和故障排序法等计算方法。

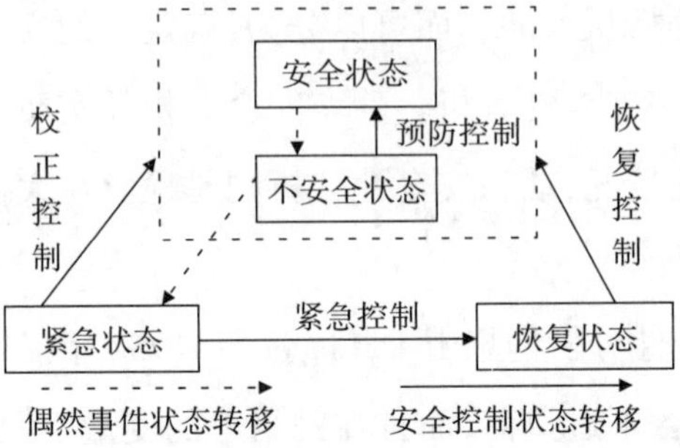

图 7-48　DyLiacco 电力系统安全性构想

DyLiacco 所建立的构想只涉及电力系统的静态安全性分析，而大多数重大的电力系统事故是同系统的动态响应有关的，所以在安全性分析中应该使用系统的动态模型。传统的动态安全性分析是将 DyLiacco 安全性构想扩展到利用暂态稳定程序进行的动态安全分析，即确定型的暂态稳定分析。传统的动态安全分析方法根据暂态稳定性分析方法的不同，主要可分为数值仿真法、基于 Lypapunov 稳定判据的直接法、扩展等面积法(EEAC)等计算方法。

7.4.1.2　预想事故扫描选择计算

传统 AVC 的电压运行约束离线人工制定，在大规模新能源出力波动与直流输电功率计划大幅度调整时，一旦发生直流闭锁等严重事故，可能导致交直流混联系统的功率大范围转移，不同区域电压突升或骤降，甚至诱发连锁事件。综合考虑直流送出通道、风/光电站、风/光电送出通道等 N-1 事故，对严重故障进行扫描确定 N-1 预想事故集，保证扰动后新能源基地不发生连锁脱网。

在研究新能源连锁故障时，首先要确定新能源集中汇入区可能出现的故障，目的是找到对系统稳定性影响或者新能源并网电压安全最大的故障。一方面考虑到连锁故障初期所出现的故障间隔持续时间较长，故障的暂态过程已经消失，完全可以采用静态方法对系统故障进行评估。

某电网作为新能源集中汇入较多的大型电网，其安全分析的预想事故数目较多，每一个预想事故对系统的影响也是不相同的，预想事故自动选择可以根据预想事故对系统不同的危害程度对它们做排序。所谓的预想事故自动选择（ACS，Automatic Contingency Selection)，就是在实时条件下利用电力系统的实时信息，自动选出那些会引起支路潮流过载、电压违限等危及系统安全运行的预想事故，并用行为指标来表示它对系统造成的危害严重程度，按其顺序排队给出一览表。

有了电力系统预想事故自动选择就可以不必对整个预想事故集进行逐个详尽分析计算，我们只需对表中筛选出的较为严重的预想事故做详细分析，这部分预想事故集只占整个预想事故集的一小部分，这样就大大节省了计算量，加快了计算速度，为实现电力系统故障预测在线实时运行并为电力系统调度应付危险故障提供了可能。

为了研究预想事故自动选择的指标，在传统的电力系统分析中定义了两种行为指标（PI，Performance Index）：有功功率行为指标和无功功率行为指标。

有功功率行为指标是一种衡量线路有功功率过负荷程度的计算方法，其式定义为：

$$PI_P=\sum_{\alpha}\varpi_P\left(\frac{P_l}{P_l^{\max}}\right)^2 \tag{7-72}$$

式中，ϖ_P 为有功功率权因子；P_l 为线路 l 中有功潮流；$P_l^{\max}$ 为线路 l 的有功潮流限值；α 为有功功率过负荷的线路集合。

无功功率行为指标是用来衡量电压与无功功率违限程度的计算方法，其式定义为：

$$PI_{uq}=\sum_{\beta}\varpi_u\frac{\left|U_i-U_i^{\lim}\right|}{U_i^{\lim}}+\sum_{\gamma}\varpi_q\frac{\left|Q_i-Q_i^{\lim}\right|}{Q_i^{\lim}} \tag{7-73}$$

式中，U_i 为节点 i 的电压模值；$U_i^{\lim}$ 为节点的电压模值限值；ϖ_u 为电压权因子；Q_i 为节点 i 的无功注入；$Q_i^{\lim}$ 为节点的无功注入限值；ϖ_q 为无功功率权因子；β 为电压模值超过上、下限的节点集合；γ 为无功超过上、下限的节点集合。

在用 ACS 进行系统故障筛选过程中，首先针对可能出现的预想事故（本文主要考虑线路开断情况），计算各自的行为指标并进行排序，选择其中排在前面的一些预想事故，再用完整的交流潮流作进一步分析，以确定其对电力系统的影响。故障是否需要进行详细潮流计算，可以用终止判据来加以判断。

终止判据是指对排序结果中需要进行详细交流潮流计算的预想事故数进行选择的判据。凡是属于终止判据范围以外的预想事故，就认为不会对电力系统的违限造成影响，故不需要用交流潮流进行校验。下面有两种常用的终止判据：

（1）只分析预想事故表中的前面 N 个。这种方法计算时间短，但对 N 个以后的开断情况，若也有可能会引起违限，就不能再对它们作详尽的分析了。

（2）采用不再出现违限的开断情况作为终止判据。这种方法可以降低出现遗漏严重情况的可能性，但是增加了预想事故分析所需要的时间。

目前ACS计算方法有很多,大多数采用线性重叠原理,它们有快速简单的特点,但是对于重载线路或者大机组开断仍然存在着精度较差的缺点;为快速解耦潮流一次迭代法或者分布系数法来对线路断开故障进行分析和计算,然而其计算未能综合考虑电网未来场景。

7.4.1.3 广义 Benders 分解法

某某电网电压安全域模型基于正常状态、N-1 事故后状态和未来场景，以灵敏度求解母线的电压安全域,通过广域 Benders 分解法计算基态、故障态和未来态的电网安全域模型。

广义 Benders 分解是解决某些类型的 NLP 和 MINLP 问题的过程，通过 GBD 的不同实现分析非凸问题的解决方案时,证明在某些情况下仅可以找到局部最小值,而在其他情况下甚至不能实现对局部最优的收敛。

Benders 分解（Benders Decomposition,BD）的基本思路是：使用子问题(primal problem)来寻找合适的约束不断添加到松弛主问题(relaxed master problem)中。子问题可以给上界(UB),松弛主问题可以给下界(LB),不断迭代就可以逐步找到最优解。

广义 Benders 法的目标模型可表示为：

$$\begin{aligned}&\min cx+fy\\&s.t.\quad Ax+By=b\qquad 其中\ x\geqslant 0,y\in Y\subseteq R^q\end{aligned}\tag{7-74}$$

Benders 分解将上述模型拆分为只包含 x 变量的子问题和只包含 y 变量的主问题。

其中子问题 SP 为：

$$\begin{aligned}&\min cx\\&s.t.\quad Ax=b-By\end{aligned}\tag{7-75}$$

通过对偶法求解子问题(DSP)。

其中主问题,可以修改为：

$$\begin{aligned}&\min q(y)+fy\\&s.t.\quad y\in Y\end{aligned}\tag{7-76}$$

可以等价于下面主问题：

$$\begin{aligned}&\min q(y)+fy\\&s.t.\quad a_i(b-By)\leqslant q\qquad 其中\ y\in Y\\&\qquad\quad a_j(b-By)\leqslant q\end{aligned}\tag{7-77}$$

Benders 分解求解步骤如下：

由于约束条件较多,因此 C 也是非常多的,所有约束条件求解 MP 比较困难。因此从少量约束条件的松弛主问题开始,逐步把约束条件加上。

(1)求解松弛主问题 RMP,得到 $y^* \in Y$,得到 q^* 的用来更新下界 LB。

(2)将 y^* 代入对偶子问题(DSP)求解。

若 DSP 存在最优解,假设是在极点 a' 处取得,则用 $a'(b-By')+fy'$ 更新上界 UB,并且给主问题 MP 添加约束条件 $a'(b-By)\leqslant q$。

若 DSP 存在无界最优解,假设是在极线 a' 处取得,则给主问题 MP 添加约束条件 $a'(b-By)\leqslant 0$。

(3)求解新的松弛主问题 RMP',回到(1)进行迭代直至 $LB\geqslant UB$。

7.4.1.4　直流送端近区 N-1 故障扫描分析

对某电网的直流近区进行仿真分析,在某电网低谷负荷运行方式下,通过对不同故障类型、不同故障线路进行仿真分析,分析对新能源汇集区电压的影响。

从直流送端近区的 N-1 仿真分析来看,其 N-1 故障对直流近区新能源汇集站的电压影响较大,若新能源穿越性能较低或脱网电压上限设定较低时,极易发生脱网故障,继而导致新能源连锁脱网故障,甚至发生电网电压崩溃,对电网电压安全运行造成严重威胁。可以通过给新能源汇集区保留足够的动态无功源、提升新能源高电压穿越能力提升应对故障的能力,也可以评估新能源电网静态电压安全域提前将电压运行在合适的电压范围,减轻和降低电网故障对新能源汇集区的电压危害,提升电网电压安全运行水平。

7.4.2　新能源集中汇入区域静态电压安全域

某电网大规模新能源集中汇入区域二级电压控制根据 N-1 预想事故进行扫描,确定新能源场站的故障集合 C 可表示为:

$$C=\{c_1,c_2,\cdots,c_m\} \tag{7-78}$$

其中每单个故障对区域主要母线电压的影响,可表示为 $\Delta V_{i,j}$,其中 $i=1,2,\cdots,n$ 为区域内计算节点序号;$j=1,2,\cdots,m$ 为新能源脱网预想事故序号。由于新能源场站脱网预想事故主要会造成电网电压跌落,因此 $\Delta V_{i,j}$ 一般为负值。

综合预想事故影响评估计算母线电压限值偏差,根据多预想故障计算结果进行修正处理,另外考虑预想事故主要影响为电压跌落,故仅考虑电压下限偏差,计算表达式如下:

$$\Delta V_i^{dn}=\lambda_i\min(\Delta V_{i,1},\Delta V_{i,2},\cdots,\Delta V_{i,m}) \tag{7-79}$$

式中,λ_i 为第 i 个计算节点的电压偏差修正系数。

进一步地,将修正后的电压偏差代入二级电压控制,对区域各控制变量进行无功电压决策,其修正公式可如下表示:

$$\begin{cases}\min\limits_{\Delta Q_p,\Delta Q_s}\left|\left|V_p-V_p^{ref}+C_g^Q\Delta Q_g+C_c^Q\Delta Q_c\right|\right|^2\\ s.t.\quad \underline{V}_i-\Delta V_i^{dn}\leqslant V_i+C_{g,i}^Q\Delta Q_g+C_{c,i}^Q\Delta Q_c\leqslant\overline{V}_i\\ \underline{Q}_g\leqslant Q_g+\Delta Q_g\leqslant\overline{Q}_g\\ \underline{Q}_c\leqslant Q_s+\Delta Q_c\leqslant\overline{Q}_c\end{cases}\tag{7-80}$$

式中，V_p、V_p^{ref} 为区域内中枢母线的当前电压和优化电压目标值；C_g^Q、C_c^Q 是区域机组和容抗器对中枢母线电压–无功灵敏度；ΔQ_g、ΔQ_c 为机组和容抗器无功调整量；V_I、$\overline{V}_I$ 和 $\underline{V}_i$ 分别为区域内第 i 个母线电压当前值、电压上限和电压下限；ΔV_i^{dn} 为评估预想事故影响的母线电压下限偏差；$C^Q_{g,i}$、$C^Q_{c,i}$ 是区域机组和容抗器对第 i 个母线电压–无功灵敏度；Q_g、$\overline{Q}_g$ 和 Q_g 分别为区域内机组当前无功、无功上限和无功下限；Q_c、$\overline{Q}_c$ 和 Q_c 分别为区域内容抗器当前无功、无功上限和无功下限。

7.5 多目标多无功源动/静无功协调控制

集群电压控制是一个多目标、多对象的复杂控制系统，需要在各个控制层级进行多目标自适应无功电压控制。

7.5.1 多目标多对象概述

（1）多目标。新能源的随机性、波动性等间歇性特征，规模化开发、集中式接入的并网方式以及汇集网络的电网结构薄弱等表明，风电场/光伏电站群电压控制应特别考虑如下目标。

控制快速：应具备毫秒级的快速调节手段应对新能源发电的间歇性，应能对电压越限进行快速校正；

电压安全：各母线电压应满足约束，特别是风电场、光伏电站低压侧母线电压直接影响风电机组、光伏逆变器能否稳定并网运行；

动态无功储备优化：应尽可能预留动态无功储备，应对新能源发电有功快速爬升或快速跌落等情况，如受云层遮挡导致光伏发电有功瞬间跌落等情况；

经济性：跟踪电网调度设定的集群并网母线无功电压目标值。

（2）多对象。风电场/光伏电站群及其汇集网络可调无功设备包括风电机组、并联电容器/电抗器、SVC/SVG、主变分接头等，不同设备的控制特性和能力差异很大，例如连续/离散调节特性、动作周期、动作次数约束等。

与常规电网相比，风电场/光伏电站群电压控制其主要特点在于其控制的快速性，因此上述多级协调控制的关键技术包括如下方面：

① SVC 或 SVG 采取恒电压运行方式：抑制风电/光伏快速变化引起的电压波动，同时降低风电大发、线路重载工况下的无功电压灵敏度；

② 电压快速校正：汇集网络任意母线电压越限时，优先进行电压越限校正，避免发生风机脱网等安全事故；

③ 动态无功储备优化：其中，动态无功储备是指恒电压模式 SVC/SVG 的无功裕度，而恒无功模式 SVC/SVG 以及风电机组、光伏逆变器的无功裕度则不能计入动态无功储备，因为只有恒电压模式 SVC/SVG 的无功裕度才能在毫秒级时间尺度内发挥作用，而恒无功模式无功设备跟随子站 AVC 指令周期进行控制，时间尺度是数秒至数十秒，不能抑制风力发电、光伏发电间歇性引发的电压快速波动。

7.5.2　多目标自适应无功策略与关键技术

集群子站是指风电场、光伏电站子站，包含一次调压和二次调压两个环节。一次调压基于恒电压模式 SVC/SVG 实现，二次调压基于子站计算机软件实现。如前文所述，子站计算机软件与集群主站协同配合，实现集群二次调压。

(1)总体控制环节及策略。风电场、光伏电站子站分为无功调节需求计算和多无功源协调两个大的步骤，总体控制流程如图 7-49。

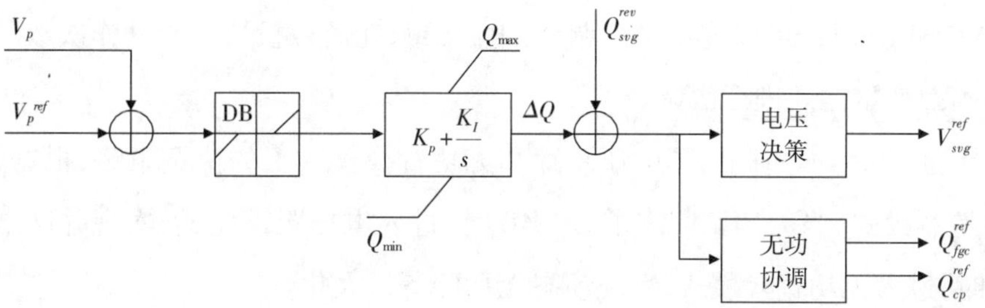

图 7-49　风电场/光伏电站总体控制流程

根据新能源波动性、间歇性特点和各种无功源的连续/离散以及调节速度等控制特性，新能源在不同时段出力变化时，可采取相应的控制模式和策略。

变化时段 SVC/SVG 等连续设备优先动作：当风力快速变化时，容易造成地区风电出力波动并造成电压迅速变化，SVC/SVG 等调节速度快的连续设备优先动作，对电压进行快速跟踪调整，保证电压合格。

平稳时段电容电抗器等离散设备优先投切：当风电出力平稳时，在保证动作次数和时间间隔约束的前提下，电容电抗器等离散调节手段应优先动作，使SVC/SVG保持足够的动态无功储备，以应对电网事故等紧急情况。

（2）总体无功需求计算。比较并网点母线电压量测值 V_p 与目标值 V_p^{ref} 之间的控制偏差 ΔV，按下式获取低压侧母线总无功调节需求：

$$\Delta Q=\begin{cases}K_p(V_p^{ref}-V_p)+KI\int(V_p^{ref}-V_p)dt & \left|V_p^{ref}-V_p\right|>V_{db}\\0 & \left|V_p^{ref}-V_p\right|<V_{db}\end{cases} \tag{7-81}$$

式（7-81）表示一个死区环节和比例积分环节，V_{db} 是并网点电压控制死区，K_p 为比例调节系数，K_I 为积分调节系数。其中 K_p 与无功电压灵敏度相关，设并网点电压对低压侧母线无功注入的灵敏度为 S_p，则

$$K_p=1/S_p \tag{7-82}$$

（3）多无功源协调策略。多源协调策略将无功调节需求 ΔQ 在风机、SVC/SVG、电容器等多种无功源之间进行合理分配，是整个控制的核心环节。多无功源协调策略需考虑如下因素：

① SVC/SVG采用定电压模式，风机采用定无功模式，需要在定电压模式和定无功模式之间进行协调；

② SVC/SVG调节速度为毫秒级，风机调节速度为秒级，需要在快速与慢速设备之间进行协调；

③ SVC/SVG、风机可以连续平滑调节，电容器只能离散投切且受动作次数限制，需要在连续与离散变量之间进行协调。

基于上述考虑，本文提出了电压跟踪和无功置换模式下的协调策略，根据无功调节需求切换控制模式，当无功调节需求 $\Delta Q\neq0$ 时，进入电压跟踪模式，实现并网电压跟踪；当 $\Delta Q=0$ 时，进入无功置换模式，实现动态无功储备最大化。

（4）电压跟踪模式协调

① 确定SVC/SVG电压控制目标值：

$$V_{sv}^{ref}=V_{sv}+S_L\Delta Q \tag{7-83}$$

式中，V_{sv} 是SVC/SVG所挂接的母线电压，S_L 是母线电压对无功注入的灵敏度。

值得指出的是，母线无功调节需求 ΔQ 由风机总无功调节分量 ΔQ_f，SVC/SVG无功调节分量 ΔQ_{sv} 以及电容器无功调节分量 ΔQ_{cp} 组成，SVC/SVG电压控制目标应考虑各无功

分量的共同作用。在动态调节过程中，由于 SVC/SVG 调节速度最快，ΔQ_{sv} 分量初始值将上升很快，然后随着风机和电容器无功分量的逐步调整到位，ΔQ_{sv} 分量将逐渐下降。

② 确定风机无功调节量。根据风机无功优先调节的原则，可确定风机调节无功：

$$\Delta Q_f=\begin{cases}\min\{Q_f^{\max}-Q_f,\Delta Q\} & \Delta Q>0\\ \max\{Q_f^{\min}-Q_f,\Delta Q\} & \Delta Q>0\end{cases} \tag{7-84}$$

式中，$Q_f^{\min}$，$Q_f^{\max}$ 分别为风机无功出力下限和上限。

③ 确定电容器无功调节量。令 $\Delta Q_{com}=\Delta Q-\Delta Q_f$，表示无功补偿设备（包括 SVC/SVG 和电容器）应承担的无功调节量。适应新能源的快速变化特性以及避免电容器频繁动作，优先给 SVC/SVG 分配无功调节量：

$$\Delta Q_{sv}=\begin{cases}\min\{Q_{sv}^{\max}-Q_{sv},\Delta Q_{com}\} & \Delta Q_{com}>0\\ \max\{Q_{sv}^{\min}-Q_{sv},\Delta Q_{com}\} & \Delta Q_{com}>0\end{cases} \tag{7-85}$$

式中，$Q_{sv}^{\min}$，$Q_{sv}^{\max}$ 分别为 SVC/SVG 无功出力下限和下限。

获取 SVC/SVG 无功调节量 ΔQ_{sv} 后，电容器应承担的无功调节量 $\Delta\widetilde{Q}_{cp}=\Delta Q_{com}-\Delta Q_{sv}$。

由于电容器是离散调节变量，投入或切除电容器导致的无功变化量取额定无功 Q_{cpnom}，则电容器无功调节量更新为：

$$\Delta Q_{cp}=\begin{cases}Q_{cpcom} & \Delta\widetilde{Q}_{cp}>Q_{cpdb}\\ -Q_{cpcom} & \Delta\widetilde{Q}_{cp}<-Q_{cpdb}\end{cases} \tag{7-86}$$

式中，Q_{cpnom} 为电容器动作死区，一般取 $Q_{cpdb}=0.1Q_{cpnom}$，保证对电压准确跟踪响应，此时 SVC/SVG 无功调节量将为 $\Delta Q_{sv}=\Delta Q-\Delta Q_f-\Delta Q_{cp}$。

（5）无功置换模式协调。无功置换模式是保持总体无功输出不变的前提下，对多种无功源出力进行重新分配，使 SVC/SVG 的动态无功备用最大化。具体步骤如下：

① SVC/SVG 电压控制目标保持不变，即总体无功输出不变，电压调节量为 0；

② 确定风机和电容器无功调节量 ΔQ_{slow}

在无功置换模式下应满足：

$$Q_{sv}+\Delta Q_{sv}=Q_{sv}^{rev} \tag{7-87}$$

$$\Delta Q_{sv}+\Delta Q_{slow}=0 \tag{7-88}$$

式中，Q_{sv}^{rev} 为备用最大时的无功运行点。

综合可以得出：

$$\Delta Q_{slow}=Q_{sv}-Q_{sv}^{rev} \tag{7-89}$$

特殊地，令 $Q_{sv}^{rev}=0$，则风机和电容器无功调节量与 SVC/SVG 当前无功出力相同，即应调节的风机无功出力及投切的电容器容量与 SVC/SVG 无功出力相当。

③ 风机和电容器无功分配。优先增/减风机无功出力，根据式(公式 7-90)确定风机无功调节量：

$$\Delta Q_f=\begin{cases}\min\{Q_f^{\max}-Q_f,\Delta Q_{slow}\} & \Delta Q_{slow}>0\\ \max\{Q_f^{\min}-Q_f,\Delta Q_{slow}\} & \Delta Q_{slow}>0\end{cases} \tag{7-90}$$

则电容器应承担的无功调节量为：

$$\Delta Q_{cp}=\Delta Q_{slow}-\Delta Q_f \tag{7-91}$$

根据电容器离散调节特性，当电容器无功调节量绝对值大于电容器额定容量时，启动电容器投切，即：

$$\Delta Q_{cp}=\begin{cases}Q_{cpcom} & \Delta\tilde{Q}_{cp}>Q_{cpnom}\\ -Q_{cpcom} & \Delta\tilde{Q}_{cp}<-Q_{cpnom}\end{cases} \tag{7-92}$$

式(7-92)表示，在无功置换模式下，尽量减少电容器动作次数。

7.6 本章小结

本章结合某某电网研究了研究直流系统近区火电机组及电网的无功提供能力以及直流无功控制采用动态定值的可行性，同时结合滤波器现有控制策略，提出了一种火电机组与滤波器协调控制策略，具体结论如下。

(1)通过对直流近区火电机组、风电机组、光伏机组无功的能力研究，阐述了发电机调节电压、平衡无功的原理，介绍了发电机次暂态电抗、暂态电抗、稳态电抗产生的原理，解释了电抗参数、初始工况、励磁系统对发电机动态无功能力的影响和不同运行方式下直流近区火电机组无功支撑能力。通过对光伏基础模型、光伏低传期间的无功特性，分析了光伏低传特性对稳定性的影响。

(2)通过对高压直流输电系统运行时换流站无功功率交换的公式推导，分析了影响直流无功消耗的因素；同时针对直流过补偿和欠补偿方式下，分析直流故障下的电压问题，得出最大欠补偿方式在直流故障后造成的暂态压升更小，系统暂态稳定性更高，而最大过补偿方式在直流故障后造成的稳态压升最小。

(3)通过分析交直流故障后无功电压分布情况,结果表明故障形态、地点差异和系统条件都会对交直流故障后系统无功分布特性造成影响。通过对直流线路不同电压等级变电站发生双极闭锁故障后的暂态压升、无功变化的仿真,表明直流双极闭锁后,暂态压升最大站点均在换流站及近区 330 kV 和 220 kV 电站。直流闭锁后盈余无功均通过 750 kV、330 kV、220 kV 网架及省外进行消纳。

(4)针对合理利用交流系统的无功能力的研究目的,探究了合理的无功控制死区宽度,并遵循电网安全稳定运行导则的要求优化了无功控制策略。通过直流功率低频振荡和直流因掉机仿真分析,结果表明采用优化后的动态定值无功控制策略可使滤波器投切曲线避免短时间内发生高频率反复投切并且同一故障内减少了投切的滤波器组数。

(5)针对新能源送出型电网直流换相失败、再启动、闭锁等大功率扰动后的暂态及稳态过电压问题,首先通过直流扰动后换流站暂态和稳态过电压稳定裕度大小,确定限制直流送端输送能力的主要故障及因素,结合直流与系统间的无功交换对暂态及稳态过电压的影响程度,确定当限制因素为暂态过电压时,直流静态时采用最大欠补偿方式,减少滤波器投入组数;当限制因素为稳态过电压时,直流静态时采用最大过补偿方式,增加滤波器投入组数,暂态过程中滤波器统一采用定交流电压控制。该方法可有效抑制直流故障时暂态及稳态过电压,提高系统的稳定性,保证了直流的送出能力。

(6)优化了直流控制保护系统无功控制实现各类大小组滤波器的均衡投切策略,根据直流不同滤波器组数和容量,存在大小组的滤波器分组方式,且大小组滤波器容量相差较大时,无功投切死区考虑大小组滤波器不同的容量采用不同的值;为了避免交直流无功交换处在大小组死区之间造成的小组滤波器频繁的投切操作,提供了一个限制频繁投切的功能,滤波器/并联电容器组的“投-切”或“切-投” 操作之间直流功率变化量应不小于一定功率,该功率值由直流消耗无功功率计算确定。

(7)针对换流站无功补偿设备频繁投切的问题,通过机理公式推导深入分析了直流功率、母线电压变化对无功补偿设备投切的影响,同时从机理上研究了交直流无功交换对直流故障后换流站母线暂态过电压和稳态过电压影响,提出了一种基于暂/稳态过电压约束的直流无功死区整定方法,同时结合直流不同输送功率档位下交流系统无功支撑能力不同的特性,制定了一种直流动态无功控制死区的控制策略,在保证直流故障后换流站母线暂态电压和稳态电压均不越限的前提下,尽可能地减少直流无功补偿设备的投切次数,通过电网实际运行数据进行仿真验证证明方法的有效性。

（8）研究了换流站电压或交直流交换无功在死区范围内波动时，通过近区火电机组实现对无功电压控制策略，考虑到电网无功调节中的“分层分区，就地平衡”原则，在进行离线发电机无功安排及稳态无功调节时，通过发电机对换流站无功电压灵敏度，优先调节同电压等级的近区机组，当同电压等级机组调节完毕时，再调节近区低电压等级机组，直到所有可调节机组调节完毕为止，实现了发电机组进行换流站电压小范围波动时的精确控制。

（9）通过灵敏度分析，验证交流系统不同直流负载条件下以及交流系统不同发电机开机容量下、不同发电机开机组合形式下，交流系统对直流的无功支持能力是不同的，进而综合考虑直流故障后换流站母线暂态电压和稳态电压约束确定了交直流系统无功交换范围，同时结合直流无功控制死区，优化直流不同输送功率下近区交流系统无功支撑/吸收参考值。

此外，本章还研究了新能源集中汇入的超/特高压直流送端近区电网静态电压安全域分析，以及多目标无功源动/静无功协调控制技术。即通过构建正常状态及N-1事故后场景下潮流方程以及运行约束，考虑无功支撑能力固定前提下，基于广义Benders分解算法实现了基态、故障态的分解计算。

参考文献

[1] Xu Lufei, Chen Tianhua, Yang Luo. Reactive Power and Voltage Coordinated Control of Wind Farm for Parallel Running STATCOM [J]. ISGT ASIA 2019.

[2] Zhang Hongli, Zhang Chengyi, Bai Shibin. Minimum Startup Method Of DC Near-field Thermal Power Unit Based On Unit Voltage Supporting Effect [J]. IEEE EI2(2019).

[3] 钟海亮,郜建良,摆世彬,等. 基于暂/稳态电压约束的直流无功死区分档定值整定方法研究[J]. 电子设计工程,2019,28(21).

[4] 摆世彬,张金龙,鲍颜红,等. 计及新能源消纳的关联断面极限功率在线计算方法[J]. 电网技术,2020,44(10).

[5] 摆世彬,严明辉,徐伟,等. 含大规模风电集群电网的在线计算数据生成技术[J]. 电力系统保护与控制,2021,49(3).

[6] 项丽,许晓彤,田志浩, 等. A Method of Generating Group Fault Sets Automatically Taking into Account of Spatial-Electrical Coupling Characteristics [C]. 2020 年中国工程院国际工程科技战略高端论坛——第五届紫金论电国际学术研讨会.

[7] 蒙金有,田志浩,戴玉臣,等. An Online Identification Method of Key Transmission Sections for Thermal Stability Considering Cross -region Faults and Security and Stability Control Measures [C]. 2020 年中国工程院国际工程科技战略高端论坛-第五届紫金论电国际学术研讨会.

[8] 蒙金有,摆世彬,田志浩,等. 直流送端电网二、三道防线集成监视及分级预警[J]. 电网与清洁能源,2021,37(1).

[9] 王珂, 杨胜春,姚建国,等. 考虑无功功率协调控制的并行直流系统紧急功率支援[J]. 电力系统自动化, 2011,35(18):103-107.

[10] 杨卫东,薛禹胜,荆勇,等. 南方电网中直流输电系统对交流系统的紧急功率支援[J]. 电力系统自动化, 2003,27(17):68-72.

[11] 毕兆东,王建全,韩祯祥. 基于数值积分法灵敏度的快速切负荷算法[J]. 电网技术,2002,26(8):4-7,43.

[12] 彭疆南,孙元章,程林. 基于受扰轨迹的紧急控制新方法[J]. 电力系统自动化,2002,26(21):17-22.

[13] 谭伟,沈沉,倪敬敏,等. 基于轨迹特征根的功率控制灵敏度分析及应用[J]. 电力系统自动化, 2010,34(18):1-5.

[14] 李碧君,许剑冰,徐泰山,等. 大电网安全稳定综合协调防御的工程应用[J]. 电力系统自动化,2008,32(6):25-30.

[15] 张智刚, 夏清. 智能电网调度发电计划体系架构及关键技术 [J]. 电网技术,2009,33(20):1-8.

[16] 崔晓丹,周海锋,刘韶峰,等. 在线操作前安全校核系统的设计[J]. 电力系统保护与控制,2011,39(23):112-116.

[17] 徐田,於益军,钱玉妹. 能量管理系统中发电计划安全校核功能的设计[J]. 电力系统自动化,2006,30(10):88-91.

[18] 王兴志,严正,沈沉,等. 基于面向服务架构的调度计划安全校核网格计算[J]. 电力系统保护与控制,2011,39(24):90-95.

[19] 吴超,陆超,韩英铎,等. 计及模型定阶的低频振荡模式类噪声信号辨识[J]. 电力系统自动化,2009,33(21):1-6.

[20] 徐玉韬,卢继平,陈刚,等. 稳态和动态混合信号的在线低频振荡模式辨识方法[J]. 电力系统自动化,2012,36(2):31-35.

[21] 穆钢,史坤鹏,安军,等. 结合经验模态分解的信号能量法及其在低频振荡研究中的应用[J]. 中国电机工程学报,2008,28(19):36-41.

[22] 马燕峰,赵书强. 用改进的 Hilbert 变换辨识电力系统低频振荡[J]. 高电压技术,2012,38(6):14921499.

[23] 李成鑫,刘俊勇,姚良忠,等. 基于改进移频经验模态分解的低频振荡参数提取[J]. 电力系统自动化,2012,36(15):813.

[24] 陈刚,龚啸,李军,等. 基于改进的 ARMA 递推算法的低频振荡模式在线辨识[J]. 电力系统保护与控制,2012,40(01):12-17.

[25] 于达仁,徐基豫. 汽轮机调节系统对发电机稳定的影响[J]. 电力系统自动化,1996,20(1):23-26.

[26] 鞠平，马大强. 电力负荷的动静特性对低频振荡阻尼的影响. 浙江大学学报,1989,23(25):750–760.

[27] 孙衢,徐光虎,陈陈. 负荷模型动态特性不确定性对低频振荡的影响. 电力系统自动化,2003,27(10):11–14.

[28] 彭波,史慧杰,陈陈,等. 南方电网低频振荡问题及PSS参数分析. 南方电网技术,2009,3(4):31–35.

[29] Liacco T E D. The Adaptive Reliability Control System [J]. IEEE Trans on Power Apparatus & Systems, 1967, 86(5):517–531.

[30] Wu F F, Gross G, Luini J F, et al. A Two-stage Approach To Solving Large-scale Optimal Power Flows [C]// Power Industry Computer Applications Conference. IEEE, 1979.

[31] 余晓丹，贾宏杰，陈建华. 电力系统连锁故障预测初探 [J]. 电网技术,2006,30(013):20–25.

[32] 彭谦,胡国新,张利. 高斯–快速解耦潮流算法[J]. 电网技术,2009(03):57–60.

[33] Taşkin, Zeki Ca ner. Benders Decomposition[M]. John Wiley & Sons, Inc. 2010.

[34] Albuyeh, F, Bose, et al. Reactive Power Considerations in Automatic Contingency Selection[J]. Power Apparatus and Systems, IEEE Transactions on, 1982.

[35] 陈国平,李明节,许涛. 特高压交直流电网系统保护及其关键技术[J]. 电力系统自动化,2018,42(22):2–10. DOI: 10.7500/AEPS20180502008.

[36] 祁忠,施志良,李枫,等. 安全稳定控制管理系统的研制及应用[J]. 电力系统保护与控制,2016,V44(1):122–127.

[37] 李德胜,罗剑波. 特高压直流配套安全稳定控制系统的典型设计[J]. 电力系统自动化,2016,40(14):151–157.DOI: 10.7500/AEPS20160120010.

[38] 薛禹胜. 时空协调的大停电防御框架:(一)从孤立防线到综合防御[J]. 电力系统自动化,2006,30(1):8–16.

[39] 石辉,张思远. 省级电网静态安全在线辅助决策优化建模[J]. 电力系统自动化,2015,39(20):98–102.

[40] 鲍颜红,徐泰山,周华,等. 一种安全稳定紧急调控在线预决策方法[J]. 中国电力,2019,52(8):91–97.

[41] 徐泰山,许剑冰,鲍颜红,等. 互联电网预防控制和紧急控制在线预决策系统[J]. 电

力系统自动化,2006,30(7):1-4,36.

[42] 吴国旸,宋新立,汤涌,等. 电力系统动态仿真中的安全稳定控制系统建模[J]. 电力系统自动化, 2012,36(3):71-75.

[43] 邵广惠,侯凯元,王克非,等. 特高压直流闭锁引发送端电网过频的系统保护方案[J]. 电力系统自动化,2018,42(22):26-31. DOI:10.7500/AEPS20180503004.

[44] 王胜明,徐泰山,陈刚,等. 电网安全稳定控制系统当值策略可实施评估方法[J]. 电力系统自动化,2019,43(24):126-133. DOI: 10.7500/AEPS20181122002.

[45] 沈凤杰,张伟,张浩,等. 适应调控一体化模式的安控装置管理系统方案设计与实践[J]. 电力系统自动化,2017,41(23):143-149.DOI: 10.7500/AEPS20170525005.

[46] 罗亚洲,陈得治,李轶群,等. 华北多特高压交直流强耦合大受端电网系统保护方案设计[J]. 电力系统自动化,2018,42(22):11-18. DOI: 10.7500/AEPS20180529008.

[47] 吴国炳,王阳,杨银国,等. 安全稳定控制系统管理主站的功能设计与开发[J]. 电力系统自动化,2012,36(10):118-122.

[48] 徐泰山,李峰,张建新,等. 各类紧急减负荷控制的在线风险评估和协调决策方案[J]. 电力系统自动化,2015,39(20):91-97. DOI: 10.7500/AEPS20150320004.

[49] 王斐,沈凤杰,李晶,等. 大型城市电网安全稳定控制装置切负荷风险监控功能设计[J]. 电力系统自动化,2016,40(20):161-167.DOI: 10.7500/AEPS20160506005.

[50] 罗剑波,董希建,崔晓丹,等. 关于大型安全稳定控制系统可靠性研究的探讨[J]. 电力系统保护与控制,2018,46(8):65-72.

[51] 董希建,罗剑波,崔晓丹,等. 安全稳定控制系统全程控制时间及其构成[J]. 电力系统自动化,2018,42(5):163-168.DOI: 10.7500/AEPS20171106001.

[52] 刘友波,胥威汀,丁理杰,等. 电力系统连锁故障分析理论与应用(二)—— 关键特征与研究启示[J]. 电力系统保护与控制,2013,(10):1-2.

[53] 周晶,张毅威,阕勇. 电力系统连锁反应事故机理的初步研究[J].现代电力,2006,(4):1-2.

[54] S. Boccaletti,V,Latora,Y. Moreno,M. Chavez. Complex networks structure and dynamics[J]. Physics Reports 424(2006)175-308.

[55] Surachet Tamronglak. Analysis of Power System Disturbances due to Relay Hidden Failures Doctoral Dissertation[D]. Virginia, Virginia Polytechnic and Static University, 1994.

[56] 方勇杰，范文涛，陈永红，等. 在线预决策的暂态稳定控制系统[J]. 电力系统自动化，1999，23(1)：8-11，44.

[57] 张瑞琪，闵勇，侯凯元. 电力系统切机/切负荷紧急控制方案的研究[J]. 电力系统自动化，2003，27(18)：6-12.

[58] 倪向萍，张雪敏，梅生伟. 基于复杂网络理论的切机控制策略[J]. 电网技术，2010，34(9)：35-41.

[59] 蔡国伟，杨德友，张俊丰，等. 基于实测信号的电力系统低频振荡模态辨识[J]. 电网技术，2011，35(1)：59-65.

[60] 杨春，欧进萍. 子空间系统辨识方法的系统阶数估计 [J]. 振动与冲击，2009，28(11)：14-16.

[61] 叶华，刘玉田. 基于在线递推闭环子空间辨识的模型预测阻尼控制[J]. 中国电机工程学报，2009，29(28)：55-61.

[62] 郝正航，陈卓，李少波，等. 子空间法在小干扰稳定分析及协调控制中的应用[J]. 电工电能新技术，2007，26(3)：20-23.

[63] 王宇静，于继来. 电力系统振荡模态的矩阵束辨识法[J]. 中国电机工程学报，2007，27(19)：12-17.

[64] 李辉，徐浩，郭思源，等. ±800 kV 湘潭换流站交流滤波器投切策略及优化[J]. 电力电容器与无功补偿，2017，38(3)：36-42.

[65] 杨鹏，杨景，王亮. 银川东—胶东±660 kV 直流输电工程无功控制逻辑的改进[J]. 电力系统自动化，2011，35(16)：105-107.

[66] 肖磊磊，林启奋，王晨涛. 换流站交流滤波器异常投退分析及改进[J]. 电力电容器与无功补偿，2014(3)：73-78.

[67] 邹欣，蒋维勇，李亚男. ±800 kV 酒泉—湖南特高压直流工程无功补偿优化配置方案[J]. 电力建设，2015，36(9)：43-49.

[68] 梁天明，李建勋，李志龙. 一起交流滤波器电容器非典型故障分析[J]. 电力电容器与无功补偿，2015，36(5)：41-44.

[69] 贾昆，石海勇. ±500 kV 交直流滤波器结构功能及配置分析[J]. 电力电容器与无功补偿，2012，33(3)：44-48.

[70] 卫鹏，刘建坤，周前，等. 锦屏—苏州±800 kV 特高压直流滤波器投切及无功控制策略研究[J]. 高压电器，2016(9)：14-19.

[71] 陈兵，张强. 特高压直流输电工程无功控制逻辑的优化 [J]. 高压电器,2016(8):20–23.

[72] 涂仁川,赵成功,刘志军,等. 减小交直流电网无功交换的无功控制策略研究[J]. 电力电容器与无功补偿,2018,39(1):17–22.

[73] 邹洪森,惠子珈,刘志远,等. 直流送端换流站无功控制策略的优化研究[J]. 电力电容器与无功补偿,2019,40(5):66–73.

[74] 赵熙临,吴胧胧,付波,等. 一种基于模式切换的静止无功补偿控制方法[J]. 电力电容器与无功补偿,2018,39(3):45–51.

[75] 蔡晖,张文嘉,祁万春,等. 调相机接入江苏电网后的适应性研究[J]. 电力电容器与无功补偿,2017,38(2):23–27.